U0348230

国家农业图书馆 Ail **农业大数据与信息服务联盟组织编写**

全国农科院系统科研产出统计分析报告（2010—2019年）

赵瑞雪 朱 亮 寇远涛 鲜国建 主编

中国农业科学技术出版社

图书在版编目（CIP）数据

全国农科院系统科研产出统计分析报告：2010—2019年／赵瑞雪等主编．—北京：中国农业科学技术出版社，2020.9

ISBN 978-7-5116-5042-9

Ⅰ.①全…　Ⅱ.①赵…　Ⅲ.①农业科学院-科技产出-统计分析-研究报告-中国-2010-2019　Ⅳ.①S-242

中国版本图书馆 CIP 数据核字（2020）第 184974 号

责任编辑	李　雪　徐定娜
责任校对	贾海霞

出 版 者	中国农业科学技术出版社
	北京市中关村南大街 12 号　邮编：100081
电　　话	（010）82105169（编辑室）　　（010）82109702（发行部）
	（010）82109709（读者服务部）
传　　真	（010）82106650
网　　址	http://www.castp.cn
经 销 者	各地新华书店
印 刷 者	北京建宏印刷有限公司
开　　本	787 mm×1 092 mm　1/16
印　　张	23.5
字　　数	602 千字
版　　次	2020 年 9 月第 1 版　2020 年 9 月第 1 次印刷
定　　价	128.00 元

━━━━◆◈◈ 版权所有·翻印必究 ◈◈◆━━━━

《全国农科院系统科研产出统计分析报告（2010—2019）》

专家委员会

梅旭荣	孙　坦	任天志	邓　伟	谢江辉	李泽福	王之岭
刘剑飞	汤　浩	马忠明	易干军	邓国富	赵德刚	张治礼
孙世刚	卫文星	来永才	余锦平	余应弘	董英山	孙洪武
谢金防	孙占祥	修长百	李月祥	万书波	赵志辉	段晓明
孙德岭	高　学	刘景德	戴　健	冯东河	李学林	戚行江

编委会

主　　任：周清波
副 主 任：赵瑞雪

主　　编：赵瑞雪　朱　亮　寇远涛　鲜国建
副 主 编：赵　华　孙　媛　叶　飒　季雪婧　顾亮亮　金慧敏
编　　委：（按姓氏汉语拼音排序）：

毕洪文	曾玉荣	陈　沫	楚小强	戴俊生	冯　锐
付江凡	侯安宏	黄　界	蒋永清	李　捷	李　晓
李荣福	李伟锋	李英杰	刘桂民	刘海礁	刘学文
马辉杰	欧　毅	潘荣光	任　妮	阮怀军	宋庆平
孙素芬	孙英泽	覃泽林	王凤山	展宗冰	张春义
赵京音	赵泽英				

参编人员（按姓氏汉语拼音排序）：

陈贻诵	程文娟	冯水英	耿东梅	郭　婷	洪建军
胡　婧	黄力士	李　季	李丹妮	刘健宏	刘培兴
龙　海	陆光顺	罗守进	唐江云	万红辉	
王　琼(新疆农垦科学院)		王　琼(新疆畜牧科学院)			
王晓伟	武明宇	夏立村	徐磊磊	杨兰伟	尹振旗
张　研	张立平	张雪琴	赵　佳	赵静娟	赵俊利
钟宇亮	周　蕊	朱　昆			

序

　　科研产出包括期刊论文、著作、成果、专利、研究报告等多种类型。宏观上看，科研产出状况对于总结科技工作成绩、加强科技管理、评价科技政策具有重要意义；微观上看，科研产出是衡量科研机构研究水平和效率的一个重要因素，其数量和质量往往能直接反映科研机构的研究实力和水平。为持续提升我国科研管理与评价水平，相关科技管理部门及专业机构不断完善科学合理的科研评价与激励机制，其中的一项重要内容便是科研机构产出统计分析。

　　在我国农业科技创新体系中，农业农村部部属"三院"等国家级农业研究机构，以及各省（区、市）农业科学院均是其重要组成部分，承担着推进我国农业科技创新发展的重要使命。近年来，随着国家创新驱动发展战略的实施，我国农业科技创新投入规模总体上呈现出逐年递增的态势，农业科技创新能力不断提升，各类农业科研产出成果数量持续增加。为客观、准确反映我国主要农业科研机构的科研产出总体水平，中国农业科学院国家农业图书馆组织农业大数据与信息服务联盟成员单位共同编制发布了《全国农科院系统科研产出统计分析报告（2010—2019 年）》。报告选取中国农业科学院、中国水产科学研究院、中国热带农业科学院，以及安徽省农业科学院、北京市农林科学院等 33 家农业科研机构为统计对象，重点对其 2010—2019 年中外文科技期刊论文及获奖成果产出情况进行统计分析。

　　《全国农科院系统科研产出统计分析报告（2010—2019 年）》的编制出版，可以直观展现我国主要农业科研机构近十年科研产出的总体状况，为相关科技管理决策、科技评价等提供参考和依据，也可为其他行业领域类似工作提供借鉴。

中国农业科学院院长
中国工程院院士

说　明

统计说明

《全国农科院系统科研产出统计分析报告（2010—2019年）》是对农业农村部所属"三院"及部分省（市、自治区）级农（垦、牧）业科学院共33家农业科研机构近十年（2010—2019年）科技期刊论文及获奖成果产出情况的客观统计，未进行统计对象间的对比分析。科技期刊论文统计数据来源于科学引文索引数据库（Web of Science，WOS）、中国科学引文数据库（CSCD）、中国知网（CNKI）、万方数据，获奖科技成果统计数据来源于国家科技成果网，科技期刊论文统计数据截止日期为2020年5月，由此可能造成部分已发表的论文数据未纳入本次统计范围，相关统计结果可能与实际发文情况存在误差。现将统计分析报告编制有关事项说明如下。

统计对象

农业农村部所属"三院"即中国农业科学院、中国水产科学研究院、中国热带农业科学院，以及安徽省农业科学院、北京市农林科学院等部分省（市、自治区）级农（垦、牧）业科学院，共33家农业科研机构，详细名单见下表。

表　报告统计对象详细名单

序号	单位名称	序号	单位名称
1	中国农业科学院	10	广西农业科学院
2	中国水产科学研究院	11	贵州省农业科学院
3	中国热带农业科学院	12	海南省农业科学院
4	安徽省农业科学院	13	河北省农林科学院
5	北京市农林科学院	14	河南省农业科学院
6	重庆市农业科学院	15	黑龙江省农业科学院
7	福建省农业科学院	16	湖北省农业科学院
8	甘肃省农业科学院	17	湖南省农业科学院
9	广东省农业科学院	18	吉林省农业科学院

（续表）

序号	单位名称	序号	单位名称
19	江苏省农业科学院	27	天津市农业科学院
20	江西省农业科学院	28	西藏自治区农牧科学院
21	辽宁省农业科学院	29	新疆农垦科学院
22	内蒙古农牧业科学院	30	新疆农业科学院
23	宁夏农林科学院	31	新疆畜牧科学院
24	山东省农业科学院	32	云南省农业科学院
25	上海市农业科学院	33	浙江省农业科学院
26	四川省农业科学院		

统计分析报告构成

《全国农科院系统科研产出统计分析报告（2010—2019 年）》包括两部分：科技期刊论文及获奖成果产出总体情况统计、各统计对象分报告。

科技期刊论文及获奖成果产出总体情况统计：汇总统计 33 家农业科研机构近十年（2010—2019 年）科技期刊论文及获奖成果总体及分年度产出情况。

各统计对象分报告：对各统计对象及其所属二级机构近十年（2010—2019 年）科技期刊论文及获奖成果产出情况进行分项统计分析。

统计数据来源

（1）科技期刊论文数据

英文科技期刊论文数据来源于科学引文索引数据库（Web of Science，WOS）收录的文献类型包括期刊论文（ARTICLE）、会议论文（PROCEEDINGS PAPER）和述评（REVIEW）的 Science Citation Index Expanded（SCIE）论文数据。本次统计论文发表年份范围为 2010—2019 年，数据统计截止时间为 2020 年 5 月。

中文科技期刊论文数据来源于中国科学引文数据库（CSCD）、中国知网（CNKI）、万方数据，本次统计论文发表年份范围为 2010—2019 年，数据统计截止时间为 2020 年5 月。

（2）获奖科技成果数据

国家级获奖科技成果包括国家自然科学奖、国家技术发明奖、国家科学技术进步奖三类。省部级获奖科技成果本次仅统计"神农中华农业科技奖"成果，包括 2010—2019 年评选的 2010—2011 年度、2012—2013 年度、2014—2015 年度、2016—2017 年度、2018—

2019 年度五次获奖成果。获奖科技成果数据来源于国家科技成果网。

（3）机构规范数据

本次 33 个统计对象均为我国国家级或省（市、自治区）级农（垦、牧）业科学院，其规模较大，建设历史较长，其间机构调整及变动较多。为保证统计结果的准确，报告编制团队对 33 个统计对象本级及其二级机构信息进行了规范化处理，重点是机构的中外文规范名称、别名等，其中别名所含信息包括了机构历史沿革名称（拆分、合并、调整等）。

统计分析指标说明

本报告采用的指标均为客观实际的定量评价指标，现将相关统计分析指标的内涵、计算方法简要解释如下。

（1）发文量

包括英文发文量和中文发文量，英文发文量是指统计对象于 2010—2019 年在 WOS 数据库 SCIE 期刊上发表的全部论文数量。中文发文量包括北大中文核心期刊发文量、CSCD 期刊发文量，北大中文核心期刊发文量是指统计对象于 2010—2019 年发表的北大中文核心期刊论文数量，CSCD 期刊发文量是指统计对象于 2010—2019 年发表的中国科学引文数据库（CSCD）期刊论文数量。

（2）高发文研究所

2010—2019 年中（英）文论文发文量排名前十的统计对象所属二级单位。

（3）高发文期刊

2010—2019 年刊载统计对象所发表中（英）文论文数量排名前十的科技期刊，英文期刊包括期刊名称、发文量、WOS 所有数据库总被引频次、WOS 核心库被引频次、期刊最近年度影响因子（来源于 JCR）。中文期刊包括期刊名称、发文量，按北大中文核心期刊、CSCD 期刊分类进行统计。

（4）合作发文国家与地区

2010—2019 年与统计对象合作发表英文论文（合作发文 1 篇以上）的作者所来自国家和地区，按照合作发文的数量排名取前十名，包括国家与地区名称、合作发文量、WOS 所有数据库总被引频次、WOS 核心库被引频次。

（5）合作发文机构

2010—2019 年与统计对象合作发表中英文论文的作者所属机构，按照合作发文的数量排名取前十名。

（6）高被引英文论文

2010—2019 年统计对象所发表英文论文按其在 WOS 所有数据库中总被引频次排名前十者，包括论文标题、WOS 所有数据库总被引频次、WOS 核心库被引频次、作者机构、出版年份、期刊名称、期刊影响因子（最近年度）。分两类进行统计，一类统计对象是论文的完成单位之一，另一类统计对象是论文第一作者或通讯作者的完成单位。

（7）高频词

2010—2019 年统计对象所发表全部英文论文的关键词（作者关键词）按其出现频次排名前二十者。

免责声明

在本报告的编制过程中，我们力求严谨规范，精益求精。但由于统计年限较长、数据源收录数据完整性、统计对象机构变化调整等原因，可能存在部分统计结果与统计对象实际期刊论文和获奖成果产出情况不完全一致。报告内容疏漏与错误之处恳请广大读者批评指正。

目 录

全国农科院系统期刊论文及获奖科技成果产出总体情况统计 ……………………（1）
1 英文期刊论文发文量统计 ………………………………………………（1）
2 中文期刊论文发文量统计 ………………………………………………（3）
3 获奖科技成果统计 ………………………………………………………（7）

中国农业科学院 ……………………………………………………………（13）
1 英文期刊论文分析 ………………………………………………………（13）
2 中文期刊论文分析 ………………………………………………………（19）

中国水产科学研究院 ………………………………………………………（23）
1 英文期刊论文分析 ………………………………………………………（23）
2 中文期刊论文分析 ………………………………………………………（30）

中国热带农业科学院 ………………………………………………………（35）
1 英文期刊论文分析 ………………………………………………………（35）
2 中文期刊论文分析 ………………………………………………………（42）

安徽省农业科学院 …………………………………………………………（47）
1 英文期刊论文分析 ………………………………………………………（47）
2 中文期刊论文分析 ………………………………………………………（54）

北京市农林科学院 …………………………………………………………（57）
1 英文期刊论文分析 ………………………………………………………（57）
2 中文期刊论文分析 ………………………………………………………（64）

重庆市农业科学院 …………………………………………………………（67）
1 英文期刊论文分析 ………………………………………………………（67）
2 中文期刊论文分析 ………………………………………………………（73）

福建省农业科学院 …………………………………………………………（77）
1 英文期刊论文分析 ………………………………………………………（77）
2 中文期刊论文分析 ………………………………………………………（84）

甘肃省农业科学院 ·· （87）
    1 英文期刊论文分析 ································· （87）
    2 中文期刊论文分析 ································· （94）

广东省农业科学院 ·· （97）
    1 英文期刊论文分析 ································· （97）
    2 中文期刊论文分析 ································· （104）

广西农业科学院 ·· （107）
    1 英文期刊论文分析 ································· （107）
    2 中文期刊论文分析 ································· （114）

贵州省农业科学院 ·· （119）
    1 英文期刊论文分析 ································· （119）
    2 中文期刊论文分析 ································· （125）

海南省农业科学院 ·· （129）
    1 英文期刊论文分析 ································· （129）
    2 中文期刊论文分析 ································· （136）

河北省农林科学院 ·· （139）
    1 英文期刊论文分析 ································· （139）
    2 中文期刊论文分析 ································· （146）

河南省农业科学院 ·· （151）
    1 英文期刊论文分析 ································· （151）
    2 中文期刊论文分析 ································· （158）

黑龙江省农业科学院 ·· （161）
    1 英文期刊论文分析 ································· （161）
    2 中文期刊论文分析 ································· （168）

湖北省农业科学院 ·· （173）
    1 英文期刊论文分析 ································· （173）
    2 中文期刊论文分析 ································· （180）

湖南省农业科学院 ·· （183）
    1 英文期刊论文分析 ································· （183）

2 中文期刊论文分析 ……………………………………………………（189）

吉林省农业科学院 …………………………………………………（193）
  1 英文期刊论文分析 ……………………………………………………（193）
  2 中文期刊论文分析 ……………………………………………………（200）

江苏省农业科学院 …………………………………………………（203）
  1 英文期刊论文分析 ……………………………………………………（203）
  2 中文期刊论文分析 ……………………………………………………（210）

江西省农业科学院 …………………………………………………（213）
  1 英文期刊论文分析 ……………………………………………………（213）
  2 中文期刊论文分析 ……………………………………………………（220）

辽宁省农业科学院 …………………………………………………（223）
  1 英文期刊论文分析 ……………………………………………………（223）
  2 中文期刊论文分析 ……………………………………………………（230）

内蒙古农牧业科学院 ………………………………………………（235）
  1 英文期刊论文分析 ……………………………………………………（235）
  2 中文期刊论文分析 ……………………………………………………（242）

宁夏农林科学院 ……………………………………………………（247）
  1 英文期刊论文分析 ……………………………………………………（247）
  2 中文期刊论文分析 ……………………………………………………（254）

山东省农业科学院 …………………………………………………（259）
  1 英文期刊论文分析 ……………………………………………………（259）
  2 中文期刊论文分析 ……………………………………………………（265）

上海市农业科学院 …………………………………………………（269）
  1 英文期刊论文分析 ……………………………………………………（269）
  2 中文期刊论文分析 ……………………………………………………（276）

四川省农业科学院 …………………………………………………（279）
  1 英文期刊论文分析 ……………………………………………………（279）
  2 中文期刊论文分析 ……………………………………………………（286）

天津市农业科学院 ·· （289）
   1 英文期刊论文分析 ······································ （289）
   2 中文期刊论文分析 ······································ （295）

西藏自治区农牧科学院 ·· （299）
   1 英文期刊论文分析 ······································ （299）
   2 中文期刊论文分析 ······································ （305）

新疆农垦科学院 ·· （309）
   1 英文期刊论文分析 ······································ （309）
   2 中文期刊论文分析 ······································ （315）

新疆农业科学院 ·· （319）
   1 英文期刊论文分析 ······································ （319）
   2 中文期刊论文分析 ······································ （326）

新疆畜牧科学院 ·· （329）
   1 英文期刊论文分析 ······································ （329）
   2 中文期刊论文分析 ······································ （335）

云南省农业科学院 ·· （339）
   1 英文期刊论文分析 ······································ （339）
   2 中文期刊论文分析 ······································ （345）

浙江省农业科学院 ·· （349）
   1 英文期刊论文分析 ······································ （349）
   2 中文期刊论文分析 ······································ （356）

全国农科院系统期刊论文及获奖科技成果产出总体情况统计

1 英文期刊论文发文量统计

统计对象 2010—2019 年在 WOS 数据库 SCIE 期刊上发表的论文数量情况见表 1-1，农业农村部所属"三院"在前，省（市、自治区）级农（垦、牧）业科学院按名称拼音字母排序。

表 1-1　2010—2019 年全国农科院系统历年 SCI 发文量统计　　单位：篇

序号	发文单位	2010 年	2011 年	2012 年	2013 年	2014 年	2015 年	2016 年	2017 年	2018 年	2019 年	发文总量
1	中国农业科学院	1 017	1 286	1 594	1 675	2 091	2 472	2 928	3 007	3 353	3 755	23 178
2	中国水产科学研究院	195	284	306	430	455	559	750	651	698	812	5 140
3	中国热带农业科学院	106	189	223	263	284	299	302	317	302	360	2 645
4	安徽省农业科学院	10	22	34	45	51	79	87	90	113	138	669
5	北京市农林科学院	116	177	210	235	247	274	360	317	325	401	2 662
6	重庆市农业科学院	9	4	3	10	19	25	24	36	39	31	200
7	福建省农业科学院	32	40	42	33	46	53	92	99	101	124	662
8	甘肃省农业科学院	9	12	17	14	21	20	29	18	28	43	211
9	广东省农业科学院	55	107	135	171	199	224	245	267	292	415	2 110
10	广西农业科学院	23	22	31	30	29	60	44	70	65	115	489
11	贵州省农业科学院	—	7	7	16	18	29	55	52	72	91	347
12	海南省农业科学院	8	8	13	5	6	15	27	26	20	23	151

（续表）

序号	发文单位	2010 年	2011 年	2012 年	2013 年	2014 年	2015 年	2016 年	2017 年	2018 年	2019 年	发文总量
13	河北省农林科学院	31	25	40	47	50	61	54	67	79	91	545
14	河南省农业科学院	41	38	48	46	59	83	113	124	113	133	798
15	黑龙江省农业科学院	31	27	45	35	51	70	87	127	124	144	741
16	湖北省农业科学院	45	57	58	54	62	68	85	83	103	147	762
17	湖南省农业科学院	4	14	27	22	30	44	60	64	84	111	460
18	吉林省农业科学院	28	34	31	33	44	61	45	67	77	109	529
19	江苏省农业科学院	64	74	136	164	229	342	403	424	456	478	2 770
20	江西省农业科学院	10	9	22	31	37	39	44	51	53	54	350
21	辽宁省农业科学院	9	9	12	18	30	28	28	32	24	36	226
22	内蒙古农牧业科学院	—	2	4	9	16	15	25	17	24	27	139
23	宁夏农林科学院	3	1	3	3	9	8	14	18	14	27	100
24	山东省农业科学院	80	115	129	144	146	155	202	175	226	262	1 634
25	上海市农业科学院	56	66	72	70	78	102	132	112	172	213	1 073
26	四川省农业科学院	14	26	29	36	40	70	91	84	92	111	593
27	天津市农业科学院	6	7	7	15	8	13	21	22	17	29	145
28	西藏自治区农牧科学院	4		1	3	7	18	9	19	36	46	143
29	新疆农垦科学院	4	5	10	15	13	16	14	25	21	42	165
30	新疆农业科学院	29	30	15	20	39	51	52	49	43	98	426
31	新疆畜牧科学院	9	10	6	6	8	13	17	21	21	22	133

（续表）

序号	发文单位	2010年	2011年	2012年	2013年	2014年	2015年	2016年	2017年	2018年	2019年	发文总量
32	云南省农业科学院	40	42	59	76	75	113	127	128	134	160	954
33	浙江省农业科学院	89	143	215	197	200	235	227	267	253	299	2 125
	年度发文总量	2 177	2 892	3 584	3 971	4 697	5 714	6 793	6 926	7 574	8 947	53 275
	年均发文量	66.0	87.6	108.6	120.3	142.3	173.2	205.9	209.9	229.5	271.1	1 614.4

2 中文期刊论文发文量统计

2.1 北大中文核心期刊发文量

统计对象2010—2019年发表的北大中文核心期刊论文数量情况见表2-1，农业农村部所属"三院"在前，省（市、自治区）级农（垦、牧）业科学院按名称拼音字母排序。

表2-1 2010—2019年全国农科院系统北大中文核心期刊历年发文量统计　　单位：篇

序号	发文单位	2010年	2011年	2012年	2013年	2014年	2015年	2016年	2017年	2018年	2019年	发文总量
1	中国农业科学院	4 240	4 265	3 832	3 817	3 861	3 980	4 027	4 039	3 770	2 552	38 383
2	中国水产科学研究院	963	1 042	1 006	1 020	949	1 001	1 099	1 098	1 057	720	9 955
3	中国热带农业科学院	438	413	453	491	622	726	627	579	579	370	5 298
4	安徽省农业科学院	186	181	211	199	177	183	144	131	120	83	1 615
5	北京市农林科学院	630	641	639	558	516	525	464	486	443	281	5 183
6	重庆市农业科学院	54	69	82	78	63	72	47	53	76	73	667
7	福建省农业科学院	211	202	217	194	193	189	283	343	325	219	2 376
8	甘肃省农业科学院	187	190	191	184	132	174	178	138	167	153	1 694
9	广东省农业科学院	531	538	489	392	435	400	361	288	286	256	3 976

（续表）

序号	发文单位	2010 年	2011 年	2012 年	2013 年	2014 年	2015 年	2016 年	2017 年	2018 年	2019 年	发文总量
10	广西农业科学院	149	225	206	212	320	286	294	298	253	246	2 489
11	贵州省农业科学院	350	343	365	317	316	285	279	266	236	221	2 978
12	海南省农业科学院	47	51	74	71	93	86	88	83	86	47	726
13	河北省农林科学院	187	203	199	188	185	164	166	199	181	141	1 813
14	河南省农业科学院	281	279	262	228	212	237	258	296	304	170	2 527
15	黑龙江省农业科学院	332	287	277	246	271	254	222	213	204	133	2 439
16	湖北省农业科学院	264	309	249	235	288	299	199	153	192	176	2 364
17	湖南省农业科学院	191	145	146	144	113	133	165	167	172	116	1 492
18	吉林省农业科学院	230	215	184	168	181	219	189	152	197	162	1 897
19	江苏省农业科学院	667	771	945	911	898	858	853	753	600	387	7 643
20	江西省农业科学院	75	77	96	103	109	122	91	101	91	106	971
21	辽宁省农业科学院	237	287	192	201	203	182	187	170	130	83	1 872
22	内蒙古农牧业科学院	77	85	105	99	110	110	76	85	69	44	860
23	宁夏农林科学院	164	183	187	172	169	155	178	151	148	108	1 615
24	山东省农业科学院	401	359	342	342	347	338	372	380	396	274	3 551
25	上海市农业科学院	205	214	189	241	230	246	221	182	189	168	2 085
26	四川省农业科学院	237	257	252	235	246	228	230	225	212	138	2 260
27	天津市农业科学院	86	108	153	122	134	136	120	92	132	105	1 188
28	西藏自治区农牧科学院	20	12	34	23	38	44	51	55	84	84	445

（续表）

序号	发文单位	2010年	2011年	2012年	2013年	2014年	2015年	2016年	2017年	2018年	2019年	发文总量
29	新疆农垦科学院	119	139	183	165	129	140	117	121	99	60	1 272
30	新疆农业科学院	295	274	230	253	247	299	269	283	278	154	2 582
31	新疆畜牧科学院	73	51	58	50	67	82	86	59	64	22	612
32	云南省农业科学院	327	356	322	317	333	353	304	294	281	219	3 106
33	浙江省农业科学院	379	396	389	347	295	272	261	265	253	213	3 070
	年度发文总量	12 833	13 167	12 759	12 323	12 482	12 778	12 506	12 198	11 674	8 284	121 004
	年均发文量	388.9	399.0	386.6	373.4	378.2	387.2	379.0	369.6	353.8	251.0	3 666.8

2.2 CSCD 期刊发文量

统计对象 2010—2019 年发表的中国科学引文数据库（CSCD）期刊论文数量情况见表 2-2，农业农村部所属"三院"在前，省（市、自治区）级农（垦、牧）业科学院按名称拼音字母排序。

表 2-2　2010—2019 年全国农科院系统 CSCD 期刊历年发文量统计　　单位：篇

序号	发文单位	2010年	2011年	2012年	2013年	2014年	2015年	2016年	2017年	2018年	2019年	发文总量
1	中国农业科学院	2 661	2 877	2 605	2 554	2 548	2 463	2 383	2 459	2 443	2 177	25 170
2	中国水产科学研究院	697	795	803	839	790	793	803	737	1 022	734	8 013
3	中国热带农业科学院	471	546	529	583	581	483	442	426	444	390	4 895
4	安徽省农业科学院	62	93	102	102	139	115	98	87	84	83	965
5	北京市农林科学院	343	380	347	331	333	290	285	293	284	227	3 113
6	重庆市农业科学院	37	43	67	62	50	47	37	36	51	67	497
7	福建省农业科学院	140	185	193	180	155	130	140	159	165	280	1 727

（续表）

序号	发文单位	2010 年	2011 年	2012 年	2013 年	2014 年	2015 年	2016 年	2017 年	2018 年	2019 年	发文总量
8	甘肃省农业科学院	131	129	132	125	114	147	151	109	145	159	1 342
9	广东省农业科学院	434	456	411	339	336	198	192	183	169	171	2 889
10	广西农业科学院	86	233	238	216	225	172	173	195	177	141	1 856
11	贵州省农业科学院	281	116	106	120	129	90	131	142	144	123	1 382
12	海南省农业科学院	26	30	41	36	48	32	39	39	51	29	371
13	河北省农林科学院	104	126	119	131	133	106	105	116	129	120	1 189
14	河南省农业科学院	112	217	215	195	168	196	201	234	248	134	1 920
15	黑龙江省农业科学院	481	176	167	154	172	141	149	128	133	94	1 795
16	湖北省农业科学院	190	82	70	53	78	66	81	80	86	86	872
17	湖南省农业科学院	215	117	119	99	94	92	111	118	127	127	1 219
18	吉林省农业科学院	191	171	162	153	160	103	95	91	125	114	1 365
19	江苏省农业科学院	537	663	813	549	547	509	478	412	373	322	5 203
20	江西省农业科学院	43	62	65	70	77	79	50	65	66	78	655
21	辽宁省农业科学院	159	168	119	108	119	94	91	70	69	69	1 066
22	内蒙古农牧业科学院	28	45	56	51	63	54	27	38	49	37	448
23	宁夏农林科学院	55	82	90	83	92	70	68	80	75	79	774
24	山东省农业科学院	225	240	234	240	244	204	217	215	246	229	2 294
25	上海市农业科学院	142	168	145	206	213	209	212	245	234	124	1 898
26	四川省农业科学院	168	181	183	190	195	167	161	165	156	152	1 718

序号	发文单位	2010年	2011年	2012年	2013年	2014年	2015年	2016年	2017年	2018年	2019年	发文总量
27	天津市农业科学院	35	34	59	46	52	33	29	31	38	49	406
28	西藏自治区农牧科学院	9	9	21	14	24	30	27	39	53	61	287
29	新疆农垦科学院	63	71	98	94	78	87	64	88	68	51	762
30	新疆农业科学院	235	209	179	186	197	223	193	229	239	198	2 088
31	新疆畜牧科学院	38	26	37	34	41	23	32	22	35	19	307
32	云南省农业科学院	249	290	279	226	268	260	241	232	208	224	2 477
33	浙江省农业科学院	218	276	269	262	223	204	206	197	201	191	2 247
	年度发文总量	8 866	9 296	9 073	8 631	8 686	7 910	7 712	7 760	8 137	7 139	83 210
	年均发文量	268.7	281.7	274.9	261.5	263.2	239.7	233.7	235.2	246.6	216.3	2 521.5

3 获奖科技成果统计

3.1 国家级获奖科技成果数量

统计对象 2010—2019 年取得的国家级获奖科技成果数量情况见表 3-1，包括国家自然科学奖、国家技术发明奖、国家科学技术进步奖三类。统计条件是获奖科技成果完成单位中包含统计对象及其所属机构。农业农村部所属"三院"在前，省（市、自治区）级农（垦、牧）业科学院按名称拼音字母排序。

表 3-1 2010—2019 年全国农科院系统国家级获奖科技成果历年数量统计　　单位：项

序号	获奖单位	2010年	2011年	2012年	2013年	2014年	2015年	2016年	2017年	2018年	2019年	成果总量
1	中国农业科学院	8	8	13	12	9	13	9	11	11	10	104
2	中国水产科学研究院			1	1	1				1	1	5
3	中国热带农业科学院	1		1		1					2	5

（续表）

序号	获奖单位	2010 年	2011 年	2012 年	2013 年	2014 年	2015 年	2016 年	2017 年	2018 年	2019 年	成果总量
4	安徽省农业科学院	1			1					3		5
5	北京市农林科学院	3	4	1	1	1	1		2		1	14
6	重庆市农业科学院	1										1
7	福建省农业科学院	2	1	1	3					1	1	9
8	甘肃省农业科学院			2			1					3
9	广东省农业科学院	1	1		1	2	1	3	1			10
10	广西农业科学院											
11	贵州省农业科学院				1							1
12	海南省农业科学院								1			1
13	河北省农林科学院	2	2	1		1	2			2	1	11
14	河南省农业科学院	2	3	1		2	1	1		1		11
15	黑龙江省农业科学院	1		1			2	1	2	1	1	9
16	湖北省农业科学院					1	1	1	1	1	2	7
17	湖南省农业科学院	1		1			2	1	2	2	1	10
18	吉林省农业科学院			1			2	1	1		1	6
19	江苏省农业科学院	3		1		1	2	2		2	1	12
20	江西省农业科学院				1		1	1	1	1		5
21	辽宁省农业科学院		1		2			1		1	2	7
22	内蒙古农牧业科学院	1			1							2

（续表）

序号	获奖单位	2010年	2011年	2012年	2013年	2014年	2015年	2016年	2017年	2018年	2019年	成果总量
23	宁夏农林科学院						2		1			3
24	山东省农业科学院	2	1	1	2	1	2	1		1	5	16
25	上海市农业科学院		1	1	2			1				5
26	四川省农业科学院	3	1	3	1		1	1	1			11
27	天津市农业科学院			1						1		2
28	西藏自治区农牧科学院											
29	新疆农垦科学院						1					1
30	新疆农业科学院				1		2		1			4
31	新疆畜牧科学院											
32	云南省农业科学院	3	1	1			1		3	1		10
33	浙江省农业科学院		1	1	1	2	2		2	1	1	11
	年度获奖成果总量	35	25	32	30	23	41	24	30	30	31	301
	年均获奖成果数量	1.06	0.76	0.97	0.91	0.70	1.24	0.73	0.91	0.91	0.94	9.12

3.2 神农中华农业科技奖成果数量

统计对象 2010—2019 年取得的神农中华农业科技奖成果数量情况见表 3-2。统计条件是获奖科技成果完成单位中包含统计对象及其所属机构。农业农村部所属"三院"在前，省（市、自治区）级农（垦、牧）业科学院按名称拼音字母排序。

表 3-2　2010—2019 年全国农科院系统神农中华农业科技奖获奖成果历年数量统计　单位：项

序号	获奖单位	2010—2011年	2012—2013年	2014—2015年	2016—2017年	2018—2019年	成果总量
1	中国农业科学院	22	30	43	44	49	188

（续表）

序号	获奖单位	2010—2011 年	2012—2013 年	2014—2015 年	2016—2017 年	2018—2019 年	成果总量
2	中国水产科学研究院	9	7	5	8	7	36
3	中国热带农业科学院	8	8	12	4	4	36
4	安徽省农业科学院	1	4	6	10	5	26
5	北京市农林科学院	4	3	8	7	8	30
6	重庆市农业科学院		1	2	1	3	7
7	福建省农业科学院	3	5	2	3	2	15
8	甘肃省农业科学院	3	3	3	2	3	14
9	广东省农业科学院	2	8	7	8	6	31
10	广西农业科学院	1		1			2
11	贵州省农业科学院			2	1	1	4
12	海南省农业科学院	2		2	1	1	6
13	河北省农林科学院	2	8	4	4	4	22
14	河南省农业科学院	5	3	1	4	7	20
15	黑龙江省农业科学院	3	4	2	4	9	22
16	湖北省农业科学院		4	4	2	2	12
17	湖南省农业科学院	1	3	3	3	3	13
18	吉林省农业科学院	6	6	2	5	3	22
19	江苏省农业科学院	4	6	10	12	15	47
20	江西省农业科学院	1	2	3	2	4	12
21	辽宁省农业科学院		1	2	3	4	10
22	内蒙古农牧业科学院			2			2
23	宁夏农林科学院			1	1	2	4
24	山东省农业科学院	3	5	4	8	14	34
25	上海市农业科学院	1		2	2	5	10
26	四川省农业科学院	2	3	4	5	10	24
27	天津市农业科学院	1	1	2	2	2	8
28	西藏自治区农牧科学院	1					1

（续表）

序号	获奖单位	2010—2011 年	2012—2013 年	2014—2015 年	2016—2017 年	2018—2019 年	成果总量
29	新疆农垦科学院		1	1	1	2	5
30	新疆农业科学院		1	3	4	5	13
31	新疆畜牧科学院			1	2	1	4
32	云南省农业科学院	1	3	8		5	17
33	浙江省农业科学院	4	3	7	5	9	28
	年度获奖成果总量	90	123	159	158	195	725
	年均获奖成果数量	2.73	3.73	4.82	4.79	5.91	21.97

中国农业科学院

1 英文期刊论文分析

分析数据来源于科学引文索引数据库（Web of Science，WOS）收录的文献类型为期刊论文（ARTICLE）、会议论文（PROCEEDINGS PAPER）和述评（REVIEW）的 Science Citation Index Expanded（SCIE）论文数据，数据时间范围为 2010—2019 年，共检索到中国农业科学院作者发表的论文 23 178 篇。

1.1 发文量

2010—2019 年中国农业科学院历年 SCI 发文与被引情况见表 1-1，中国农业科学院英文文献历年发文趋势（2010—2019 年）见下图。

表 1-1 2010—2019 年中国农业科学院历年 SCI 发文与被引情况

出版年	发文量（篇）	WOS 所有数据库总被引频次	WOS 核心库被引频次
2010 年	1 017	22 802	18 775
2011 年	1 286	25 541	21 339
2012 年	1 594	28 352	24 011
2013 年	1 675	24 091	20 573
2014 年	2 091	24 100	20 513
2015 年	2 472	17 337	15 052
2016 年	2 928	10 476	9 353
2017 年	3 007	12 561	11 329
2018 年	3 353	3 955	3 767
2019 年	3 755	969	956

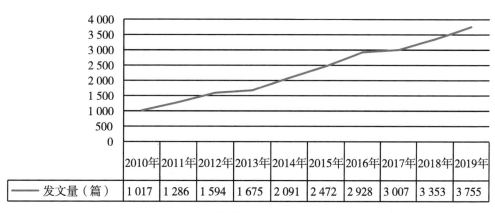

	2010年	2011年	2012年	2013年	2014年	2015年	2016年	2017年	2018年	2019年
发文量（篇）	1 017	1 286	1 594	1 675	2 091	2 472	2 928	3 007	3 353	3 755

图 中国农业科学院英文文献历年发文趋势（2010—2019 年）

1.2 高发文研究所 TOP10

2010—2019 年中国农业科学院 SCI 高发文研究所 TOP10 见表 1-2。

表 1-2　2010—2019 年中国农业科学院 SCI 高发文研究所 TOP10　　　　　单位：篇

排序	研究所	发文量
1	中国农业科学院植物保护研究所	2 126
2	中国农业科学院作物科学研究所	1 793
3	中国农业科学院北京畜牧兽医研究所	1 749
4	中国农业科学院生物技术研究所	1 681
5	中国农业科学院农业资源与农业区划研究所	1 444
6	中国农业科学院兰州兽医研究所	1 313
7	中国农业科学院哈尔滨兽医研究所	1 057
8	中国水稻研究所	849
9	中国农业科学院蔬菜花卉研究所	769
10	中国农业科学院农业环境与可持续发展研究所	747

1.3 高发文期刊 TOP10

2010—2019 年中国农业科学院 SCI 高发文期刊 TOP10 见表 1-3。

表 1-3　2010—2019 年中国农业科学院 SCI 高发文期刊 TOP10

排序	期刊名称	发文量（篇）	WOS 所有数据库总被引频次	WOS 核心库被引频次	期刊影响因子（最近年度）
1	PLOS ONE	1 064	1 0081	8 731	2.74（2019）
2	SCIENTIFIC REPORTS	686	3 028	2 742	3.998（2019）
3	JOURNAL OF INTEGRATIVE AGRICULTURE	646	1 691	1 295	1.984（2019）
4	FRONTIERS IN PLANT SCIENCE	373	1 276	1 192	4.402（2019）
5	JOURNAL OF AGRICULTURAL AND FOOD CHEMISTRY	302	2 420	2 175	4.192（2019）
6	INTERNATIONAL JOURNAL OF MOLECULAR SCIENCES	278	807	722	4.556（2019）
7	FOOD CHEMISTRY	269	3 214	2 733	6.306（2019）
8	BMC GENOMICS	236	3 454	3 038	3.594（2019）
9	BMC PLANT BIOLOGY	178	1 697	1 507	3.497（2019）
10	ARCHIVES OF VIROLOGY	176	1 026	855	2.243（2019）

1.4 合作发文国家与地区 TOP10

2010—2019 年中国农业科学院 SCI 合作发文国家与地区（合作发文 1 篇以上）TOP10 见表 1-4。

表 1-4　2010—2019 年中国农业科学院 SCI 合作发文国家与地区 TOP10

排序	国家与地区	合作发文量（篇）	WOS 所有数据库总被引频次	WOS 核心库被引频次
1	美国	2 476	32 153	28 403
2	澳大利亚	540	8 080	7 078
3	英格兰	477	8 562	7 778
4	加拿大	363	5 412	4 846
5	巴基斯坦	322	967	884
6	法国	315	7 380	6 748
7	德国	303	6 722	6 037
8	日本	278	5 719	5 123
9	比利时	262	2 482	2 297
10	荷兰	243	5 991	5 469

1.5 合作发文机构 TOP10

2010—2019 年中国农业科学院 SCI 合作发文机构 TOP10 见表 1-5。

表 1-5　2010—2019 年中国农业科学院 SCI 合作发文机构 TOP10

排序	合作发文机构	发文量（篇）	WOS 所有数据库总被引频次	WOS 核心库被引频次
1	中国科学院	1 895	22 926	19 674
2	中国农业大学	1 730	13 701	11 958
3	南京农业大学	832	10 050	8 336
4	浙江大学	555	5 128	4 394
5	华中农业大学	548	9 970	8 755
6	东北农业大学	483	2 322	2 045
7	扬州大学	444	2 105	1 782
8	西北农林科技大学	421	2 435	1 867
9	中国科学院大学	403	2 288	2 016
10	湖南农业大学	383	4 834	4 211

1.6 高被引论文 TOP10

2010—2019 年中国农业科学院发表的 SCI 高被引论文 TOP10 见表 1-6，中国农业科学院以第一或通讯作者完成单位发表的 SCI 高被引论文 TOP10 见表 1-7。

表 1-6 **2010—2019 年中国农业科学院 SCI 高被引论文 TOP10**

排序	标题	WOS 所有数据库总被引频次	WOS 核心库被引频次	作者机构	出版年份	期刊名称	期刊影响因子（最近年度）
1	The tomato genome sequence provides insights into fleshy fruit evolution	1 123	1 089	中国农业科学院蔬菜花卉研究所	2012	NATURE	42.778 (2019)
2	The genome of the mesopolyploid crop species Brassica rapa	841	762	中国农业科学院蔬菜花卉研究所，中国农业科学院油料作物研究所	2011	NATURE GENETICS	27.603 (2019)
3	Genome-wide association studies of 14 agronomic traits in rice landraces	801	712	中国水稻研究所	2010	NATURE GENETICS	27.603 (2019)
4	Genome sequence and analysis of the tuber crop potato	705	628	中国农业科学院蔬菜花卉研究所	2011	NATURE	42.778 (2019)
5	Aegilops tauschii draft genome sequence reveals a gene repertoire for wheat adaptation	521	375	中国农业科学院作物科学研究所	2013	NATURE	42.778 (2019)
6	A map of rice genome variation reveals the origin of cultivated rice	492	435	中国水稻研究所	2012	NATURE	42.778 (2019)
7	Early allopolyploid evolution in the post-Neolithic Brassica napus oilseed genome	447	406	中国农业科学院蔬菜花卉研究所	2014	SCIENCE	41.845 (2019)
8	The draft genome of a diploid cotton Gossypium raimondii	446	353	中国农业科学院棉花研究所	2012	NATURE GENETICS	27.603 (2019)
9	Regulation of OsSPL14 by OsmiR156 defines ideal plant architecture in rice	444	353	中国水稻研究所	2010	NATURE GENETICS	27.603 (2019)

（续表）

排序	标题	WOS 所有数据库总被引频次	WOS 核心库被引频次	作者机构	出版年份	期刊名称	期刊影响因子（最近年度）
10	Resequencing of 31 wild and cultivated soybean genomes identifies patterns of genetic diversity and selection	444	407	中国农业科学院作物科学研究所	2010	NATURE GENETICS	27.603 (2019)

表1-7　2010—2019年中国农业科学院SCI高被引论文TOP10（第一或通讯作者完成单位）

排序	标题	WOS 所有数据库总被引频次	WOS 核心库被引频次	作者机构	出版年份	期刊名称	期刊影响因子（最近年度）
1	The genome of the mesopolyploid crop species Brassica rapa	841	762	中国农业科学院油料作物研究所，中国农业科学院蔬菜花卉研究所	2011	NATURE GENETICS	27.603 (2019)
2	Genome sequence and analysis of the tuber crop potato	705	628	中国农业科学院蔬菜花卉研究所	2011	NATURE	42.778 (2019)
3	Aegilops tauschii draft genome sequence reveals a gene repertoire for wheat adaptation	521	375	中国农业科学院作物科学研究所	2013	NATURE	42.778 (2019)
4	The draft genome of a diploid cotton Gossypium raimondii	446	353	中国农业科学院棉花研究所	2012	NATURE GENETICS	27.603 (2019)
5	Mirid Bug Outbreaks in Multiple Crops Correlated with Wide-Scale Adoption of Bt Cotton in China	435	295	中国农业科学院植物保护研究所	2010	SCIENCE	41.845 (2019)
6	Genome sequence of the cultivated cotton Gossypium arboreum	321	270	中国农业科学院棉花研究所	2014	NATURE GENETICS	27.603 (2019)

（续表）

排序	标题	WOS 所有数据库总被引频次	WOS 核心库被引频次	作者机构	出版年份	期刊名称	期刊影响因子（最近年度）
7	Widespread adoption of Bt cotton and insecticide decrease promotes biocontrol services	314	283	中国农业科学院植物保护研究所	2012	NATURE	42.778 (2019)
8	Genome sequence of cultivated Upland cotton (Gossypium hirsutum TM-1) provides insights into genome evolution	283	226	中国农业科学院棉花研究所	2015	NATURE BIOTECHN OLOGY	36.558 (2019)
9	The Brassica oleracea genome reveals the asymmetrical evolution of polyploid genomes	258	240	中国农业科学院油料作物研究所，中国农业科学院蔬菜花卉研究所	2014	NATURE COMMUNIC ATIONS	12.121 (2019)
10	The influence of pH and organic matter content in paddy soil on heavy metal availability and their uptake by rice plants	256	207	中国水稻研究所	2011	ENVIRONM ENTAL POLLUTION	6.792 (2019)

1.7 高频词 TOP20

2010—2019 年中国农业科学院 SCI 发文高频词（作者关键词）TOP20 见表 1-8。

表 1-8 2010—2019 年中国农业科学院 SCI 发文高频词（作者关键词）TOP20

排序	关键词（作者关键词）	频次	排序	关键词（作者关键词）	频次
1	rice	485	11	RNA-Seq	153
2	China	393	12	Soybean	150
3	maize	247	13	Climate change	141
4	gene expression	238	14	Chicken	128
5	wheat	234	15	Apoptosis	125
6	Genetic diversity	213	16	yield	124
7	Transcriptome	212	17	QTL	120
8	Phylogenetic analysis	183	18	proteomics	115
9	Toxoplasma gondii	178	19	Triticum aestivum	115
10	Cotton	155	20	growth performance	113

2 中文期刊论文分析

2010—2019 年，中国农业科学院作者共发表北大中文核心期刊论文 38 383 篇，中国科学引文数据库（CSCD）期刊论文 25 170 篇。

2.1 发文量

2010—2019 年中国农业科学院中文文献历年发文趋势（2010—2019 年）见下图。

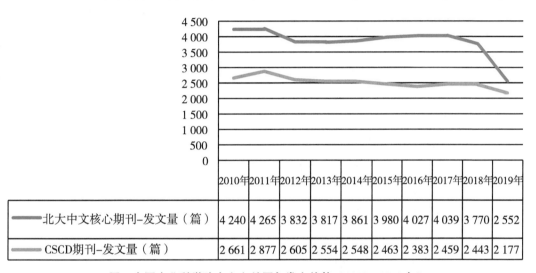

	2010年	2011年	2012年	2013年	2014年	2015年	2016年	2017年	2018年	2019年
——北大中文核心期刊-发文量（篇）	4 240	4 265	3 832	3 817	3 861	3 980	4 027	4 039	3 770	2 552
——CSCD期刊-发文量（篇）	2 661	2 877	2 605	2 554	2 548	2 463	2 383	2 459	2 443	2 177

图　中国农业科学院中文文献历年发文趋势（2010—2019 年）

2.2 高发文研究所 TOP10

2010—2019 年中国农业科学院北大中文核心期刊高发文研究所 TOP10 见表 2-1，2010—2019 年中国农业科学院中国科学引文数据库（CSCD）期刊高发文研究所 TOP10 见表 2-2。

表 2-1　2010—2019 年中国农业科学院北大中文核心期刊高发文研究所 TOP10　　单位：篇

排序	研究所	发文量
1	中国农业科学院农业资源与农业区划研究所	2 885
2	中国农业科学院北京畜牧兽医研究所	2 883
3	中国农业科学院作物科学研究所	2 689
4	中国农业科学院植物保护研究所	2 303
5	中国农业科学院草原生态研究所	1 707
6	中国农业科学院蔬菜花卉研究所	1 682

（续表）

排序	研究所	发文量
7	中国农业科学院哈尔滨兽医研究所	1 402
8	中国农业科学院农业经济与发展研究所	1 254
9	中国农业科学院农产品加工研究所	1 242
10	中国农业科学院农业环境与可持续发展研究所	1 228

表 2-2　2010—2019 年中国农业科学院 CSCD 期刊高发文研究所 TOP10　　　单位：篇

排序	研究所	发文量
1	中国农业科学院农业资源与农业区划研究所	2 185
2	中国农业科学院植物保护研究所	2 081
3	中国农业科学院作物科学研究所	1 959
4	中国农业科学院北京畜牧兽医研究所	1 552
5	中国农业科学院草原生态研究所	1 303
6	中国农业科学院农业环境与可持续发展研究所	1 172
7	中国农业科学院哈尔滨兽医研究所	1 079
8	中国农业科学院农产品加工研究所	928
9	中国农业科学院兰州兽医研究所	901
10	中国农业科学院蔬菜花卉研究所	871

2.3　高发文期刊 TOP10

　　2010—2019 年中国农业科学院高发文北大中文核心期刊 TOP10 见表 2-3，2010—2019 年中国农业科学院高发文 CSCD 期刊 TOP10 见表 2-4。

表 2-3　2010—2019 年中国农业科学院高发文期刊（北大中文核心）TOP10　　　单位：篇

排序	期刊名称	发文量	排序	期刊名称	发文量
1	中国农业科学	1 266	6	中国蔬菜	721
2	草业科学	1 016	7	农业工程学报	680
3	动物营养学报	965	8	中国兽医科学	653
4	中国预防兽医学报	901	9	作物学报	641
5	中国畜牧兽医	881	10	植物保护	634

表 2-4　2010—2019 年中国农业科学院高发文期刊（CSCD）TOP10　　单位：篇

排序	期刊名称	发文量	排序	期刊名称	发文量
1	中国农业科学	1 166	6	植物保护	618
2	中国预防兽医学报	869	7	畜牧兽医学报	570
3	动物营养学报	835	8	作物学报	558
4	草业科学	679	9	植物遗传资源学报	549
5	中国兽医科学	635	10	农业工程学报	545

2.4　合作发文机构 TOP10

2010—2019 年中国农业科学院北大中文核心期刊合作发文机构 TOP10 见表 2-5，2010—2019 年中国农业科学院 CSCD 期刊合作发文机构 TOP10 见表 2-6。

表 2-5　2010—2019 年中国农业科学院北大中文核心期刊合作发文机构 TOP10　　单位：篇

排序	合作发文机构	发文量	排序	合作发文机构	发文量
1	兰州大学	1 333	6	西南大学	703
2	中国农业大学	1 241	7	西北农林科技大学	680
3	甘肃农业大学	928	8	东北农业大学	641
4	中国科学院	748	9	沈阳农业大学	521
5	南京农业大学	720	10	扬州大学	490

表 2-6　2010—2019 年中国农业科学院 CSCD 期刊合作发文机构 TOP10　　单位：篇

排序	合作发文机构	发文量	排序	合作发文机构	发文量
1	兰州大学	1 331	6	西北农林科技大学	503
2	甘肃农业大学	740	7	西南大学	434
3	中国科学院	599	8	南京农业大学	384
4	中国农业大学	580	9	沈阳农业大学	375
5	东北农业大学	504	10	湖南农业大学	350

中国水产科学研究院

1 英文期刊论文分析

分析数据来源于科学引文索引数据库（Web of Science，WOS）收录的文献类型为期刊论文（ARTICLE）、会议论文（PROCEEDINGS PAPER）和述评（REVIEW）的 Science Citation Index Expanded（SCIE）论文数据，数据时间范围为 2010—2019 年，共检索到中国水产科学研究院作者发表的论文 5 140 篇。

1.1 发文量

2010—2019 年中国水产科学研究院历年 SCI 发文与被引情况见表 1-1，中国水产科学研究院英文文献历年发文趋势（2010—2019 年）见下图。

表 1-1　2010—2019 年中国水产科学研究院历年 SCI 发文与被引情况

出版年	发文量（篇）	WOS 所有数据库总被引频次	WOS 核心库被引频次
2010 年	195	3 374	2 851
2011 年	284	3 560	2 989
2012 年	306	3 983	3 233
2013 年	430	3 840	3 303
2014 年	455	3 631	3 150
2015 年	559	2 873	2 540
2016 年	750	2 506	2 244
2017 年	651	1 915	1 754
2018 年	698	627	604
2019 年	812	124	124

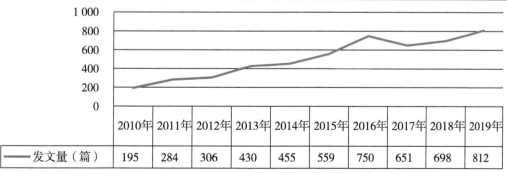

	2010年	2011年	2012年	2013年	2014年	2015年	2016年	2017年	2018年	2019年
发文量（篇）	195	284	306	430	455	559	750	651	698	812

图　中国水产科学研究院英文文献历年发文趋势（2010—2019 年）

1.2 高发文研究所 TOP10

2010—2019 年中国水产科学研究院 SCI 高发文研究所 TOP10 见表 1-2。

表 1-2 2010—2019 中国水产科学研究院 SCI 高发文研究所 TOP10　　　　单位：篇

排序	研究所	发文量
1	中国水产科学研究院黄海水产研究所	1 375
2	中国水产科学研究院南海水产研究所	869
3	中国水产科学研究院东海水产研究所	665
4	中国水产科学研究院淡水渔业研究中心	657
5	中国水产科学研究院长江水产研究所	608
6	中国水产科学研究院珠江水产研究所	444
7	中国水产科学研究院黑龙江水产研究所	365
8	中国水产科学研究院生物技术研究中心	159
9	中国水产科学研究院水产生物应用基因组中心	113
10	中国水产科学研究院渔业资源与环境研究中心	44

1.3 高发文期刊 TOP10

2010—2019 年中国水产科学研究院 SCI 高发文期刊 TOP10 见表 1-3。

表 1-3 2010—2019 中国水产科学研究院 SCI 高发文期刊 TOP10

排序	期刊名称	发文量（篇）	WOS 所有数据库总被引频次	WOS 核心库被引频次	期刊影响因子（最近年度）
1	FISH & SHELLFISH IMMUNOLOGY	366	2 785	2 471	3.298 (2018)
2	AQUACULTURE	193	1 469	1 214	3.224 (2019)
3	JOURNAL OF APPLIED ICHTHYOLOGY	174	622	486	0.612 (2019)
4	AQUACULTURE RESEARCH	154	512	413	1.748 (2019)
5	MITOCHONDRIAL DNA PART A	145	111	109	1.073 (2019)

（续表）

排序	期刊名称	发文量（篇）	WOS 所有数据库总被引频次	WOS 核心库被引频次	期刊影响因子（最近年度）
6	PLOS ONE	115	1 687	1 410	2.74（2019）
7	MITOCHONDRIAL DNA	102	458	442	0.925（2017）
8	CHINESE JOURNAL OF OCEANOLOGY AND LIMNOLOGY	101	364	252	1.068（2019）
9	MITOCHONDRIAL DNA PART B-RESOURCES	101	15	15	0.885（2019）
10	FISH PHYSIOLOGY AND BIOCHEMISTRY	93	554	474	2.242（2019）

1.4 合作发文国家与地区 TOP10

2010—2019 年中国水产科学研究院 SCI 合作发文国家与地区（合作发文 1 篇以上）TOP10 见表 1-4。

表 1-4 2010—2019 年中国水产科学研究院 SCI 合作发文国家与地区 TOP10

排序	国家与地区	合作发文量（篇）	WOS 所有数据库总被引频次	WOS 核心库被引频次
1	美国	288	2 189	1 966
2	澳大利亚	83	477	435
3	捷克	68	866	822
4	日本	51	270	220
5	德国	47	472	419
6	加拿大	46	272	251
7	沙特阿拉伯	37	441	385
8	法国	35	477	420
9	韩国	34	217	203
10	巴基斯坦	30	38	35

1.5 合作发文机构 TOP10

2010—2019 年中国水产科学研究院 SCI 合作发文机构 TOP10 见表 1-5。

表 1-5 2010—2019 年中国水产科学研究院 SCI 合作发文机构 TOP10

排序	合作发文机构	发文量	WOS 所有数据库总被引频次	WOS 核心库被引频次
1	上海海洋大学	776	3 714	3 158
2	中国科学院	541	4 037	3 561
3	南京农业大学	384	2 185	1 906
4	中国海洋大学	384	2 216	1 923
5	华中农业大学	206	992	863
6	中山大学	118	858	732
7	中国科学院大学	117	539	484
8	大连海洋大学	111	848	720
9	青岛农业大学	98	698	631
10	厦门大学	81	594	506

1.6 高被引论文 TOP10

2010—2019 年中国水产科学研究院发表的 SCI 高被引论文 TOP10 见表 1-6，中国水产科学研究院以第一或通讯作者完成单位发表的 SCI 高被引论文 TOP10 见表 1-7。

表 1-6 2010—2019 年中国水产科学研究院 SCI 高被引论文 TOP10

排序	标题	WOS 所有数据库总被引频次	WOS 核心库被引频次	作者机构	出版年份	期刊名称	期刊影响因子（最近年度）
1	Whole-genome sequence of a flatfish provides insights into ZW sex chromosome evolution and adaptation to a benthic lifestyle	223	188	中国水产科学研究院黄海水产研究所	2014	NATURE GENETICS	27.603（2019）
2	Identification and Profiling of MicroRNAs from Skeletal Muscle of the Common Carp	186	45	中国水产科学研究院黑龙江水产研究所	2012	PLOS ONE	2.74（2019）

（续表）

排序	标题	WOS 所有数据库总被引频次	WOS 核心库被引频次	作者机构	出版年份	期刊名称	期刊影响因子（最近年度）
3	SLAF-seq: An Efficient Method of Large-Scale De Novo SNP Discovery and Genotyping Using High-Throughput Sequencing	171	146	中国水产科学研究院黑龙江水产研究所	2013	PLOS ONE	2.74（2019）
4	Genome sequence and genetic diversity of the common carp, Cyprinus carpio	148	132	中国水产科学研究院水产生物应用基因组中心，中国水产科学研究院生物技术研究中心，中国水产科学研究院黑龙江水产研究所	2014	NATURE GENETICS	27.603（2019）
5	Combined effects of ocean acidification and solar UV radiation on photosynthesis, growth, pigmentation and calcification of the coralline alga Corallina sessilis (Rhodophyta)	113	100	中国水产科学研究院东海水产研究所	2010	GLOBAL CHANGE BIOLOGY	8.555（2019）
6	'Green tides' are overwhelming the coastline of our blue planet: taking the world's largest example	105	95	中国水产科学研究院黄海水产研究所	2011	ECOLOGICAL RESEARCH	1.58（2019）
7	Construction and Analysis of High-Density Linkage Map Using High-Throughput Sequencing Data	93	89	中国水产科学研究院黑龙江水产研究所	2014	PLOS ONE	2.74（2019）
8	Effects of dietary protein and lipid levels in practical diets on growth performance and body composition of blunt snout bream (Megalobrama amblycephala) fingerlings	90	67	中国水产科学研究院淡水渔业研究中心，中国水产科学研究院渔业机械仪器研究所	2010	AQUACULTURE	3.224（2019）

（续表）

排序	标题	WOS 所有数据库总被引频次	WOS 核心库被引频次	作者机构	出版年份	期刊名称	期刊影响因子（最近年度）
9	Pyrolytic characteristics and kinetic studies of three kinds of red algae	90	89	中国水产科学研究院黄海水产研究所	2011	BIOMASS & BIOENERGY	3.551 (2019)
10	Molecular cloning and expression of two HSP70 genes in the Wuchang bream （Megalobrama amblycephala Yih）	82	64	中国水产科学研究院淡水渔业研究中心	2010	FISH & SHELLFISH IMMUNO LOGY	3.298 (2018)

表 1-7　2010—2019 年中国水产科学研究院 SCI 高被引论文 TOP10（第一或通讯作者完成单位）

排序	标题	WOS 所有数据库总被引频次	WOS 核心库被引频次	作者机构	出版年份	期刊名称	期刊影响因子（最近年度）
1	Whole-genome sequence of a flatfish provides insights into ZW sex chromosome evolution and adaptation to a benthic lifestyle	223	188	中国水产科学研究院，中国水产科学研究院黄海水产研究所	2014	NATURE GENETICS	27.603 (2019)
2	Identification and Profiling of MicroRNAs from Skeletal Muscle of the Common Carp	186	45	中国水产科学研究院，中国水产科学研究院黑龙江水产研究所	2012	PLOS ONE	2.74 (2019)
3	SLAF-seq：An Efficient Method of Large-Scale De Novo SNP Discovery and Genotyping Using High-Throughput Sequencing	171	146	中国水产科学研究院，中国水产科学研究院黑龙江水产研究所	2013	PLOS ONE	2.74 (2019)
4	Genome sequence and genetic diversity of the common carp, Cyprinus carpio	148	132	中国水产科学研究院，中国水产科学研究院水产生物应用基因组中心，中国水产科学研究院生物技术研究中心，中国水产科学研究院黑龙江水产研究所	2014	NATURE GENETICS	27.603 (2019)

（续表）

排序	标题	WOS 所有数据库总被引频次	WOS 核心库被引频次	作者机构	出版年份	期刊名称	期刊影响因子（最近年度）
5	'Green tides' are overwhelming thecoastline of our blue planet: taking the world's largest example	105	95	中国水产科学研究院，中国水产科学研究院黄海水产研究所	2011	ECOLOGICAL-RESEARCH	1.58（2019）
6	Pyrolytic characteristics and kinetic studies of three kinds of red algae	90	89	中国水产科学研究院黄海水产研究所	2011	BIOMASS & BIOENERGY	3.551（2019）
7	Molecular cloning and expression of two HSP70 genes in the Wuchang bream (Megalobrama amblycephala Yih)	82	64	中国水产科学研究院，中国水产科学研究院淡水渔业研究中心	2010	FISH & SHELLFISH IMMUNOLOGY	3.298（2018）
8	Characterization of Common Carp Transcriptome: Sequencing, De Novo Assembly, Annotation and Comparative Genomics	79	74	中国水产科学研究院，中国水产科学研究院水产生物应用基因组中心，中国水产科学研究院生物技术研究中心，中国水产科学研究院黑龙江水产研究所	2012	PLOS ONE	2.74（2019）
9	Epigenetic modification and inheritance in sexual reversal of fish	75	68	中国水产科学研究院，中国水产科学研究院黄海水产研究所	2014	GENOME RESEARCH	11.093（2019）
10	Effects of emodin and vitamin C on growth performance, biochemical parameters and two HSP70s mRNA expression of Wuchang bream (Megalobrama amblycephala Yih) under high temperature stress	68	63	中国水产科学研究院，中国水产科学研究院淡水渔业研究中心	2012	FISH & SHELLFISHIMMUNOLOGY	3.298（2018）

1.7 高频词 TOP20

2010—2019 年中国水产科学研究院 SCI 发文高频词（作者关键词）TOP20 见表 1-8。

表 1-8　2010—2019 年中国水产科学研究院 SCI 发文高频词（作者关键词）TOP20

排序	关键词（作者关键词）	频次	排序	关键词（作者关键词）	频次
1	Mitochondrial genome	202	11	Microsatellite	65
2	Growth	167	12	Megalobrama amblycephala	62
3	Gene expression	136	13	Penaeus monodon	58
4	Immune response	99	14	Aquaculture	57
5	Growth performance	99	15	Temperature	56
6	Genetic diversity	84	16	Macrobrachium nipponense	56
7	Cynoglossus semilaevis	83	17	Fish	54
8	Transcriptome	81	18	Expression	53
9	Litopenaeus vannamei	72	19	Mitogenome	53
10	Oxidative stress	69	20	Tilapia	50

2　中文期刊论文分析

2010—2019 年，中国水产科学研究院作者共发表北大中文核心期刊论文 9 955篇，中国科学引文数据库（CSCD）期刊论文 8 013篇。

2.1 发文量

2010—2019 年中国水产科学研究院中文文献历年发文趋势（2010—2019 年）见下图。

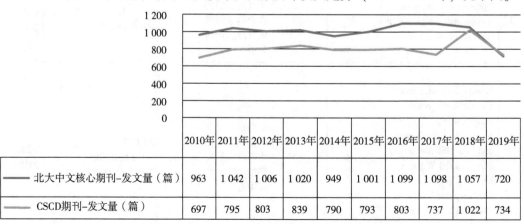

	2010年	2011年	2012年	2013年	2014年	2015年	2016年	2017年	2018年	2019年
北大中文核心期刊-发文量（篇）	963	1 042	1 006	1 020	949	1 001	1 099	1 098	1 057	720
CSCD期刊-发文量（篇）	697	795	803	839	790	793	803	737	1 022	734

图　中国水产科学研究院中文文献历年发文趋势（2010—2019 年）

2.2 高发文研究所 TOP10

2010—2019 年中国水产科学研究院北大中文核心期刊高发文研究所 TOP10 见表 2-1，2010—2019 年中国水产科学研究院中国科学引文数据库（CSCD）期刊高发文研究所 TOP10 见表 2-2。

表 2-1　2010—2019 年中国水产科学研究院北大中文核心期刊高发文研究所 TOP10 单位：篇

排序	研究所	发文量
1	中国水产科学研究院黄海水产研究所	2 863
2	中国水产科学研究院南海水产研究所	1 681
3	中国水产科学研究院东海水产研究所	1 348
4	中国水产科学研究院淡水渔业研究中心	1 022
5	中国水产科学研究院珠江水产研究所	803
6	中国水产科学研究院长江水产研究所	721
7	中国水产科学研究院	570
8	中国水产科学研究院黑龙江水产研究所	550
9	中国水产科学研究院渔业机械仪器研究所	441
10	天津渤海水产研究所	60
11	中国水产科学研究院渔业工程研究所	53

注："中国水产科学研究院"发文包括作者单位只标注为"中国水产科学研究院"、院属实验室等。

表 2-2　2010—2019 年中国水产科学研究院 CSCD 期刊高发文研究所 TOP10　单位：篇

排序	研究所	发文量
1	中国水产科学研究院黄海水产研究所	2 198
2	中国水产科学研究院南海水产研究所	1 640
3	中国水产科学研究院东海水产研究所	1 255
4	中国水产科学研究院珠江水产研究所	748
5	中国水产科学研究院淡水渔业研究中心	742
6	中国水产科学研究院长江水产研究所	595
7	中国水产科学研究院黑龙江水产研究所	500
8	中国水产科学研究院渔业机械仪器研究所	193
9	中国水产科学研究院	130
10	中国水产科学研究院北戴河中心实验站	47
11	天津渤海水产研究所	34

注："中国水产科学研究院"发文包括作者单位只标注为"中国水产科学研究院"、院属实验室等。

2.3 高发文期刊 TOP10

2010—2019年中国水产科学研究院高发文北大中文核心期刊TOP10见表2-3，2010—2019年中国水产科学研究院高发文CSCD期刊TOP10见表2-4。

表2-3 2010—2019年中国水产科学研究院高发文期刊（北大中文核心）TOP10 单位：篇

排序	期刊名称	发文量	排序	期刊名称	发文量
1	渔业科学进展	781	6	淡水渔业	340
2	中国水产科学	768	7	渔业现代化	280
3	水产学报	611	8	海洋科学	247
4	海洋渔业	421	9	广东农业科学	241
5	南方水产科学	378	10	海洋与湖沼	236

表2-4 2010—2019年中国水产科学研究院高发文期刊（CSCD）TOP10 单位：篇

排序	期刊名称	发文量	排序	期刊名称	发文量
1	渔业科学进展	763	6	淡水渔业	305
2	中国水产科学	709	7	水生生物学报	210
3	水产学报	595	8	食品工业科技	205
4	南方水产科学	442	9	上海海洋大学学报	203
5	海洋渔业	426	10	广东农业科学	202

2.4 合作发文机构 TOP10

2010—2019年中国水产科学研究院北大中文核心期刊合作发文机构TOP10见表2-5，2010—2019年中国水产科学研究院CSCD期刊合作发文机构TOP10见表2-6。

表2-5 2010—2019年中国水产科学研究院北大中文核心期刊合作发文机构TOP10 单位：篇

排序	合作发文机构	发文量	排序	合作发文机构	发文量
1	上海海洋大学	1 441	6	华中农业大学	173
2	中国海洋大学	663	7	国家海洋局第一海洋研究所	126
3	南京农业大学	493	8	东北农业大学	93
4	中国科学院	481	9	西南大学	73
5	大连海洋大学	276	10	青岛农业大学	60

表 2-6 2010—2019 年中国水产科学研究院 CSCD 期刊合作发文机构 TOP10   单位：篇

排序	合作发文机构	发文量	排序	合作发文机构	发文量
1	上海海洋大学	1 157	6	华中农业大学	148
2	中国海洋大学	494	7	东北农业大学	72
3	南京农业大学	395	8	西南大学	65
4	中国科学院	268	9	国家海洋局第一海洋研究所	51
5	大连海洋大学	240	10	广东海洋大学	49

中国热带农业科学院

1 英文期刊论文分析

分析数据来源于科学引文索引数据库（Web of Science，WOS）收录的文献类型为期刊论文（ARTICLE）、会议论文（PROCEEDINGS PAPER）和述评（REVIEW）的 Science Citation Index Expanded（SCIE）论文数据，数据时间范围为 2010—2019 年，共检索到中国热带农业科学院作者发表的论文 2 645 篇。

1.1 发文量

2010—2019 年中国热带农业科学院历年 SCI 发文与被引情况见表 1-1，中国热带农业科学院英文文献历年发文趋势（2010—2019 年）见下图。

表 1-1 2010—2019 年中国热带农业科学院历年 SCI 发文与被引情况

出版年	发文量（篇）	WOS 所有数据库总被引频次	WOS 核心库被引频次
2010 年	0	0	0
2011 年	0	0	0
2012 年	2	2	2
2013 年	4	34	28
2014 年	9	92	72
2015 年	16	79	71
2016 年	15	52	45
2017 年	25	72	64
2018 年	17	46	39
2019 年	23	18	18

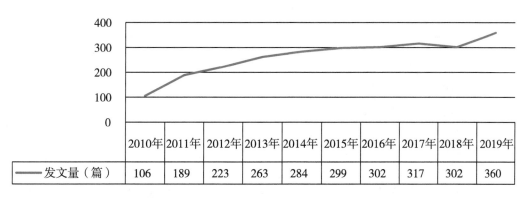

	2010年	2011年	2012年	2013年	2014年	2015年	2016年	2017年	2018年	2019年
发文量（篇）	106	189	223	263	284	299	302	317	302	360

图 中国热带农业科学院英文文献历年发文趋势（2010—2019 年）

1.2 高发文研究所 TOP10

2010—2019 年中国热带农业科学院 SCI 高发文研究所 TOP10 见表 1-2。

表 1-2　2010—2019 年中国热带农业科学院 SCI 高发文研究所 TOP10　　单位：篇

排序	研究所	发文量
1	中国热带农业科学院热带生物技术研究所	851
2	中国热带农业科学院环境与植物保护研究所	381
3	中国热带农业科学院热带作物品种资源研究所	315
4	中国热带农业科学院橡胶研究所	301
5	中国热带农业科学院农产品加工研究所	269
6	中国热带农业科学院南亚热带作物研究所	197
7	中国热带农业科学院海口实验站	156
8	中国热带农业科学院椰子研究所	97
9	中国热带农业科学院香料饮料研究所	93
10	中国热带农业科学院分析测试中心	87

1.3 高发文期刊 TOP10

2010—2019 年中国热带农业科学院 SCI 高发文期刊 TOP10 见表 1-3。

表 1-3　2010—2019 年中国热带农业科学院 SCI 高发文期刊 TOP10

排序	期刊名称	发文量（篇）	WOS 所有数据库总被引频次	WOS 核心库被引频次	期刊影响因子（最近年度）
1	PLOS ONE	103	912	782	2.74（2019）
2	SCIENTIFIC REPORTS	81	410	375	3.998（2019）
3	MOLECULES	56	329	263	3.267（2019）
4	INTERNATIONAL JOURNAL OF MOLECULAR SCIENCES	54	189	164	4.556（2019）
5	FRONTIERS IN PLANT SCIENCE	52	190	165	4.402（2019）
6	JOURNAL OF ASIAN NATURAL PRODUCTS RESEARCH	49	215	184	1.345（2019）
7	GENETICS AND MOLECULAR RESEARCH	37	86	66	0.764（2015）
8	AFRICAN JOURNAL OF BIOTECHNOLOGY	35	243	180	0.573（2010）

（续表）

排序	期刊名称	发文量（篇）	WOS 所有数据库总被引频次	WOS 核心库被引频次	期刊影响因子（最近年度）
9	FITOTERAPIA	31	183	154	2.527（2019）
10	SCIENTIA HORTICULTURAE	30	357	288	2.769（2019）

1.4 合作发文国家与地区 TOP10

2010—2019 年中国热带农业科学院 SCI 合作发文国家与地区（合作发文 1 篇以上）TOP10 见表 1-4。

表 1-4 2010—2019 年中国热带农业科学院 SCI 合作发文国家与地区 TOP10

排序	国家与地区	合作发文量（篇）	WOS 所有数据库总被引频次	WOS 核心库被引频次
1	美国	199	1 726	1 507
2	澳大利亚	109	1 053	961
3	德国	49	433	394
4	英国	28	231	196
5	巴基斯坦	27	29	23
6	法国	23	359	270
7	加拿大	22	238	203
8	泰国	20	176	145
9	日本	19	52	46
10	韩国	14	35	34

1.5 合作发文机构 TOP10

2010—2019 年中国热带农业科学院 SCI 合作发文机构 TOP10 见表 1-5。

表 1-5 2010—2019 年中国热带农业科学院 SCI 合作发文机构 TOP10

排序	合作发文机构	发文量（篇）	WOS 所有数据库总被引频次	WOS 核心库被引频次
1	海南大学	500	2 690	2 219

（续表）

排序	合作发文机构	发文量（篇）	WOS 所有数据库总被引频次	WOS 核心库被引频次
2	中国科学院	236	2 256	1 902
3	华中农业大学	111	533	462
4	中国农业科学院	89	390	329
5	华南农业大学	76	362	313
6	迪肯大学	69	816	758
7	中国农业大学	68	655	552
8	南京农业大学	62	517	449
9	广东海洋大学	57	162	134
10	海南医学院	40	365	298

1.6 高被引论文 TOP10

2010—2019 年中国热带农业科学院发表的 SCI 高被引论文 TOP10 见表 1-6，中国热带农业科学院以第一或通讯作者完成单位发表的 SCI 高被引论文 TOP10 见表 1-7。

表 1-6 2010—2019 年中国热带农业科学院 SCI 高被引论文 TOP10

排序	标题	WOS 所有数据库总被引频次	WOS 核心库被引频次	作者机构	出版年份	期刊名称	期刊影响因子（最近年度）
1	De novo assembly and characterization of bark transcriptome using Illumina sequencing and development of EST-SSR markers in rubber tree（Hevea brasiliensis Muell. Arg.）	158	142	中国热带农业科学院橡胶研究所	2012	BMC GENOMICS	3.594（2019）
2	The sucrose transporter HbSUT3 plays an active role in sucrose loading to laticifer and rubber productivity in exploited trees of Hevea brasiliensis（para rubber tree）	105	61	中国热带农业科学院橡胶研究所	2010	PLANT CELL AND ENVIRONMENT	6.362（2019）

（续表）

排序	标题	WOS 所有数据库总被引频次	WOS 核心库被引频次	作者机构	出版年份	期刊名称	期刊影响因子（最近年度）
3	Differential Expression of Anthocyanin Biosynthetic Genes in Relation to Anthocyanin Accumulation in the Pericarp of Litchi Chinensis Sonn	103	87	中国热带农业科学院南亚热带作物研究所	2011	PLOS ONE	2.74 （2019）
4	Homogeneous isolation of nanocellulose from sugarcane bagasse by high pressure homogenization	103	94	中国热带农业科学院农产品加工研究所，中国热带农业科学院南亚热带作物研究所	2012	CARBOHYDRATE POLYMERS	7.182 （2019）
5	RNA-Seq analysis and de novo transcriptome assembly of Hevea brasiliensis	95	89	中国热带农业科学院橡胶研究所	2011	PLANT MOLECULAR BIOLOGY	3.302 （2019）
6	The Arabidopsis Chaperone J3 Regulates the Plasma Membrane H+-ATPase through Interaction with the PKS5 Kinase	85	71	中国热带农业科学院橡胶研究所	2010	PLANT CELL	9.618 （2019）
7	Recent Advances in Microbial Raw Starch Degrading Enzymes	78	70	中国热带农业科学院热带生物技术研究所	2010	APPLIED BIOCHEMISTRY AND BIOTECHNOLOGY	2.277 （2019）
8	Polyphenolic compounds and antioxidant properties in mango fruits	75	67	中国热带农业科学院南亚热带作物研究所	2011	SCIENTIA HORTICULTURAE	2.769 （2019）

（续表）

排序	标题	WOS所有数据库总被引频次	WOS核心库被引频次	作者机构	出版年份	期刊名称	期刊影响因子（最近年度）
9	Screening of valid reference genes for real-time RT-PCR data normalization in Hevea brasiliensis and expression validation of a sucrose transporter gene HbSUT3	73	55	中国热带农业科学院橡胶研究所	2011	PLANT SCIENCE	3.591(2019)
10	Effects of chitosan coating on postharvest life and quality of guava（Psidium guajava L.）fruit during cold storage	73	64	中国热带农业科学院南亚热带作物研究所	2012	SCIENTIA HORTICULTURAE	2.769(2019)

表1-7　2010—2019年中国热带农业科学院SCI高被引论文TOP10（第一或通讯作者完成单位）

排序	标题	WOS所有数据库总被引频次	WOS核心库被引频次	作者机构	出版年份	期刊名称	期刊影响因子（最近年度）
1	De novo assembly and characterization of bark transcriptome using Illumina sequencing and development of EST-SSR markers in rubber tree（Hevea brasiliensis Muell. Arg.）	158	142	中国热带农业科学院橡胶研究所	2012	BMC GENOMICS	3.594(2019)
2	The sucrose transporter HbSUT3 plays an active role in sucrose loading to laticifer and rubber productivity in exploited trees of Hevea brasiliensis（para rubber tree）	105	61	中国热带农业科学院橡胶研究所	2010	PLANT CELL AND ENVIRONMENT	6.362(2019)

（续表）

排序	标题	WOS 所有数据库总被引频次	WOS 核心库被引频次	作者机构	出版年份	期刊名称	期刊影响因子（最近年度）
3	Homogeneous isolation of nanocellulose from sugarcane bagasse by high pressure homogenization	103	94	中国热带农业科学院农产品加工研究所，中国热带农业科学院南亚热带作物研究所	2012	CARBOHYDRATE POLYMERS	7.182（2019）
4	Recent Advances in Microbial Raw Starch Degrading Enzymes	78	70	中国热带农业科学院热带生物技术研究所	2010	APPLIED BIOCHEMISTRY AND BIOTECHNOLOGY	2.277（2019）
5	Polyphenolic compounds and antioxidant properties in mango fruits	75	67	中国热带农业科学院南亚热带作物研究所	2011	SCIENTIA HORTICULTURAE	2.769（2019）
6	Screening of valid reference genes for real-time RT-PCR data normalization in Hevea brasiliensis and expression validation of a sucrose transporter gene HbSUT3	73	55	中国热带农业科学院橡胶研究所	2011	PLANT SCIENCE	3.591（2019）
7	Effects of chitosan coating on postharvest life and quality of guava（Psidium guajava L.）fruit during cold storage	73	64	中国热带农业科学院南亚热带作物研究所	2012	SCIENTIA HORTICULTURAE	2.769（2019）
8	Cassava genome from a wild ancestor to cultivated varieties	72	59	中国热带农业科学院热带作物品种资源研究所，中国热带农业科学院热带生物技术研究所	2014	NATURE COMMUNICATIONS	12.121（2019）

（续表）

排序	标题	WOS 所有数据库总被引频次	WOS 核心库被引频次	作者机构	出版年份	期刊名称	期刊影响因子（最近年度）
9	Novel molecular insights into nitrogen starvation-induced triacylglycerols accumulation revealed by differential gene expression analysis in green algae Micractinium pusillum	59	55	中国热带农业科学院热带生物技术研究所	2012	BIOMASS & BIOENERGY	3.551（2019）
10	Development and evaluation of novel flavour microcapsules containing vanilla oil using complex coacervation approach	57	49	中国热带农业科学院农产品加工研究所	2014	FOOD CHEMISTRY	6.306（2019）

1.7　高频词 TOP20

2010—2019 年中国热带农业科学院 SCI 发文高频词（作者关键词）TOP20 见表 1-8。

表 1-8　2010—2019 年中国热带农业科学院 SCI 发文高频词（作者关键词）TOP20

排序	关键词（作者关键词）	频次	排序	关键词（作者关键词）	频次
1	Hevea brasiliensis	95	11	Genetic diversity	29
2	Gene expression	70	12	Mango	26
3	Cassava	61	13	agarwood	26
4	Natural rubber	46	14	chitosan	25
5	Banana	44	15	mechanical properties	24
6	Abiotic stress	41	16	Phylogenetic analysis	23
7	Transcriptome	37	17	RNA-Seq	23
8	cytotoxicity	32	18	Taxonomy	22
9	antibacterial activity	31	19	Antioxidant activity	21
10	rubber tree	30	20	pineapple	21

2　中文期刊论文分析

2010—2019 年，中国热带农业科学院作者共发表北大中文核心期刊论文 5 298 篇，中国科学引文数据库（CSCD）期刊论文4 895篇。

2.1 发文量

2010—2019年中国热带农业科学院中文文献历年发文趋势（2010—2019年）见下图。

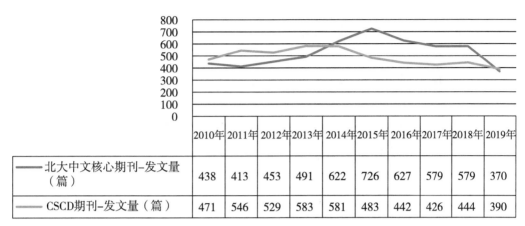

	2010年	2011年	2012年	2013年	2014年	2015年	2016年	2017年	2018年	2019年
北大中文核心期刊-发文量（篇）	438	413	453	491	622	726	627	579	579	370
CSCD期刊-发文量（篇）	471	546	529	583	581	483	442	426	444	390

图 中国热带农业科学院中文文献历年发文趋势（2010—2019年）

2.2 高发文研究所 TOP10

2010—2019年中国热带农业科学院北大中文核心期刊高发文研究所TOP10见表2-1，2010—2019年中国热带农业科学院中国科学引文数据库（CSCD）期刊高发文研究所TOP10见表2-2。

表 2-1 2010—2019 年中国热带农业科学院北大中文核心期刊高发文研究所 TOP10 单位：篇

排序	研究所	发文量
1	中国热带农业科学院热带作物品种资源研究所	1 023
2	中国热带农业科学院热带生物技术研究所	974
3	中国热带农业科学院环境与植物保护研究所	898
4	中国热带农业科学院橡胶研究所	714
5	中国热带农业科学院南亚热带作物研究所	491
6	中国热带农业科学院农产品加工研究所	261
7	中国热带农业科学院椰子研究所	245
8	中国热带农业科学院海口实验站	244
9	中国热带农业科学院香料饮料研究所	225
10	中国热带农业科学院	195
11	中国热带农业科学院科技信息研究所	190
11	中国热带农业科学院分析测试中心	190

注："中国热带农业科学院"发文包括作者单位只标注为"中国热带农业科学院"、院属实验室等。

表2-2 2010—2019年中国热带农业科学院CSCD期刊高发文研究所TOP10 单位：篇

排序	研究所	发文量
1	中国热带农业科学院热带生物技术研究所	1 072
2	中国热带农业科学院热带作物品种资源研究所	919
3	中国热带农业科学院环境与植物保护研究所	861
4	中国热带农业科学院橡胶研究所	713
5	中国热带农业科学院南亚热带作物研究所	457
6	中国热带农业科学院椰子研究所	237
7	中国热带农业科学院香料饮料研究所	234
8	中国热带农业科学院农产品加工研究所	192
9	中国热带农业科学院海口实验站	182
10	中国热带农业科学院分析测试中心	166

2.3 高发文期刊TOP10

2010—2019年中国热带农业科学院高发文北大中文核心期刊TOP10见表2-3，2010—2019年中国热带农业科学院高发文CSCD期刊TOP10见表2-4。

表2-3 2010—2019年中国热带农业科学院高发文期刊（北大中文核心）TOP10 单位：篇

排序	期刊名称	发文量	排序	期刊名称	发文量
1	热带作物学报	924	6	中国南方果树	142
2	广东农业科学	356	7	基因组学与应用生物学	134
3	分子植物育种	220	8	江苏农业科学	115
4	中国农学通报	209	9	西南农业学报	106
5	安徽农业科学	145	10	南方农业学报	101

表2-4 2010—2019年中国热带农业科学院高发文期刊（CSCD）TOP10 单位：篇

排序	期刊名称	发文量	排序	期刊名称	发文量
1	热带作物学报	1 815	6	南方农业学报	131
2	广东农业科学	276	7	西南农业学报	108
3	分子植物育种	249	8	果树学报	92
4	中国农学通报	168	9	生物技术通报	79
5	基因组学与应用生物学	144	10	食品科学	63

2.4 合作发文机构 TOP10

2010—2019 年中国热带农业科学院北大中文核心期刊合作发文机构 TOP10 见表 2-5，2010—2019 年中国热带农业科学院 CSCD 期刊合作发文机构 TOP10 见表 2-6。

表 2-5 2010—2019 年中国热带农业科学院北大中文核心期刊合作发文机构 TOP10 单位：篇

排序	合作发文机构	发文量	排序	合作发文机构	发文量
1	海南大学	1 485	6	中国科学院	62
2	华中农业大学	136	7	中国农业科学院	59
3	华南农业大学	114	8	中国农业大学	48
4	海南省农业科学院	83	9	黑龙江八一农垦大学	38
5	广东海洋大学	78	10	广西大学	36

表 2-6 2010—2019 年中国热带农业科学院 CSCD 期刊合作发文机构 TOP10 单位：篇

排序	合作发文机构	发文量	排序	合作发文机构	发文量
1	海南大学	1 508	6	海南省农业科学院	50
2	华中农业大学	100	7	中国科学院	50
3	华南农业大学	95	8	中国农业大学	36
4	广东海洋大学	71	9	广西大学	36
5	中国农业科学院	52	10	海南医学院	33

安徽省农业科学院

1 英文期刊论文分析

分析数据来源于科学引文索引数据库（Web of Science，WOS）收录的文献类型为期刊论文（ARTICLE）、会议论文（PROCEEDINGS PAPER）和述评（REVIEW）的 Science Citation Index Expanded（SCIE）论文数据，数据时间范围为 2010—2019 年，共检索到安徽省农业科学院作者发表的论文 669 篇。

1.1 发文量

2010—2019 年安徽省农业科学院历年 SCI 发文与被引情况见表 1-1，安徽省农业科学院英文文献历年发文趋势（2010—2019 年）见下图。

表 1-1 2010—2019 年安徽省农业科学院历年 SCI 发文与被引情况

出版年	发文量（篇）	WOS 所有数据库总被引频次	WOS 核心库被引频次
2010 年	10	164	126
2011 年	22	198	162
2012 年	34	533	427
2013 年	45	476	408
2014 年	51	695	573
2015 年	79	682	597
2016 年	87	286	247
2017 年	90	407	373
2018 年	113	129	122
2019 年	138	19	19

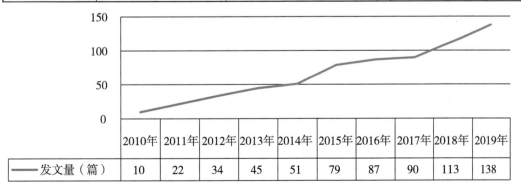

	2010年	2011年	2012年	2013年	2014年	2015年	2016年	2017年	2018年	2019年
发文量（篇）	10	22	34	45	51	79	87	90	113	138

图 安徽省农业科学院英文文献历年发文趋势（2010—2019 年）

1.2 高发文研究所 TOP10

2010—2019 年安徽省农业科学院 SCI 高发文研究所 TOP10 见表 1-2。

表 1-2 2010—2019 年安徽省农业科学院 SCI 高发文研究所 TOP10　　单位：篇

排序	研究所	发文量
1	安徽省农业科学院畜牧兽医研究所	109
2	安徽省农业科学院植物保护与农产品质量安全研究所	99
3	安徽省农业科学院水稻研究所	98
4	安徽省农业科学院土壤肥料研究所	68
5	安徽省农业科学院作物研究所	59
6	安徽省农业科学院园艺研究所	49
7	安徽省农业科学院烟草研究所	34
8	安徽省农业科学院水产研究所	33
9	安徽省农业科学院农业工程研究所	29
10	安徽省农业科学院蚕桑研究所	28

1.3 高发文期刊 TOP10

2010—2019 年安徽省农业科学院 SCI 高发文期刊 TOP10 见表 1-3。

表 1-3 2010—2019 年安徽省农业科学院 SCI 高发文期刊 TOP10

排序	期刊名称	发文量（篇）	WOS 所有数据库总被引频次	WOS 核心库被引频次	期刊影响因子（最近年度）
1	PLOS ONE	36	210	188	2.74（2019）
2	SCIENTIFIC REPORTS	28	194	174	3.998（2019）
3	GENETICS AND MOLECULAR RESEARCH	15	31	24	0.764（2015）
4	FOOD CHEMISTRY	13	132	117	6.306（2019）
5	ANIMALS	13	3	3	2.323（2019）
6	FRONTIERS IN PLANT SCIENCE	12	33	28	4.402（2019）

（续表）

排序	期刊名称	发文量（篇）	WOS 所有数据库总被引频次	WOS 核心库被引频次	期刊影响因子（最近年度）
7	JOURNAL OF INTEGRATIVE AGRICULTURE	10	13	8	1.984（2019）
8	MITOCHONDRIAL DNA PART B-RESOURCES	8	2	2	0.885（2019）
9	JOURNAL OF FOOD AGRICULTURE & ENVIRONMENT	8	20	13	0.435（2012）
10	PLANT BIOTECHNOLOGY JOURNAL	7	84	78	8.154（2019）

1.4 合作发文国家与地区 TOP10

2010—2019 年安徽省农业科学院 SCI 合作发文国家与地区（合作发文 1 篇以上）TOP10 见表 1-4。

表 1-4 2010—2019 年安徽省农业科学院 SCI 合作发文国家与地区 TOP10

排序	国家与地区	合作发文量（篇）	WOS 所有数据库总被引频次	WOS 核心库被引频次
1	美国	43	573	489
2	巴基斯坦	13	6	5
3	英国	11	100	85
4	新加坡	6	63	54
5	菲律宾	5	24	17
6	澳大利亚	5	64	57
7	德国	5	22	20
8	意大利	4	31	30
9	荷兰	4	21	20
10	加拿大	4	7	4

1.5 合作发文机构 TOP10

2010—2019 年安徽省农业科学院 SCI 合作发文机构 TOP10 见表 1-5。

表 1-5　2010—2019 年安徽省农业科学院 SCI 合作发文机构 TOP10

排序	合作发文机构	发文量（篇）	WOS 所有数据库总被引频次	WOS 核心库被引频次
1	安徽农业大学	159	564	472
2	中国科学院	88	860	731
3	中国农业科学院	84	619	522
4	南京农业大学	60	730	624
5	中国农业大学	44	644	539
6	合肥工业大学	33	230	211
7	华中农业大学	33	542	441
8	中华人民共和国农业农村部	29	94	80
9	中国科学技术大学	20	131	122
10	合肥学院	20	108	101

1.6　高被引论文 TOP10

2010—2019 年安徽省农业科学院发表的 SCI 高被引论文 TOP10 见表 1-6，安徽省农业科学院以第一或通讯作者完成单位发表的 SCI 高被引论文 TOP10 见表 1-7。

表 1-6　2010—2019 年安徽省农业科学院 SCI 高被引论文 TOP10

排序	标题	WOS 所有数据库总被引频次	WOS 核心库被引频次	作者机构	出版年份	期刊名称	期刊影响因子（最近年度）
1	Producing more grain with lower environmental costs	250	201	安徽省农业科学院土壤肥料研究所	2014	NATURE	42.778（2019）
2	Preliminary characterization, antioxidant activity in vitro and hepatoprotective effect on acute alcohol-induced liver injury in mice of polysaccharides from the peduncles of Hovenia dulcis	70	60	安徽省农业科学院园艺研究所	2012	FOOD AND CHEMICAL TOXICOLOGY	4.679（2019）
3	Gene targeting using the Agrobacterium tumefaciens-mediated CRISPR-Cas system in rice	70	49	安徽省农业科学院农业工程研究所，安徽省农业科学院水稻研究所	2014	RICE	3.912（2019）

（续表）

排序	标题	WOS 所有数据库总被引频次	WOS 核心库被引频次	作者机构	出版年份	期刊名称	期刊影响因子（最近年度）
4	Arabidopsis Enhanced Drought Tolerance1/ HOMEODOMAIN GLABROUS11 Confers Drought Tolerance in Transgenic Rice without Yield Penalty	68	60	安徽省农业科学院水稻研究所	2013	PLANT PHYSIOLOGY	6.902 (2019)
5	Generation of targeted mutantrice using a CRISPR-Cpf1 system	66	60	安徽省农业科学院水稻研究所	2017	PLANT BIOTECHNOLOGY JOURNAL	8.154 (2019)
6	Generation of inheritable and "transgene clean" targeted genome-modified rice in later generations using the CRISPR/Cas9 system	63	47	安徽省农业科学院水稻研究所	2015	SCIENTIFIC REPORTS	3.998 (2019)
7	Biofortification of rice grain with zinc through zinc fertilization in different countries	62	52	安徽省农业科学院土壤肥料研究所	2012	PLANT AND SOIL	3.299 (2019)
8	Cloning and expression of Toll-like receptors 1 and 2 from a teleost fish, the orange-spotted grouper Epinephelus coioides	61	52	安徽省农业科学院水产研究所	2011	VETERINARY IMMUNOLOGY AND IMMUNOPATHOLOGY	1.713 (2019)
9	Bacterial diversity in soils subjected to long-term chemical fertilization can be more stably maintained with the addition of livestock manure than wheat straw	59	50	安徽省农业科学院土壤肥料研究所	2015	SOIL BIOLOGY & BIOCHEMISTRY	5.795 (2019)
10	Quantifying atmospheric nitrogen deposition through a nationwide monitoring network across China	54	45	安徽省农业科学院土壤肥料研究所	2015	ATMOSPHERIC CHEMISTRY AND PHYSICS	5.414 (2019)

表 1-7 2010—2019 年安徽省农业科学院 SCI 高被引论文 TOP10（第一或通讯作者完成单位）

排序	标题	WOS 所有数据库总被引频次	WOS 核心库被引频次	作者机构	出版年份	期刊名称	期刊影响因子（最近年度）
1	Gene targeting using the Agrobacterium tumefaciens-mediated CRISPR-Cas system in rice	70	49	安徽省农业科学院农业工程研究所，安徽省农业科学院水稻研究所	2014	RICE	3.912（2019）
2	Generation of targeted mutant rice using a CRISPR-Cpf1 system	66	60	安徽省农业科学院水稻研究所	2017	PLANT BIOTECHNOLOGY JOURNAL	8.154（2019）
3	Generation of inheritable and "transgene clean" targeted genome-modified rice in later generations using the CRISPR/Cas9 system	63	47	安徽省农业科学院水稻研究所	2015	SCIENTIFIC REPORTS	3.998（2019）
4	An efficient and high-throughput protocol for Agrobacterium-mediated transformation based on phosphomannose isomerase positive selection in Japonica rice（Oryza sativa L.）	43	33	安徽省农业科学院水稻研究所	2012	PLANT CELL REPORTS	3.825（2019）
5	Unravelling mitochondrial retrograde regulation in the abiotic stress induction of rice ALTERNATIVE OXIDASE 1 genes	27	26	安徽省农业科学院农业工程研究所，安徽省农业科学院水稻研究所	2013	PLANT CELL AND ENVIRONMENT	6.362（2019）
6	Effect of exogenous selenium supply on photosynthesis, Na+ accumulation and antioxidative capacity of maize（Zea mays L.）under salinity stress	24	24	安徽省农业科学院烟草研究所	2017	SCIENTIFIC REPORTS	3.998（2019）
7	Baseline sensitivity and efficacy of thifluzamide in Rhizoctonia solani	23	19	安徽省农业科学院植物保护与农产品质量安全研究所	2012	ANNALS OF APPLIED BIOLOGY	2.037（2019）

（续表）

排序	标题	WOS 所有数据库总被引频次	WOS 核心库被引频次	作者机构	出版年份	期刊名称	期刊影响因子（最近年度）
8	Expression of Arabidopsis HOMEODOMAIN GLABROUS 11 Enhances Tolerance to Drought Stress in Transgenic Sweet Potato Plants	17	11	安徽省农业科学院烟草研究所	2012	JOURNAL OF PLANT BIOLOGY	1. 529 (2019)
9	Carbon Sequestration Efficiency of Organic Amendments in a Long-Term Experiment on a Vertisol in Huang-Huai-Hai Plain, China	16	12	安徽省农业科学院土壤肥料研究所	2014	PLOS ONE	2. 74 (2019)
10	Improving cooking and eating quality of Xieyou57, an elite indica hybrid rice, by marker-assisted selection of the Wx locus	16	11	安徽省农业科学院水稻研究所	2011	EUPHYTICA	1. 614 (2019)

1.7 高频词 TOP20

2010—2019 年安徽省农业科学院 SCI 发文高频词（作者关键词）TOP20 见表 1-8。

表 1-8 2010—2019 年安徽省农业科学院 SCI 发文高频词（作者关键词）TOP20

排序	关键词（作者关键词）	频次	排序	关键词（作者关键词）	频次
1	Rice	30	11	Mitochondrial genome	7
2	Gene expression	13	12	RNA-seq	7
3	Pig	11	13	Sheep	7
4	pear	8	14	polymorphism	6
5	Multispectral imaging	8	15	transcriptome	6
6	proteome	8	16	Characterization	6
7	Long-term fertilization	8	17	Polysaccharide	6
8	Baseline sensitivity	8	18	GWAS	6
9	soybean	8	19	Chemometrics	6
10	Marker-assisted selection	8	20	subcellular localization	6

2 中文期刊论文分析

2010—2019 年，安徽省农业科学院作者共发表北大中文核心期刊论文 1 615篇，中国科学引文数据库（CSCD）期刊论文 965 篇。

2.1 发文量

2010—2019 年安徽省农业科学院中文文献历年发文趋势（2010—2019 年）见下图。

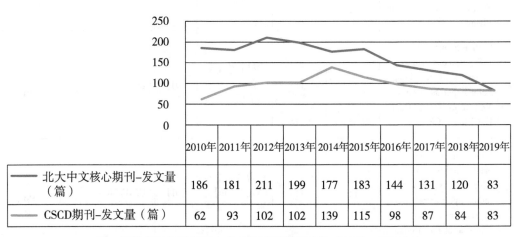

	2010年	2011年	2012年	2013年	2014年	2015年	2016年	2017年	2018年	2019年
北大中文核心期刊-发文量（篇）	186	181	211	199	177	183	144	131	120	83
CSCD期刊-发文量（篇）	62	93	102	102	139	115	98	87	84	83

图 安徽省农业科学院中文文献历年发文趋势（2010—2019 年）

2.2 高发文研究所 TOP10

2010—2019 年安徽省农业科学院北大中文核心期刊高发文研究所 TOP10 见表 2-1，2010—2019 年安徽省农业科学院中国科学引文数据库（CSCD）期刊高发文研究所 TOP10 见表 2-2。

表 2-1 2010—2019 年安徽省农业科学院北大中文核心期刊高发文研究所 TOP10 单位：篇

排序	研究所	发文量
1	安徽省农业科学院畜牧兽医研究所	253
2	安徽省农业科学院作物研究所	196
3	安徽省农业科学院水稻研究所	183
4	安徽省农业科学院土壤肥料研究所	177
5	安徽省农业科学院园艺研究所	121
6	安徽省农业科学院植物保护与农产品质量安全研究所	120
7	安徽省农业科学院水产研究所	116
8	安徽省农业科学院烟草研究所	98

排序	研究所	发文量
9	安徽省农业科学院	88
10	安徽省农业科学院茶叶研究所	66
11	安徽省农业科学院农产品加工研究所	64

注："安徽省农业科学院"发文包括作者单位只标注为"安徽省农业科学院"、院属实验室等。

表 2-2　2010—2019 年安徽省农业科学院 CSCD 期刊高发文研究所 TOP10　　单位：篇

排序	研究所	发文量
1	安徽省农业科学院作物研究所	164
2	安徽省农业科学院土壤肥料研究所	132
3	安徽省农业科学院水稻研究所	123
4	安徽省农业科学院植物保护与农产品质量安全研究所	97
5	安徽省农业科学院烟草研究所	85
6	安徽省农业科学院园艺研究所	71
6	安徽省农业科学院畜牧兽医研究所	71
7	安徽省农业科学院水产研究所	70
8	安徽省农业科学院茶叶研究所	51
9	安徽省农业科学院	40
10	安徽省农业科学院农产品加工研究所	28
11	安徽省农业科学院蚕桑研究所	24

注："安徽省农业科学院"发文包括作者单位只标注为"安徽省农业科学院"、院属实验室等。

2.3　高发文期刊 TOP10

2010—2019 年安徽省农业科学院高发文北大中文核心期刊 TOP10 见表 2-3，2010—2019 年安徽省农业科学院高发文 CSCD 期刊 TOP10 见表 2-4。

表 2-3　2010—2019 年安徽省农业科学院高发文期刊（北大中文核心）TOP10　　单位：篇

排序	期刊名称	发文量	排序	期刊名称	发文量
1	安徽农业科学	269	6	杂交水稻	35
2	中国农学通报	73	7	麦类作物学报	29
3	安徽农业大学学报	71	8	土壤	26
4	中国家禽	48	9	作物杂志	26
5	中国畜牧兽医	45	10	中国油料作物学报	25

表 2-4　2010—2019 年安徽省农业科学院高发文期刊（CSCD）TOP10　　单位：篇

排序	期刊名称	发文量	排序	期刊名称	发文量
1	中国农学通报	75	6	植物保护	24
2	安徽农业大学学报	73	7	中国油料作物学报	24
3	杂交水稻	30	8	植物营养与肥料学报	22
4	麦类作物学报	30	9	园艺学报	22
5	土壤	25	10	农药	20

2.4　合作发文机构 TOP10

　　2010—2019 年安徽省农业科学院北大中文核心期刊合作发文机构 TOP10 见表 2-5，2010—2019 年安徽省农业科学院 CSCD 期刊合作发文机构 TOP10 见表 2-6。

表 2-5　2010—2019 年安徽省农业科学院北大中文核心期刊合作发文机构 TOP10　　单位：篇

排序	合作发文机构	发文量	排序	合作发文机构	发文量
1	安徽农业大学	258	6	中国农业大学	26
2	中国农业科学院	88	7	安徽省烟草公司	26
3	中国科学院	47	8	合肥工业大学	23
4	南京农业大学	45	9	安徽科技学院	22
5	华中农业大学	32	10	安徽大学	16

表 2-6　2010—2019 年安徽省农业科学院 CSCD 期刊合作发文机构 TOP10　　单位：篇

排序	合作发文机构	发文量	排序	合作发文机构	发文量
1	安徽农业大学	176	6	华中农业大学	25
2	中国农业科学院	52	7	安徽科技学院	15
3	中国科学院	47	8	安徽大学	13
4	南京农业大学	31	9	合肥工业大学	12
5	安徽省烟草公司	26	10	中国农业大学	10

北京市农林科学院

1 英文期刊论文分析

分析数据来源于科学引文索引数据库（Web of Science，WOS）收录的文献类型为期刊论文（ARTICLE）、会议论文（PROCEEDINGS PAPER）和述评（REVIEW）的 Science Citation Index Expanded（SCIE）论文数据，数据时间范围为 2010—2019 年，共检索到北京市农林科学院作者发表的论文 2 662 篇。

1.1 发文量

2010—2019 年北京市农林科学院历年 SCI 发文与被引情况见表 1-1，北京市农林科学院英文文献历年发文趋势（2010—2019 年）见下图。

表 1-1 2010—2019 年北京市农林科学院历年 SCI 发文与被引情况

出版年	发文量（篇）	WOS 所有数据库总被引频次	WOS 核心库被引频次
2010 年	116	2 073	1 623
2011 年	177	2 252	1 741
2012 年	210	3 414	2 968
2013 年	235	2 206	1 889
2014 年	247	1 941	1 628
2015 年	274	1 942	1 738
2016 年	360	1 393	1 274
2017 年	317	1 562	1 417
2018 年	325	459	439
2019 年	401	201	199

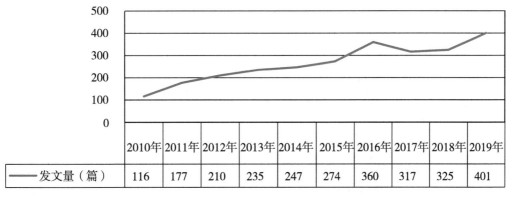

图 北京市农林科学院英文文献历年发文趋势（2010—2019 年）

1.2 高发文研究所 TOP10

2010—2019 年北京市农林科学院 SCI 高发文研究所 TOP10 见表 1-2。

表 1-2   2010—2019 年北京市农林科学院 SCI 高发文研究所 TOP10   单位：篇

排序	研究所	发文量
1	北京市农林科学院北京农业信息技术研究中心	764
2	北京市农林科学院植物保护环境保护研究所	397
3	北京市农林科学院蔬菜研究中心	348
4	北京市农林科学院智能装备中心	248
5	北京市农林科学院农业质量标准与检测技术研究中心	170
6	北京市林业果树科学研究院	167
7	北京市农林科学院农业生物技术研究中心	153
8	北京市农林科学院畜牧兽医研究所	110
9	北京市农林科学院植物营养与资源研究所	87
10	北京市农林科学院杂交小麦工程技术研究中心	81

1.3 高发文期刊 TOP10

2010—2019 年北京市农林科学院 SCI 高发文期刊 TOP10 见表 1-3。

表 1-3   2010—2019 年北京市农林科学院 SCI 高发文期刊 TOP10

排序	期刊名称	发文量（篇）	WOS 所有数据库总被引频次	WOS 核心库被引频次	期刊影响因子（最近年度）
1	SPECTROSCOPY AND SPECTRAL ANALYSIS	114	650	254	0.452（2019）
2	PLOS ONE	64	580	520	2.74（2019）
3	SCIENTIFIC REPORTS	63	234	220	3.998（2019）
4	INTERNATIONAL JOURNAL OF AGRICULTURAL AND BIOLOGICAL ENGINEERING	40	97	83	1.731（2019）
5	REMOTE SENSING	38	260	234	4.509（2019）
6	INTELLIGENT AUTOMATION AND SOFT COMPUTING	35	59	49	1.276（2019）
7	JOURNAL OF INTEGRATIVE AGRICULTURE	35	150	125	1.984（2019）

（续表）

排序	期刊名称	发文量（篇）	WOS 所有数据库总被引频次	WOS 核心库被引频次	期刊影响因子（最近年度）
8	SCIENTIA HORTICULTURAE	34	222	179	2.769（2019）
9	SENSOR LETTERS	30	77	66	0.558（2013）
10	FRONTIERS IN PLANT SCIENCE	29	87	80	4.402（2019）

1.4 合作发文国家与地区 TOP10

2010—2019 年北京市农林科学院 SCI 合作发文国家与地区（合作发文 1 篇以上）TOP10 见表 1-4。

表 1-4 2010—2019 年北京市农林科学院 SCI 合作发文国家与地区 TOP10

排序	国家与地区	合作发文量（篇）	WOS 所有数据库总被引频次	WOS 核心库被引频次
1	美国	242	4 858	4 491
2	泰国	85	2 114	2 060
3	意大利	52	2 681	2 596
4	英格兰	49	2 601	2 466
5	澳大利亚	48	870	803
6	法国	44	2 251	2 148
7	加拿大	44	1 029	942
8	德国	40	2 868	2 746
9	日本	33	2 236	2 164
10	沙特阿拉伯	26	1 646	1 622

1.5 合作发文机构 TOP10

2010—2019 年北京市农林科学院 SCI 合作发文机构 TOP10 见表 1-5。

表 1-5 2010—2019 年北京市农林科学院 SCI 合作发文机构 TOP10

排序	合作发文机构	发文量	WOS 所有数据库总被引频次	WOS 核心库被引频次
1	中国农业大学	344	3 663	3 196

（续表）

排序	合作发文机构	发文量	WOS 所有数据库总被引频次	WOS 核心库被引频次
2	中国科学院	292	5 319	4 882
3	中国农业科学院	208	2 716	2 419
4	浙江大学	95	1 011	807
5	泰国皇太后大学	82	1 999	1 947
6	北京林业大学	72	1 377	1 333
7	北京师范大学	71	967	770
8	安徽大学	53	122	100
9	西北农林科技大学	52	222	181
10	沈阳农业大学	51	194	169

1.6 高被引论文 TOP10

2010—2019 年北京市农林科学院发表的 SCI 高被引论文 TOP10 见表 1-6，北京市农林科学院以第一或通讯作者完成单位发表的 SCI 高被引论文 TOP10 见表 1-7。

表 1-6 2010—2019 年北京市农林科学院 SCI 高被引论文 TOP10

排序	标题	WOS 所有数据库总被引频次	WOS 核心库被引频次	作者机构	出版年份	期刊名称	期刊影响因子（最近年度）
1	The tomato genome sequence provides insights into fleshy fruit evolution	1 742	1 635	北京市农林科学院蔬菜研究中心	2012	NATURE	42. 778 (2019)
2	Families of Dothideomycetes	444	418	北京市农林科学院植物保护环境保护研究所	2013	FUNGAL DIVERSITY	15. 386 (2019)
3	The draft genome of watermelon (Citrullus lanatus) and resequencing of 20 diverse accessions	411	368	北京市农林科学院蔬菜研究中心	2013	NATURE GENETICS	27. 603 (2019)

（续表）

排序	标题	WOS 所有数据库总被引频次	WOS 核心库被引频次	作者机构	出版年份	期刊名称	期刊影响因子（最近年度）
4	The Faces of Fungi database：fungal names linked with morphology, phylogeny and human impacts	200	198	北京市农林科学院植物保护环境保护研究所	2015	FUNGAL DIVERSITY	15.386 (2019)
5	New spectral indicator assessing the efficiency of crop nitrogen treatment in corn and wheat	187	158	北京市农林科学院北京农业信息技术研究中心	2010	REMOTE SENSING OF ENVIRONMENT	9.085 (2019)
6	Multivariate and geostatistical analyses of the spatial distribution and origin of heavy metals in the agricultural soils in Shunyi, Beijing, China	149	120	北京市农林科学院农业信息技术研究中心，北京市农林科学院农业质量标准与检测技术研究中心	2012	SCIENCE OF THE TOTAL ENVIRONMENT	6.551 (2019)
7	Naming and outline of Dothideomycetes – 2014 including proposals for the protection or suppression of generic names	146	142	北京市农林科学院植物保护环境保护研究所	2014	FUNGAL DIVERSITY	15.386 (2019)
8	Towards a natural classification and backbone tree for Sordariomycetes	136	135	北京市农林科学院植物保护环境保护研究所	2015	FUNGAL DIVERSITY	15.386 (2019)
9	Fungal diversity notes 1–110：taxonomic and phylogenetic contributions to fungal species	133	131	北京市农林科学院植物保护环境保护研究所	2015	FUNGAL DIVERSITY	15.386 (2019)
10	Transcriptome sequencing and comparative analysis of cucumber flowers with different sex types	124	102	北京市农林科学院蔬菜研究中心	2010	BMC GENOMICS	3.594 (2019)

表 1-7　2010—2019 年北京市农林科学院 SCI 高被引论文 TOP10（第一或通讯作者完成单位）

排序	标题	WOS 所有数据库总被引频次	WOS 核心库被引频次	作者机构	出版年份	期刊名称	期刊影响因子（最近年度）
1	The draft genome of watermelon（Citrullus lanatus）and resequencing of 20 diverse accessions	411	368	北京市农林科学院蔬菜研究中心	2013	NATURE GENETICS	27.603（2019）
2	Reference Gene Selection for Real-Time Quantitative Polymerase Chain Reaction of mRNA Transcript Levels in Chinese Cabbage（Brassica rapa L. ssp pekinensis）	102	94	北京市农林科学院蔬菜研究中心	2010	PLANT MOLECULAR BIOLOGY REPORTER	1.336（2019）
3	A High Resolution Genetic Map Anchoring Scaffolds of the Sequenced Watermelon Genome	92	82	北京市农林科学院蔬菜研究中心	2012	PLOS ONE	2.74（2019）
4	Uncovering Small RNA-Mediated Responses to ColdStress in a Wheat Thermosensitive Genic Male-Sterile Line by Deep Sequencing	81	71	北京市农林科学院杂交小麦工程技术研究中心	2012	PLANT PHYSIOLOGY	6.902（2019）
5	Principles, developments and applications of computer vision for external quality inspection of fruits and vegetables：A review	75	68	北京市农林科学院智能装备中心	2014	FOOD RESEARCH INTERNATIONAL	4.972（2019）
6	The soybean GmbZIP1 transcription factor enhances multiple abiotic stress tolerances in transgenic plants	74	55	北京市农林科学院杂交小麦工程技术研究中心	2011	PLANT MOLECULAR BIOLOGY	3.302（2019）
7	A comparative study for the quantitative determination of soluble solids content, pH and firmness of pears by Vis/NIR spectroscopy	69	61	北京市农林科学院智能装备中心	2013	JOURNAL OF FOOD ENGINEERING	4.499（2019）

（续表）

排序	标题	WOS 所有数据库总被引频次	WOS 核心库被引频次	作者机构	出版年份	期刊名称	期刊影响因子（最近年度）
8	Extraction of pesticides in water samples using vortex-assisted liquid-liquid microextraction	68	64	北京市农林科学院农业质量标准与检测技术研究中心，北京市农林科学院植物保护环境保护研究所	2010	JOURNAL OF CHROMATOGRAPH-Y A	4.049 (2019)
9	Detecting powdery mildew of winter wheat using leaf level hyperspectral measurements	50	36	北京市农林科学院农业信息技术研究中心	2012	COMPUTERS AND ELECTRONICS IN AGRICULTURE	3.858 (2019)
10	A Novel Method to Estimate Subpixel Temperature by Fusing Solar-Reflective andThermal-Infrared Remote-Sensing Data With an Artificial Neural Network	49	45	北京市农林科学院北京农业信息技术研究中心	2010	IEEE TRANSACTIONS ON GEOSCIENCE	5.855 (2019)

1.7 高频词 TOP20

2010—2019 年北京市农林科学院 SCI 发文高频词（作者关键词）TOP20 见表 1-8。

表 1-8 2010—2019 年北京市农林科学院 SCI 发文高频词（作者关键词）TOP20

排序	关键词（作者关键词）	频次	排序	关键词（作者关键词）	频次
1	Winter wheat	80	11	Hyperspectral	25
2	Maize	56	12	Mitochondrial genome	25
3	Remote Sensing	43	13	Soil	22
4	Hyperspectral imaging	41	14	phylogenetic analysis	20
5	Taxonomy	39	15	Soluble solids content	20
6	Phylogeny	39	16	Hyperspectral remote sensing	19
7	Wheat	36	17	Vegetation index	18
8	Apple	28	18	China	17
9	genetic diversity	27	19	quality	17
10	Gene expression	26	20	Transcriptome	17

2 中文期刊论文分析

2010—2019年，北京市农林科学院共发表北大中文核心期刊论文5 183篇，中国科学引文数据库（CSCD）期刊论文3 113篇。

2.1 发文量

2010—2019年北京市农林科学院中文文献历年发文趋势（2010—2019年）见下图。

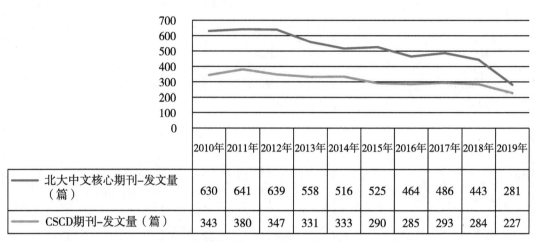

	2010年	2011年	2012年	2013年	2014年	2015年	2016年	2017年	2018年	2019年
北大中文核心期刊–发文量（篇）	630	641	639	558	516	525	464	486	443	281
CSCD期刊–发文量（篇）	343	380	347	331	333	290	285	293	284	227

图 北京市农林科学院中文文献历年发文趋势（2010—2019年）

2.2 高发文研究所TOP10

2010—2019年北京市农林科学院北大中文核心期刊高发文研究所TOP10见表2-1，2010—2019年北京市农林科学院中国科学引文数据库（CSCD）期刊高发文研究所TOP10见表2-2。

表2-1 2010—2019年北京市农林科学院北大中文核心期刊高发文研究所TOP10 单位：篇

排序	研究所	发文量
1	北京市农林科学院北京农业信息技术研究中心	1 168
2	北京市农林科学院蔬菜研究中心	762
3	北京市农林科学院植物保护环境保护研究所	510
4	北京市林业果树科学研究院	412
5	北京市农林科学院智能装备中心	367
6	北京市农林科学院畜牧兽医研究所	345
7	北京市农林科学院植物营养与资源研究所	253

（续表）

排序	研究所	发文量
8	北京市农林科学院农业综合发展研究所	231
9	北京市水产科学研究所	217
10	北京市农林科学院	209
11	北京市农林科学院农业生物技术研究中心	206

注："北京市农林科学院"发文包括作者单位只标注为"北京市农林科学院"、院属实验室等。

表 2-2 2010—2019 年北京市农林科学院 CSCD 期刊高发文研究所 TOP10　　单位：篇

排序	研究所	发文量
1	北京市农林科学院北京农业信息技术研究中心	752
2	北京市农林科学院蔬菜研究中心	391
3	北京市农林科学院植物保护环境保护研究所	312
4	北京市林业果树科学研究院	288
5	北京市农林科学院	193
6	北京市农林科学院植物营养与资源研究所	185
7	北京市农林科学院智能装备中心	181
8	北京市农林科学院北京草业与环境研究发展中心	170
9	北京市农林科学院玉米研究中心	132
10	北京市农林科学院农业生物技术研究中心	119
11	北京市农林科学院农业综合发展研究所	106

注："北京市农林科学院"发文包括作者单位只标注为"北京市农林科学院"、院属实验室等。

2.3　高发文期刊 TOP10

2010—2019 年北京市农林科学院高发文北大中文核心期刊 TOP10 见表 2-3，2010—2019 年北京市农林科学院高发文 CSCD 期刊 TOP10 见表 2-4。

表 2-3 2010—2019 年北京市农林科学院高发文期刊（北大中文核心）TOP10　　单位：篇

排序	期刊名称	发文量	排序	期刊名称	发文量
1	农业工程学报	305	6	农业机械学报	145
2	北方园艺	287	7	安徽农业科学	137
3	中国蔬菜	235	8	光谱学与光谱分析	118
4	中国农学通报	155	9	中国农业科学	115
5	农机化研究	151	10	食品工业科技	110

表 2-4　2010—2019 年北京市农林科学院高发文期刊（CSCD）TOP10　　单位：篇

排序	期刊名称	发文量	排序	期刊名称	发文量
1	农业工程学报	270	6	食品工业科技	98
2	中国农业科学	124	7	园艺学报	90
3	农业机械学报	124	8	食品科学	74
4	中国农学通报	114	9	华北农学报	72
5	光谱学与光谱分析	110	10	玉米科学	60

2.4　合作发文机构 TOP10

2010—2019 年北京市农林科学院北大中文核心期刊合作发文机构 TOP10 见表 2-5，2010—2019 年北京市农林科学院 CSCD 期刊合作发文机构 TOP10 见表 2-6。

表 2-5　2010—2019 年北京市农林科学院北大中文核心期刊合作发文机构 TOP10　　单位：篇

排序	合作发文机构	发文量	排序	合作发文机构	发文量
1	中国农业大学	387	6	沈阳农业大学	96
2	中国农业科学院	190	7	北京林业大学	94
3	中国科学院	146	8	北京农学院	79
4	河北农业大学	145	9	西北农林科技大学	72
5	首都师范大学	116	10	南京农业大学	70

表 2-6　2010—2019 年北京市农林科学院 CSCD 期刊合作发文机构 TOP10　　单位：篇

排序	合作发文机构	发文量	排序	合作发文机构	发文量
1	中国农业大学	270	6	沈阳农业大学	73
2	中国农业科学院	141	7	首都师范大学	67
3	中国科学院	110	8	南京农业大学	59
4	河北农业大学	86	9	山东农业大学	58
5	北京林业大学	83	10	西北农林科技大学	55

重庆市农业科学院

1 英文期刊论文分析

分析数据来源于科学引文索引数据库（Web of Science，WOS）收录的文献类型为期刊论文（ARTICLE）、会议论文（PROCEEDINGS PAPER）和述评（REVIEW）的 Science Citation Index Expanded（SCIE）论文数据，数据时间范围为 2010—2019 年，共检索到重庆市农业科学院作者发表的论文 200 篇。

1.1 发文量

2010—2019 年重庆市农业科学院历年 SCI 发文与被引情况见表 1-1，重庆市农业科学院英文文献历年发文趋势（2010—2019 年）见下图。

表 1-1　2010—2019 年重庆市农业科学院历年 SCI 发文与被引情况

出版年	发文量（篇）	WOS 所有数据库总被引频次	WOS 核心库被引频次
2010 年	9	49	35
2011 年	4	65	48
2012 年	3	33	25
2013 年	10	118	90
2014 年	19	173	137
2015 年	25	125	115
2016 年	24	90	79
2017 年	36	173	158
2018 年	39	59	57
2019 年	31	8	8

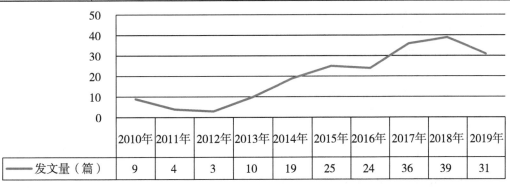

图　重庆市农业科学院英文文献历年发文趋势（2010—2019 年）

1.2 高发文研究所 TOP10

2010—2019年重庆市农业科学院SCI高发文研究所 TOP10见表1-2。

表1-2 2010—2019年重庆市农业科学院SCI高发文研究所 TOP10 　　　单位：篇

排序	研究所	发文量
1	重庆市农业科学院农业资源与环境研究所	85
2	重庆市农业科学院蔬菜花卉研究所	15
3	重庆市农业科学院茶叶研究所	12
4	重庆市农业科学院水稻研究所	10
5	重庆市农业科学院农业工程研究所	9
6	重庆市农业科学院生物技术研究中心	6
7	重庆市农业科学院果树研究所	5
7	重庆市农业科学院玉米研究所	5
8	重庆市农业科学院农业科技信息中心	3
8	重庆市农业科学院特色作物研究所	3

1.3 高发文期刊 TOP10

2010—2019年重庆市农业科学院SCI高发文期刊 TOP10见表1-3。

表1-3 2010—2019年重庆市农业科学院SCI高发文期刊 TOP10

排序	期刊名称	发文量（篇）	WOS所有数据库总被引频次	WOS核心库被引频次	期刊影响因子（最近年度）
1	ENVIRONMENTAL SCIENCE AND POLLUTION RESEARCH	11	40	39	3.056（2019）
2	MITOCHONDRIAL DNA PART B-RESOURCES	7	1	1	0.885（2019）
3	ENVIRONMENTAL POLLUTION	7	32	30	6.792（2019）
4	Scientific Reports	5	36	33	3.998（2019）
5	CHEMOSPHERE	5	76	59	5.778（2019）
6	JOURNAL OF ENVIRONMENTAL SCIENCES	5	34	26	4.302（2019）

（续表）

排序	期刊名称	发文量（篇）	WOS 所有数据库总被引频次	WOS 核心库被引频次	期刊影响因子（最近年度）
7	INTERNATIONAL JOURNAL OF SYSTEMATIC AND EVOLUTIONARY MICROBIOLOGY	4	11	10	2.166（2018）
8	JOURNAL OF AGRICULTURAL AND FOOD CHEMISTRY	4	41	36	4.192（2019）
9	PLOS ONE	4	37	32	2.74（2019）
10	ATMOSPHERIC ENVIRONMENT	4	46	37	4.039（2019）

1.4 合作发文国家与地区 TOP10

2010—2019 年重庆市农业科学院 SCI 合作发文国家与地区（合作发文 1 篇以上）TOP10 见表 1-4。

表 1-4 2010—2019 年重庆市农业科学院 SCI 合作发文国家与地区 TOP10

排序	国家与地区	合作发文量（篇）	WOS 所有数据库总被引频次	WOS 核心库被引频次
1	美国	18	129	108
2	瑞典	8	72	65
3	法国	2	1	1
4	马来西亚	1	0	0
5	西班牙	1	9	9
6	英格兰	1	15	13
7	中国台湾	1	11	9
8	荷兰	1	2	1

注：2010—2019 年合作发文 1 篇以上的国家与地区数量不足 10 个。

1.5 合作发文机构 TOP10

2010—2019 年重庆市农业科学院 SCI 合作发文机构 TOP10 见表 1-5。

表 1-5 2010—2019 年重庆市农业科学院 SCI 合作发文机构 TOP10

排序	合作发文机构	发文量（篇）	WOS 所有数据库总被引频次	WOS 核心库被引频次
1	西南大学	106	492	414

（续表）

排序	合作发文机构	发文量（篇）	WOS所有数据库总被引频次	WOS核心库被引频次
2	中国科学院	22	145	124
3	中国农业科学院	18	138	108
4	重庆大学	17	71	59
5	四川农业大学	16	58	57
6	南京农业大学	10	42	40
7	瑞典农业科学大学	8	72	65
8	华中农业大学	6	36	28
9	中华人民共和国教育部	6	28	22
10	中国科学院大学	5	31	27

1.6 高被引论文 TOP10

2010—2019年重庆市农业科学院发表的SCI高被引论文TOP10见表1-6，重庆市农业科学院以第一或通讯作者完成单位发表的SCI高被引论文TOP10见表1-7。

表1-6 2010—2019年重庆市农业科学院SCI高被引论文TOP10

排序	标题	WOS所有数据库总被引频次	WOS核心库被引频次	作者机构	出版年份	期刊名称	期刊影响因子（最近年度）
1	Genome-Wide Identification, Classification, and Expression Analysis of Autophagy-Associated Gene Homologues in Rice (Oryza sativa L.)	36	29	重庆市农业科学院	2011	DNA RESEARCH	4.009 (2019)
2	Effect of organic matter and calcium carbonate on behaviors of cadmium adsorption-desorption on/from purple paddy soils	35	26	重庆市农业科学院农业资源与环境研究所	2014	CHEMOSPHERE	5.778 (2019)

（续表）

排序	标题	WOS 所有数据库总被引频次	WOS 核心库被引频次	作者机构	出版年份	期刊名称	期刊影响因子（最近年度）
3	Biodegradation of nicosulfuron by a Talaromyces flavus LZM1	28	20	重庆市农业科学院农业工程研究所	2013	BIORESOURCE TECHNOLOGY	7.539（2019）
4	Mercury fluxes from air/surface interfaces in paddy field and dry land	25	16	重庆市农业科学院农业资源与环境研究所	2011	APPLIED GEOCHEMISTRY	2.903（2019）
5	Gaseous mercury emissions from subtropical forested and open field soils in a national nature reserve, southwest China	22	16	重庆市农业科学院农业资源与环境研究所	2013	ATMOSPHERIC ENVIRONMENT	4.039（2019）
6	Spatial and temporal distribution of gaseous elemental mercury in Chongqing, China	20	15	重庆市农业科学院农业资源与环境研究所	2009	ENVIRONMENTAL MONITORING AND ASSESSMENT	5.414（2019）
7	Anthocyanin Accumulation and Molecular Analysis of Anthocyanin Biosynthesis – Associated Genes in Eggplant (Solanum melongena L.)	20	16	重庆市农业科学院蔬菜花卉研究所	2014	JOURNAL OF AGRICULTURAL AND FOOD CHEMISTRY	4.192（2019）
8	Natural introgression from cultivated soybean (Glycine max) into wild soybean (Glycine soja) with the implications for origin of populations of semi-wild type and for biosafety of wild species in China	18	13	重庆市农业科学院特色作物研究所	2010	GENETIC RESOURCES AND CROP EVOLUTION	1.071（2019）
9	Characteristics of dissolved organic matter (DOM) and relationship with dissolved mercury in Xiaoqing River – Laizhou Bay estuary, Bohai Sea, China	18	16	重庆市农业科学院农业资源与环境研究所	2017	ENVIRONMENTAL POLLUTION	6.792（2019）

（续表）

排序	标题	WOS 所有数据库总被引频次	WOS 核心库被引频次	作者机构	出版年份	期刊名称	期刊影响因子（最近年度）
10	Shade Inhibits Leaf Size by Controlling Cell Proliferation and Enlargement in Soybean	18	18	重庆市农业科学院特色作物研究所	2017	SCIENTIFIC REPORTS	3.998（2019）

表 1-7　2010—2019 年重庆市农业科学院 SCI 高被引论文 TOP10（第一或通讯作者完成单位）

排序	标题	WOS 所有数据库总被引频次	WOS 核心库被引频次	作者机构	出版年份	期刊名称	期刊影响因子（最近年度）
1	Mutation of OsDET1 increases chlorophyll content in rice	10	6	重庆市农业科学院水稻研究所	2013	PLANT SCIENCE	3.591（2019）
2	Shading Contributes to the Reduction of Stem Mechanical Strength by Decreasing Cell Wall Synthesis in Japonica Rice（Oryza sativa L.）	8	8	重庆市农业科学院水稻研究所	2017	FRONTIERS IN PLANT SCIENCE	4.402（2019）
3	Identification of pummelo cultivars by using Vis/NIR spectra and pattern recognition methods	5	4	重庆市农业科学院	2016	PRECISION AGRICULTURE	4.454（2019）
4	The complete mitochondrial genome of a tea pest looper, Buzura suppressaria（Lepidoptera：Geometridae）	4	4	重庆市农业科学院茶叶研究所	2016	MITOCHONDRIAL DNA PART A	1.073（2019）
5	Effects of different concentrations of Se6 + on selenium absorption, transportation, and distribution of citrus seedlings（C. junos cv. Ziyang xiangcheng）	1	1	重庆市农业科学院果树研究所	2018	JOURNAL OF PLANT NUTRITION	1.132（2019）

注：被引频次大于 0 的全部发文数量不足 10 篇。

1.7 高频词 TOP20

2010—2019 年重庆市农业科学院 SCI 发文高频词（作者关键词）TOP20 见表 1-8。

表 1-8 2010—2019 年重庆市农业科学院 SCI 发文高频词（作者关键词）TOP20

排序	关键词（作者关键词）	频次	排序	关键词（作者关键词）	频次
1	Mercury	12	11	HPLC-ESI-MS/MS	5
2	mitochondrial genome	10	12	Tomato	4
3	Methylmercury	10	13	eggplant	4
4	Cadmium	7	14	Three Gorges Reservoir Area	4
5	Three Gorges Reservoir	7	15	maize	4
6	Adsorption	6	16	Dissolved organic matter	4
7	tea pest	6	17	phosphorus	4
8	Soil	6	18	Chloroplast development	3
9	rice	5	19	cellulose	3
10	heavy metals	5	20	Air pollution	3

2 中文期刊论文分析

2010—2019 年，重庆市农业科学院作者共发表北大中文核心期刊论文 667 篇，中国科学引文数据库（CSCD）期刊论文 497 篇。

2.1 发文量

2010—2019 年重庆市农业科学院中文文献历年发文趋势（2010—2019 年）见下图。

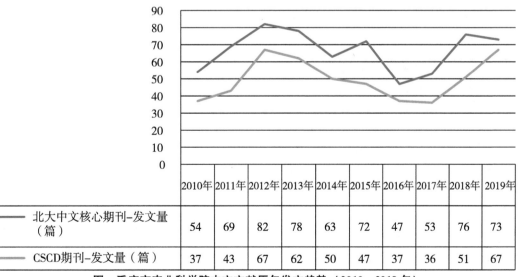

	2010年	2011年	2012年	2013年	2014年	2015年	2016年	2017年	2018年	2019年
北大中文核心期刊-发文量（篇）	54	69	82	78	63	72	47	53	76	73
CSCD期刊-发文量（篇）	37	43	67	62	50	47	37	36	51	67

图 重庆市农业科学院中文文献历年发文趋势（2010—2019 年）

2.2 高发文研究所 TOP10

2010—2019 年重庆市农业科学院北大中文核心期刊高发文研究所 TOP10 见表 2-1，2010—2019 年重庆市农业科学院中国科学引文数据库（CSCD）期刊高发文研究所 TOP10 见表 2-2。

表 2-1 2010—2019 年重庆市农业科学院北大中文核心期刊高发文研究所 TOP10 单位：篇

排序	研究所	发文量
1	重庆市农业科学院	215
2	重庆市农业科学院茶叶研究所	71
3	重庆市农业科学院果树研究所	64
4	重庆市农业科学院蔬菜花卉研究所	50
5	重庆市农业科学院玉米研究所	49
6	重庆市农业科学院特色作物研究所	48
7	重庆市农业科学院水稻研究所	44
8	重庆市农业科学院农产品贮藏加工研究所	43
9	重庆市农业科学院生物技术研究中心	32
10	重庆中一种业有限公司	23
11	重庆科光种苗有限公司	21

注："重庆市农业科学院"发文包括作者单位只标注为"重庆市农业科学院"、院属实验室等。

表 2-2 2010—2019 年重庆市农业科学院 CSCD 期刊高发文研究所 TOP10 单位：篇

排序	研究所	发文量
1	重庆市农业科学院	141
2	重庆市农业科学院茶叶研究所	64
3	重庆市农业科学院果树研究所	50
4	重庆市农业科学院特色作物研究所	44
5	重庆市农业科学院农产品贮藏加工研究所	41
6	重庆市农业科学院蔬菜花卉研究所	39
7	重庆市农业科学院水稻研究所	34
7	重庆市农业科学院玉米研究所	34
8	重庆市农业科学院生物技术研究中心	33
9	重庆中一种业有限公司	16
9	重庆市农业科学院农业质量标准检测技术研究所	16
10	重庆科光种苗有限公司	11
11	重庆市农业科学院农业工程研究所	8

注："重庆市农业科学院"发文包括作者单位只标注为"重庆市农业科学院"、院属实验室等。

2.3 高发文期刊 TOP10

2010—2019 年重庆市农业科学院高发文北大中文核心期刊 TOP10 见表 2-3，2010—2019 年重庆市农业科学院高发文 CSCD 期刊 TOP10 见表 2-4。

表 2-3 2010—2019 年重庆市农业科学院高发文期刊（北大中文核心）TOP10　单位：篇

排序	期刊名称	发文量	排序	期刊名称	发文量
1	西南农业学报	148	6	中国蔬菜	19
2	杂交水稻	37	7	中国农学通报	19
3	种子	30	8	西南大学学报（自然科学版）	18
4	分子植物育种	21	9	安徽农业科学	17
5	湖北农业科学	20	10	中国南方果树	14

表 2-4 2010—2019 年重庆市农业科学院高发文期刊（CSCD）TOP10　单位：篇

排序	期刊名称	发文量	排序	期刊名称	发文量
1	西南农业学报	140	6	南方农业学报	19
2	杂交水稻	37	7	食品科学	12
3	中国农学通报	22	8	食品与发酵工业	11
4	西南大学学报.自然科学版	22	9	大豆科学	11
5	分子植物育种	22	10	植物遗传资源学报	10

2.4 合作发文机构 TOP10

2010—2019 年重庆市农业科学院北大中文核心期刊合作发文机构 TOP10 见表 2-5，2010—2019 年重庆市农业科学院 CSCD 期刊合作发文机构 TOP10 见表 2-6。

表 2-5 2010—2019 年重庆市农业科学院北大中文核心期刊合作发文机构 TOP10　单位：篇

排序	合作发文机构	发文量	排序	合作发文机构	发文量
1	浙江大学	237	6	中国农业科学院	63
2	浙江师范大学	233	7	浙江省农科院	55
3	浙江工商大学	184	8	华中农业大学	50
4	南京农业大学	139	9	杭州师范大学	40

（续表）

排序	合作发文机构	发文量	排序	合作发文机构	发文量
5	浙江农林大学	74	10	安徽农业大学	33

表 2-6　2010—2019 年重庆市农业科学院 CSCD 期刊合作发文机构 TOP10　　单位：篇

排序	合作发文机构	发文量	排序	合作发文机构	发文量
1	西南大学	84	6	重庆师范大学	6
2	中国农业科学院	31	7	长江师范学院	6
3	四川农业大学	16	8	中国科学院	6
4	重庆大学	8	9	东北林业大学	5
5	重庆再生稻研究中心	8	10	东北农业大学	5

福建省农业科学院

1 英文期刊论文分析

分析数据来源于科学引文索引数据库（Web of Science，WOS）收录的文献类型为期刊论文（ARTICLE）、会议论文（PROCEEDINGS PAPER）和述评（REVIEW）的 Science Citation Index Expanded（SCIE）论文数据，数据时间范围为 2010—2019 年，共检索到福建省农业科学院作者发表的论文 662 篇。

1.1 发文量

2010—2019 年福建省农业科学院历年 SCI 发文与被引情况见表 1-1，福建省农业科学院英文文献历年发文趋势（2010—2019 年）见下图。

表 1-1 2010—2019 年福建省农业科学院历年 SCI 发文与被引情况

出版年	发文量（篇）	WOS 所有数据库总被引频次	WOS 核心库被引频次
2010 年	32	553	414
2011 年	40	1 688	1 506
2012 年	42	669	549
2013 年	33	377	320
2014 年	46	335	289
2015 年	53	351	310
2016 年	92	460	415
2017 年	99	343	294
2018 年	101	86	82
2019 年	124	31	31

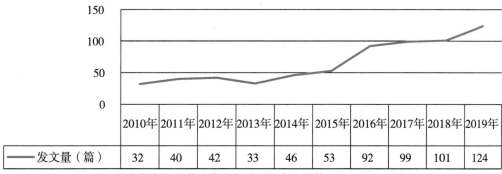

	2010年	2011年	2012年	2013年	2014年	2015年	2016年	2017年	2018年	2019年
发文量（篇）	32	40	42	33	46	53	92	99	101	124

图 福建省农业科学院英文文献历年发文趋势（2010—2019 年）

1.2 高发文研究所 TOP10

2010—2019 年福建省农业科学院 SCI 高发文研究所 TOP10 见表 1-2。

表 1-2 2010—2019 年福建省农业科学院 SCI 高发文研究所 TOP10 单位：篇

排序	研究所	发文量
1	福建省农业科学院植物保护研究所	105
2	福建省农业科学院畜牧兽医研究所	85
3	福建省农业科学院农业生物资源研究所	71
4	福建省农业科学院生物技术研究所	69
5	福建省农业科学院土壤肥料研究所	55
6	福建省农业科学院果树研究所	48
7	福建省农业科学院农业工程技术研究所	42
8	福建省农业科学院水稻研究所	39
9	福建省农业科学院食用菌研究所	31
10	福建省农业科学院茶叶研究所	28

1.3 高发文期刊 TOP10

2010—2019 年福建省农业科学院 SCI 高发文期刊 TOP10 见表 1-3。

表 1-3 2010—2019 年福建省农业科学院 SCI 高发文期刊 TOP10

排序	期刊名称	发文量（篇）	WOS 所有数据库总被引频次	WOS 核心库被引频次	期刊影响因子（最近年度）
1	PLOS ONE	17	80	67	2.74（2019）
2	INTERNATIONAL JOURNAL OF SYSTEMATIC AND EVOLUTIONARY MICROBIOLOGY	16	25	16	2.166（2018）
3	SCIENTIA HORTICULTURAE	13	47	37	2.769（2019）
4	SCIENTIFIC REPORTS	12	28	26	3.998（2019）
5	PARASITOLOGY RESEARCH	12	198	193	1.641（2019）
6	JOURNAL OF VETERINARY MEDICAL SCIENCE	11	34	27	1.049（2019）
7	INTERNATIONAL JOURNAL OF BIOLOGICAL MACROMOLECULES	10	90	74	5.162（2019）

（续表）

排序	期刊名称	发文量（篇）	WOS 所有数据库总被引频次	WOS 核心库被引频次	期刊影响因子（最近年度）
8	JOURNAL OF ECONOMIC ENTOMOLOGY	10	25	23	1.938（2019）
9	SYSTEMATIC AND APPLIED ACAROLOGY	10	28	28	1.614（2019）
10	BMC GENOMICS	10	83	75	3.594（2019）

1.4 合作发文国家与地区 TOP10

2010—2019 年福建省农业科学院 SCI 合作发文国家与地区（合作发文 1 篇以上）TOP10 见表 1-4。

表 1-4　2010—2019 年福建省农业科学院 SCI 合作发文国家与地区 TOP10

排序	国家与地区	合作发文量（篇）	WOS 所有数据库总被引频次	WOS 核心库被引频次
1	美国	55	1 638	1 532
2	印度	23	303	293
3	意大利	23	1 386	1 337
4	德国	22	1 152	1 102
5	日本	21	181	174
6	加拿大	20	1 235	1 182
7	沙特阿拉伯	17	275	270
8	澳大利亚	16	1 135	1 075
9	中国台湾	16	1 126	1 087
10	荷兰	11	1 163	1109

1.5 合作发文机构 TOP10

2010—2019 年福建省农业科学院 SCI 合作发文机构 TOP10 见表 1-5。

表 1-5　2010—2019 年福建省农业科学院 SCI 合作发文机构 TOP10

排序	合作发文机构	发文量	WOS 所有数据库总被引频次	WOS 核心库被引频次
1	福建农林大学	169	599	472

（续表）

排序	合作发文机构	发文量	WOS 所有数据库总被引频次	WOS 核心库被引频次
2	中国科学院	52	494	417
3	厦门大学	36	310	276
4	中国农业科学院	31	541	467
5	复旦大学	21	1 336	1 247
6	南京农业大学	20	64	51
7	巴哈蒂尔大学	19	282	277
8	中国农业大学	19	270	192
9	比萨大学	18	282	277
10	福建师范大学	17	82	67

1.6 高被引论文 TOP10

2010—2019 年福建省农业科学院发表的 SCI 高被引论文 TOP10 见表 1-6，福建省农业科学院以第一或通讯作者完成单位发表的 SCI 高被引论文 TOP10 见表 1-7。

表 1-6 2010—2019 年福建省农业科学院 SCI 高被引论文 TOP10

排序	标题	WOS 所有数据库总被引频次	WOS 核心库被引频次	作者机构	出版年份	期刊名称	期刊影响因子（最近年度）
1	Animal biodiversity：An outline of higher-level classification and taxonomic richness	1 039	1004	福建省农业科学院植物保护研究所	2011	ZOOTAXA	0. 99 (2018)
2	The Magnaporthe oryzae Effector AvrPiz-t Targets the RING E3 Ubiquitin Ligase APIP6 to Suppress Pathogen-Associated Molecular Pattern-Triggered Immunity in Rice	141	120	福建省农业科学院生物技术研究所	2012	PLANT CELL	9. 618 (2019)
3	Tembusu Virus in Ducks，China	101	67	福建省农业科学院	2011	EMERGING INFECTIOUS DISEASES	6. 259 (2019)

（续表）

排序	标题	WOS 所有数据库总被引频次	WOS 核心库被引频次	作者机构	出版年份	期刊名称	期刊影响因子（最近年度）
4	Epigenetic regulation of antagonistic receptors confers rice blast resistance with yield balance	87	68	福建省农业科学院	2017	SCIENCE	41.845 (2019)
5	Lethal effect of imidacloprid on the coccinellid predator Serangium japonicum and sublethal effects on predator voracity and on functional response to the whitefly Bemisia tabaci	68	65	福建省农业科学院植物保护研究所	2012	ECOTOXICOLOGY	2.535 (2019)
6	Antityrosinase and antimicrobial activities of 2-phenylethanol, 2-phenylacetaldehyde and 2-phenylacetic acid	61	54	福建省农业科学院农业生物资源研究所	2011	FOOD CHEMISTRY	6.306 (2019)
7	Adapted Tembusu-Like Virus in Chickens and Geese in China	61	48	福建省农业科学院畜牧兽医研究所	2012	JOURNAL OF CLINICAL MICROBIOLOGY	5.897 (2019)
8	Comparative Transcriptional Profiling and Preliminary Study on Heterosis Mechanism of Super-Hybrid Rice	54	45	福建省农业科学院生物技术研究所	2010	MOLECULAR PLANT	12.084 (2019)
9	The use of GFP-transformed isolates to study infection of banana with Fusarium oxysporum f. sp cubense race 4	54	40	福建省农业科学院闽台园艺中心	2011	EUROPEAN JOURNAL OF PLANT PATHOLOGY	1.582 (2019)
10	Assessment of Potential Sublethal Effects of Various Insecticides on Key Biological Traits of The Tobacco Whitefly, Bemisia tabaci	53	45	福建省农业科学院植物保护研究所	2013	INTERNATIONAL JOURNAL OF BIOLOGICAL SCIENCES	4.858 (2019)

表1-7 2010—2019年福建省农业科学院SCI高被引论文TOP10（第一或通讯作者完成单位）

排序	标题	WOS所有数据库总被引频次	WOS核心库被引频次	作者机构	出版年份	期刊名称	期刊影响因子（最近年度）
1	Antityrosinase and antimicrobial activities of 2 - phenylethanol，2 - phenylacetaldehyde and 2-phenylacetic acid	61	54	福建省农业科学院农业生物资源研究所	2011	FOOD CHEMISTRY	6.306 （2019）
2	Monitoring of resistance to spirodiclofen and five other acaricides in Panonychus citri collected from Chinese citrus orchards	51	40	福建省农业科学院植物保护研究所	2010	PEST MANAGEMENT SCIENCE	3.75 （2019）
3	Control of grain size and riceyield by GL2-mediated brassinosteroid responses	42	32	福建省农业科学院水稻研究所	2016	NATUREPLANTS	13.256 （2019）
4	Expression of barley SUSIBA2 transcription factor yields high-starch low-methane rice	34	31	福建省农业科学院生物技术研究所	2015	NATURE	42.778 （2019）
5	Water hyacinth （Eichhornia crassipes）waste as an adsorbent for phosphorus removal from swine wastewater	29	25	福建省农业科学院农业生态研究所，福建省农业科学院生物技术研究所	2010	BIORESOURCE TECHNOLOGY	7.539 （2019）
6	Molecular characterization and phylogenetic analysis of porcine epidemic diarrhea virus （PEDV）samples from field cases in Fujian，China	27	24	福建省农业科学院生物技术研究所	2012	VIRUS GENES	1.991 （2019）
7	Genetic Characterization of a Potentially Novel Goose Parvovirus Circulating in Muscovy Duck Flocks in Fujian Province，China	23	17	福建省农业科学院畜牧兽医研究所	2013	JOURNAL OF VETERINARY MEDICAL SCIENCE	1.049 （2019）

（续表）

排序	标题	WOS 所有数据库总被引频次	WOS 核心库被引频次	作者机构	出版年份	期刊名称	期刊影响因子（最近年度）
8	Phosphorus availability and rice grain yield in a paddy soil in response to long-term fertilization	21	15	福建省农业科学院土壤肥料研究所	2012	BIOLOGY AND FERTILITY OF SOILS	5.521 (2019)
9	Isolation and characterization of a Chinese strain of Tembusu virus from Hy-Line Brown layers with acute egg-drop syndrome in Fujian, China	21	19	福建省农业科学院畜牧兽医研究所	2014	ARCHIVES OF VIROLOGY	2.243 (2019)
10	Complete Genome Sequence of Avian Tembusu-Related Virus Strain WR Isolated from White Kaiya Ducks in Fujian, China	20	15	福建省农业科学院畜牧兽医研究所	2012	JOURNAL OF VIROLOGY	4.501 (2019)

1.7 高频词 TOP20

2010—2019 年福建省农业科学院 SCI 发文高频词（作者关键词）TOP20 见表 1-8。

表 1-8 2010—2019 年福建省农业科学院 SCI 发文高频词（作者关键词）TOP20

排序	关键词（作者关键词）	频次	排序	关键词（作者关键词）	频次
1	rice	18	11	biosafety	7
2	transcriptome	13	12	Plutella xylostella	7
3	Camellia sinensis	12	13	Genetic diversity	7
4	goose parvovirus	11	14	taxonomy	7
5	Phylogenetic analysis	10	15	Arbovirus	7
6	Oryza sativa	9	16	Muscovy duck parvovirus	7
7	Gene expression	9	17	Nanobiotechnology	6
8	Pathogenicity	9	18	Ralstonia solanacearum	6
9	real-time PCR	8	19	antioxidant activity	6
10	China	8	20	temperature	6

2 中文期刊论文分析

2010—2019 年，福建省农业科学院作者共发表北大中文核心期刊论文 2 376篇，中国科学引文数据库（CSCD）期刊论文 1 727篇。

2.1 发文量

2010—2019 年福建省农业科学院中文文献历年发文趋势（2010—2019 年）见下图。

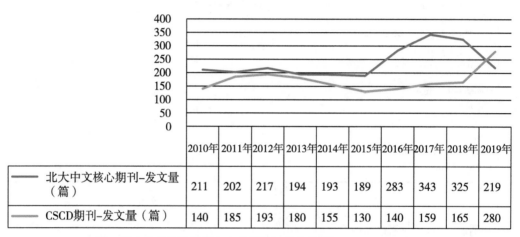

	2010年	2011年	2012年	2013年	2014年	2015年	2016年	2017年	2018年	2019年
北大中文核心期刊-发文量（篇）	211	202	217	194	193	189	283	343	325	219
CSCD期刊-发文量（篇）	140	185	193	180	155	130	140	159	165	280

图 福建省农业科学院中文文献历年发文趋势（2010—2019 年）

2.2 高发文研究所 TOP10

2010—2019 年福建省农业科学院北大中文核心期刊高发文研究所 TOP10 见表 2-1，2010—2019 年福建省农业科学院中国科学引文数据库（CSCD）期刊高发文研究所 TOP10 见表 2-2。

表 2-1 2010—2019 年福建省农业科学院北大中文核心期刊高发文研究所 TOP10 单位：篇

排序	研究所	发文量
1	福建省农业科学院畜牧兽医研究所	397
2	福建省农业科学院果树研究所	275
3	福建省农业科学院土壤肥料研究所	211
4	福建省农业科学院农业生态研究所	200
5	福建省农业科学院作物研究所	198
6	福建省农业科学院农业生物资源研究所	179

（续表）

排序	研究所	发文量
7	福建省农业科学院植物保护研究所	159
8	福建省农业科学院茶叶研究所	147
9	福建省农业科学院农业工程技术研究所	131
10	福建省农业科学院水稻研究所	130

表 2-2　2010—2019 年福建省农业科学院 CSCD 期刊高发文研究所 TOP10　单位：篇

排序	研究所	发文量
1	福建省农业科学院畜牧兽医研究所	223
2	福建省农业科学院土壤肥料研究所	211
3	福建省农业科学院农业生态研究所	178
4	福建省农业科学院作物研究所	176
5	福建省农业科学院果树研究所	166
6	福建省农业科学院植物保护研究所	162
7	福建省农业科学院农业生物资源研究所	142
8	福建省农业科学院水稻研究所	114
9	福建省农业科学院茶叶研究所	108
10	福建省农业科学院生物技术研究所	88

2.3　高发文期刊 TOP10

　　2010—2019 年福建省农业科学院高发文北大中文核心期刊 TOP10 见表 2-3，2010—2019 年福建省农业科学院高发文 CSCD 期刊 TOP10 见表 2-4。

表 2-3　2010—2019 年福建省农业科学院高发文期刊（北大中文核心）TOP10　单位：篇

排序	期刊名称	发文量	排序	期刊名称	发文量
1	福建农业学报	314	6	农业生物技术学报	54
2	中国农学通报	127	7	茶叶科学	48
3	中国南方果树	106	8	分子植物育种	44
4	热带作物学报	76	9	杂交水稻	44
5	福建农林大学学报（自然科学版）	55	10	农业环境科学学报	42

表 2-4　2010—2019 年福建省农业科学院高发文期刊（CSCD）TOP10　　单位：篇

排序	期刊名称	发文量	排序	期刊名称	发文量
1	热带作物学报	174	6	农业生物技术学报	49
2	福建农业学报	101	7	福建农林大学学报．自然科学版	47
3	中国农学通报	94	8	核农学报	39
4	分子植物育种	61	9	杂交水稻	38
5	茶叶科学	49	10	农业环境科学学报	37

2.4　合作发文机构 TOP10

　　2010—2019 年福建省农业科学院北大中文核心期刊合作发文机构 TOP10 见表 2-5，2010—2019 年福建省农业科学院 CSCD 期刊合作发文机构 TOP10 见表 2-6。

表 2-5　2010—2019 年福建省农业科学院北大中文核心期刊合作发文机构 TOP10　　单位：篇

排序	合作发文机构	发文量	排序	合作发文机构	发文量
1	福建农林大学	354	7	厦门大学	16
2	福建省农科院	73	8	福建省建宁县农业局	15
3	福建师范大学	45	9	福州（国家）水稻改良分中心	13
4	中国农业科学院	29	10	福建农业职业技术学院	12
5	福州大学	28	10	中国农业大学	12
6	浙江省农业科学院	16			

表 2-6　2010—2019 年福建省农业科学院 CSCD 期刊合作发文机构 TOP10　　单位：篇

排序	合作发文机构	发文量	排序	合作发文机构	发文量
1	福建农林大学	275	6	福建省食用菌技术推广总站	21
2	福建师范大学	37	7	中国科学院	13
3	福建省农科院	35	8	福州（国家）水稻改良分中心	12
4	中国农业科学院	26	9	福建农业职业技术学院	11
5	福州大学	25	10	厦门大学	9

甘肃省农业科学院

1 英文期刊论文分析

分析数据来源于科学引文索引数据库（Web of Science，WOS）收录的文献类型为期刊论文（ARTICLE）、会议论文（PROCEEDINGS PAPER）和述评（REVIEW）的 Science Citation Index Expanded（SCIE）论文数据，数据时间范围为 2010—2019 年，共检索到甘肃省农业科学院作者发表的论文 211 篇。

1.1 发文量

2010—2019 年甘肃省农业科学院历年 SCI 发文与被引情况见表 1-1，甘肃省农业科学院英文文献历年发文趋势（2010—2019 年）见下图。

表 1-1 2010—2019 年甘肃省农业科学院历年 SCI 发文与被引情况

出版年	发文量（篇）	WOS 所有数据库总被引频次	WOS 核心库被引频次
2010 年	9	276	223
2011 年	12	231	168
2012 年	17	233	196
2013 年	14	200	162
2014 年	21	122	110
2015 年	20	106	94
2016 年	29	69	54
2017 年	18	48	44
2018 年	28	36	33
2019 年	43	5	5

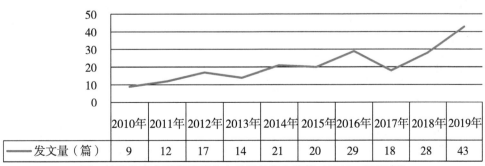

	2010年	2011年	2012年	2013年	2014年	2015年	2016年	2017年	2018年	2019年
—— 发文量（篇）	9	12	17	14	21	20	29	18	28	43

图 甘肃省农业科学院英文文献历年发文趋势（2010—2019 年）

1.2 高发文研究所 TOP10

2010—2019 年甘肃省农业科学院 SCI 高发文研究所 TOP10 见表 1-2。

表 1-2 2010—2019 年甘肃省农业科学院 SCI 高发文研究所 TOP10 单位：篇

排序	研究所	发文量
1	甘肃省农业科学院植物保护研究所	41
2	甘肃省农业科学院土壤肥料与节水农业研究所	35
3	甘肃省农业科学院旱地农业研究所	23
4	甘肃省农业科学院作物研究所	20
5	甘肃省农业科学院小麦研究所	17
6	甘肃省农业科学院林果花卉研究所	14
7	甘肃省农业科学院蔬菜研究所	9
8	甘肃省农业科学院马铃薯研究所	7
9	甘肃省农业科学院农产品贮藏加工研究所	5
10	甘肃省农业科学院生物技术研究所	2

1.3 高发文期刊 TOP10

2010—2019 年甘肃省农业科学院 SCI 高发文期刊 TOP10 见表 1-3。

表 1-3 2010—2019 年甘肃省农业科学院 SCI 高发文期刊 TOP10

排序	期刊名称	发文量（篇）	WOS 所有数据库总被引频次	WOS 核心库被引频次	期刊影响因子（最近年度）
1	JOURNAL OF INTEGRATIVE AGRICULTURE	9	15	14	1.984（2019）
2	PLANT AND SOIL	8	120	85	4.308（2019）
3	FIELD CROPS RESEARCH	8	113	81	3.299（2019）
4	PLOS ONE	6	41	38	2.74（2019）
5	SCIENTIFIC REPORTS	6	12	10	3.998（2019）
6	JOURNAL OF AGRICULTURAL AND FOOD CHEMISTRY	5	20	18	1.683（2019）
7	AGRICULTURAL WATER MANAGEMENT	5	15	14	4.192（2019）
8	AGRONOMY JOURNAL	5	6	6	4.021（2019）

（续表）

排序	期刊名称	发文量（篇）	WOS 所有数据库总被引频次	WOS 核心库被引频次	期刊影响因子（最近年度）
9	SCIENTIA HORTICULTURAE	5	21	17	2.769（2019）
10	THEORETICAL AND APPLIED GENETICS	5	55	52	4.439（2019）

1.4 合作发文国家与地区 TOP10

2010—2019 年甘肃省农业科学院 SCI 合作发文国家与地区（合作发文 1 篇以上）TOP10 见表 1-4。

表 1-4 2010—2019 年甘肃省农业科学院 SCI 合作发文国家与地区 TOP10

排序	国家与地区	合作发文量（篇）	WOS 所有数据库总被引频次	WOS 核心库被引频次
1	美国	22	129	115
2	澳大利亚	17	299	242
3	加拿大	10	52	49
4	西班牙	6	90	82
5	北爱尔兰	5	145	99
6	荷兰	5	108	85
7	英国	3	13	8
8	日本	3	4	1
9	新加坡	3	5	5
10	韩国	2	3	2

1.5 合作发文机构 TOP10

2010—2019 年甘肃省农业科学院 SCI 合作发文机构 TOP10 见表 1-5。

表 1-5 2010—2019 年甘肃省农业科学院 SCI 合作发文机构 TOP10

排序	合作发文机构	发文量	WOS 所有数据库总被引频次	WOS 核心库被引频次
1	甘肃农业大学	55	126	109
2	中国农业科学院	54	538	461

（续表）

排序	合作发文机构	发文量	WOS所有数据库总被引频次	WOS核心库被引频次
3	兰州大学	34	183	158
4	中国农业大学	32	351	255
5	西北农林科技大学	16	97	93
6	中国科学院	10	64	52
7	兰州理工大学	9	9	8
8	四川省农业科学院	6	61	58
9	弗斯特麦克内斯公司	6	3	3
10	澳大利亚西澳大学	5	18	12

1.6 高被引论文TOP10

2010—2019年甘肃省农业科学院发表的SCI高被引论文TOP10见表1-6，甘肃省农业科学院以第一或通讯作者完成单位发表的SCI高被引论文TOP10见表1-7。

表1-6 2010—2019年甘肃省农业科学院SCI高被引论文TOP10

排序	标题	WOS所有数据库总被引频次	WOS核心库被引频次	作者机构	出版年份	期刊名称	期刊影响因子（最近年度）
1	Long-term effect of chemical fertilizer, straw, and manure on soil chemical and biological properties in northwest China	156	122	甘肃省农业科学院旱地农业研究所	2010	GEODERMA	4.848（2019）
2	Overyielding and interspecific interactions mediated by nitrogen fertilization in strip intercropping of maize with faba bean, wheat and barley	66	43	甘肃省农业科学院土壤肥料与节水农业研究所	2011	PLANT AND SOIL	3.299（2019）
3	Yield advantage and water saving in maize/pea intercrop	53	38	甘肃省农业科学院土壤肥料与节水农业研究所	2012	FIELD CROPS RESEARCH	4.308（2019）

（续表）

排序	标题	WOS 所有数据库总被引频次	WOS 核心库被引频次	作者机构	出版年份	期刊名称	期刊影响因子（最近年度）
4	Virulence Characterization of International Collections of the Wheat Stripe Rust Pathogen, Puccinia striiformis f. sp tritici	43	42	甘肃省农业科学院植物保护研究所	2013	PLANT DISEASE	3.809（2019）
5	Identification of Genomic Regions Controlling Adult-Plant Stripe Rust Resistance in Chinese LandracePingyuan 50 Through Bulked Segregant Analysis	42	35	甘肃省农业科学院小麦研究所	2010	PHYTOPATHOLOGY	3.234（2019）
6	Identification of miRNAs and their targets from Brassica napus by high-throughput sequencing and degradome analysis	37	31	甘肃省农业科学院	2012	BMC GENOMICS	3.594（2019）
7	Intercropping enhances soil carbon and nitrogen	36	33	甘肃省农业科学院土壤肥料与节水农业研究所	2015	GLOBAL CHANGE BIOLOGY	8.555（2019）
8	The expression, function and regulation of mitochondrial alternative oxidase under biotic stresses	31	25	甘肃省农业科学院	2010	MOLECULAR PLANT PATHOLOGY	4.326（2019）
9	Regulation of Thermogenesis in Plants: The Interaction of Alternative Oxidase and Plant Uncoupling Mitochondrial Protein	31	28	甘肃省农业科学院马铃薯研究所	2011	JOURNAL OF INTEGRATIVE PLANT BIOLOGY	4.885（2019）
10	Long-Term Effect of Manure and Fertilizer on Soil Organic Carbon Pools in Dryland Farming in Northwest China	31	29	甘肃省农业科学院旱地农业研究所	2013	PLOS ONE	2.74（2019）

表 1-7　2010—2019 年甘肃省农业科学院 SCI 高被引论文 TOP10（第一或通讯作者完成单位）

排序	标题	WOS 所有数据库总被引频次	WOS 核心库被引频次	作者机构	出版年份	期刊名称	期刊影响因子（最近年度）
1	Complexation of carbendazim with hydroxypropyl-beta-cyclodextrin to improve solubility and fungicidal activity	24	21	甘肃省农业科学院农产品贮藏加工研究所	2012	CARBOHYDRATE POLYMERS	7.182（2019）
2	De novo assembly of the desert tree Haloxylon ammodendron（C. A. Mey.）based on RNA-Seq data provides insight into drought response, gene discovery and marker identification	21	20	甘肃省农业科学院作物研究所	2014	BMC GENOMICS	3.594（2019）
3	Molecular cloning and expression analysis of CmMlo1 in melon	19	12	甘肃省农业科学院蔬菜研究所	2012	MOLECULAR BIOLOGY REPORTS	1.402（2019）
4	Phosphomannose-isomerase as a selectable marker for transgenic plum（Prunus domestica L.）	12	9	甘肃省农业科学院林果花卉研究所	2013	PLANT CELL TISSUE AND ORGAN CULTURE	2.196（2019）
5	A high density genetic map and QTL for agronomic and yield traits in Foxtail millet［Setaria italica（L.）P. Beauv.］	11	9	甘肃省农业科学院作物研究所	2016	BMC GENOMICS	3.594（2019）
6	Bacterial and Fungal Community Structures in Loess Plateau Grasslands with Different Grazing Intensities	10	10	甘肃省农业科学院土壤肥料与节水农业研究所	2017	FRONTIERS IN MICROBIOLOGY	4.235（2019）
7	Complexation of chlorpropham with hydroxypropyl-beta-cyclodextrin and its application in potato sprout inhibition	9	9	甘肃省农业科学院农产品贮藏加工研究所	2014	CARBOHYDRATE POLYMERS	7.182（2019）

（续表）

排序	标题	WOS所有数据库总被引频次	WOS核心库被引频次	作者机构	出版年份	期刊名称	期刊影响因子（最近年度）
8	Isolation, characterization, and expression analysis of CmMLO2 in muskmelon	8	5	甘肃省农业科学院蔬菜研究所	2013	MOLECULAR BIOLOGY REPORTS	1.402 (2019)
9	Effect of nitrogen application and elevated CO2 on photosynthetic gas exchange and electron transport in wheat leaves	8	5	甘肃省农业科学院旱地农业研究所	2013	PHOTOSYNTHETICA	2.562 (2019)
10	Mulching increases water-use efficiency of peach production on the rainfed semiarid Loess Plateau of China	6	6	甘肃省农业科学院林果花卉研究所	2015	AGRICULTURAL WATER MANAGEMENT	4.021 (2019)

1.7 高频词 TOP20

2010—2019 年甘肃省农业科学院 SCI 发文高频词（作者关键词）TOP20 见表 1-8。

表 1-8 2010—2019 年内甘肃省农业科学院 SCI 发文高频词（作者关键词）TOP20

排序	关键词（作者关键词）	频次	排序	关键词（作者关键词）	频次
1	Intercropping	11	11	wheat	4
2	maize	9	12	long-term fertilization	3
3	yield	6	13	structure-activity relationship	3
4	phosphorus	5	14	synthesis	3
5	Inclusion complex	5	15	nitrogen	3
6	Triticum aestivum	5	16	Melon	3
7	Potato	5	17	Stomatal conductance	3
8	Root length density	4	18	Quantitative trait locus	3
9	QTL	4	19	Genetic diversity	3
10	drought tolerance	4	20	Grassland degradation	3

2 中文期刊论文分析

2010—2019 年，甘肃省农业科学院作者共发表北大中文核心期刊论文 1 694篇，中国科学引文数据库（CSCD）期刊论文1 342篇。

2.1 发文量

2010—2019 年甘肃省农业科学院中文文献历年发文趋势（2010—2019 年）见下图。

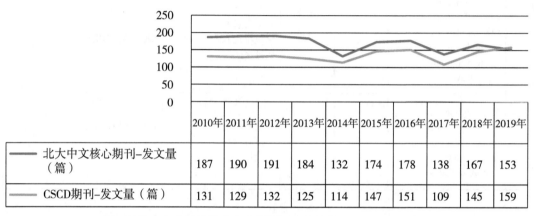

	2010年	2011年	2012年	2013年	2014年	2015年	2016年	2017年	2018年	2019年
北大中文核心期刊–发文量（篇）	187	190	191	184	132	174	178	138	167	153
CSCD期刊–发文量（篇）	131	129	132	125	114	147	151	109	145	159

图 甘肃省农业科学院中文文献历年发文趋势（2010—2019 年）

2.2 高发文研究所 TOP10

2010—2019 年甘肃省农业科学院北大中文核心期刊高发文研究所 TOP10 见表 2-1，2010—2019 年甘肃省农业科学院中国科学引文数据库（CSCD）期刊高发文研究所 TOP10 见表 2-2。

表 2-1 2010—2019 年甘肃省农业科学院北大中文核心期刊高发文研究所 TOP10 单位：篇

排序	研究所	发文量
1	甘肃省农业科学院旱地农业研究所	247
2	甘肃省农业科学院植物保护研究所	243
3	甘肃省农业科学院土壤肥料与节水农业研究所	205
4	甘肃省农业科学院	169
5	甘肃省农业科学院蔬菜研究所	164
6	甘肃省农业科学院林果花卉研究所	153
7	甘肃省农业科学院作物研究所	150
8	甘肃省农业科学院生物技术研究所	119

（续表）

排序	研究所	发文量
9	甘肃省农业科学院农产品贮藏加工研究所	104
10	甘肃省农业科学院畜草与绿化农业研究所	83
11	甘肃省农业科学院小麦研究所	57

注："甘肃省农业科学院"发文包括作者单位只标注为"甘肃省农业科学院"、院属实验室等。

表 2-2　2010—2019 年甘肃省农业科学院 CSCD 期刊高发文研究所 TOP10　　单位：篇

排序	研究所	发文量
1	甘肃省农业科学院植物保护研究所	216
2	甘肃省农业科学院旱地农业研究所	206
3	甘肃省农业科学院土壤肥料与节水农业研究所	188
4	甘肃省农业科学院	152
5	甘肃省农业科学院作物研究所	138
6	甘肃省农业科学院生物技术研究所	111
7	甘肃省农业科学院林果花卉研究所	103
8	甘肃省农业科学院蔬菜研究所	75
9	甘肃省农业科学院畜草与绿化农业研究所	63
10	甘肃省农业科学院小麦研究所	59
11	甘肃省农业科学院农产品贮藏加工研究所	54

注："甘肃省农业科学院"发文包括作者单位只标注为"甘肃省农业科学院"、院属实验室等。

2.3　高发文期刊 TOP10

2010—2019 年甘肃省农业科学院高发文北大中文核心期刊 TOP10 见表 2-3，2010—2019 年甘肃省农业科学院高发文 CSCD 期刊 TOP10 见表 2-4。

表 2-3　2010—2019 年甘肃省农业科学院高发文期刊（北大中文核心）TOP10　　单位：篇

排序	期刊名称	发文量	排序	期刊名称	发文量
1	干旱地区农业研究	120	6	草业学报	72
2	北方园艺	96	7	麦类作物学报	69
3	西北农业学报	93	8	甘肃农业大学学报	59
4	植物保护	72	9	核农学报	53
5	中国蔬菜	72	10	应用生态学报	42

表2-4　2010—2019年甘肃省农业科学院高发文期刊（CSCD）TOP10　　单位：篇

排序	期刊名称	发文量	排序	期刊名称	发文量
1	干旱地区农业研究	116	6	甘肃农业大学学报	59
2	西北农业学报	94	7	核农学报	53
3	植物保护	73	8	应用生态学报	42
4	草业学报	71	9	中国农业科学	35
5	麦类作物学报	71	10	作物学报	34

2.4　合作发文机构 TOP10

2010—2019年甘肃省农业科学院北大中文核心期刊合作发文机构TOP10见表2-5，2010—2019年甘肃省农业科学院CSCD期刊合作发文机构TOP10见表2-6。

表2-5　2010—2019年甘肃省农业科学院北大中文核心期刊合作发文机构TOP10　单位：篇

排序	合作发文机构	发文量	排序	合作发文机构	发文量
1	甘肃农业大学	428	6	中国科学院	21
2	中国农业科学院	125	7	甘肃省平凉市农业科学院	15
3	西北农林科技大学	42	8	兰州大学	14
4	中国农业大学	40	9	河北省农林科学院	13
5	天水市农业科学研究所	32	10	西北师范大学	13

表2-6　2010—2019年甘肃省农业科学院CSCD期刊合作发文机构TOP10　　单位：篇

排序	合作发文机构	发文量	排序	合作发文机构	发文量
1	甘肃农业大学	405	6	中国科学院	19
2	中国农业科学院	116	7	兰州大学	19
3	西北农林科技大学	41	8	平凉市农业科学院	19
4	天水市农业科学研究所	37	9	西北师范大学	12
5	中国农业大学	36	10	新疆农业科学院	10

广东省农业科学院

1 英文期刊论文分析

分析数据来源于科学引文索引数据库（Web of Science，WOS）收录的文献类型为期刊论文（ARTICLE）、会议论文（PROCEEDINGS PAPER）和述评（REVIEW）的 Science Citation Index Expanded（SCIE）论文数据，数据时间范围为 2010—2019 年，共检索到广东省农业科学院作者发表的论文 2 110 篇。

1.1 发文量

2010—2019 年广东省农业科学院历年 SCI 发文与被引情况见表 1-1，广东省农业科学院英文文献历年发文趋势（2010—2019 年）见下图。

表 1-1 2010—2019 年广东省农业科学院历年 SCI 发文与被引情况

出版年	发文量（篇）	WOS 所有数据库总被引频次	WOS 核心库被引频次
2010 年	55	1 832	1 585
2011 年	107	1 495	1 286
2012 年	135	2 007	1 676
2013 年	171	2 047	1 757
2014 年	199	1 587	1 383
2015 年	224	1 555	1 379
2016 年	245	981	888
2017 年	267	1 108	989
2018 年	292	291	276
2019 年	415	80	79

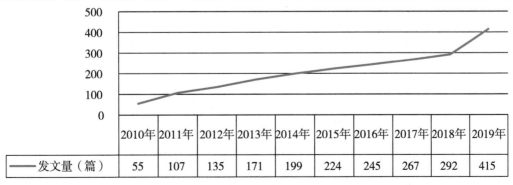

图 广东省农业科学院英文文献历年发文趋势（2010—2019 年）

1.2 高发文研究所 TOP10

2010—2019年广东省农业科学院SCI高发文研究所TOP10见表1-2。

表1-2 2010—2019年广东省农业科学院SCI高发文研究所TOP10　　　　单位：篇

排序	研究所	发文量
1	广东省农业科学院作物研究所	420
2	广东省农业科学院动物科学研究所	386
3	广东省农业科学院蚕业与农产品加工研究所	278
4	广东省农业科学院农业资源与环境研究所	237
5	广东省农业科学院植物保护研究所	208
6	广东省农业科学院果树研究所	145
7	广东省农业科学院动物卫生研究所	138
8	广东省农业科学院水稻研究所	96
9	广东省农业科学院农业生物基因研究中心	84
10	广东省农业科学院蔬菜研究所	70

1.3 高发文期刊 TOP10

2010—2019年广东省农业科学院SCI高发文期刊TOP10见表1-3。

表1-3 2010—2019年广东省农业科学院SCI高发文期刊TOP10

排序	期刊名称	发文量（篇）	WOS所有数据库总被引频次	WOS核心库被引频次	期刊影响因子（最近年度）
1	PLOS ONE	73	999	872	2.74（2019）
2	SCIENTIFIC REPORTS	48	174	158	3.998（2019）
3	POULTRY SCIENCE	48	139	126	2.659（2019）
4	INTERNATIONAL JOURNAL OF MOLECULAR SCIENCES	43	137	129	4.556（2019）
5	FOOD CHEMISTRY	39	482	401	6.306（2019）
6	FRONTIERS IN PLANT SCIENCE	34	98	88	4.402（2019）
7	JOURNAL OF AGRICULTURAL AND FOOD CHEMISTRY	33	453	399	4.192（2019）
8	JOURNAL OF INTEGRATIVE AGRICULTURE	29	67	51	1.984（2019）

（续表）

排序	期刊名称	发文量（篇）	WOS 所有数据库总被引频次	WOS 核心库被引频次	期刊影响因子（最近年度）
9	GENETICS AND MOLECULAR RESEARCH	29	80	72	0.764（2015）
10	BMC GENOMICS	28	595	558	3.594（2019）

1.4　合作发文国家与地区 TOP10

2010—2019 年广东省农业科学院 SCI 合作发文国家与地区（合作发文 1 篇以上）TOP10 见表 1-4。

表 1-4　2010—2019 年广东省农业科学院 SCI 合作发文国家与地区 TOP10

排序	国家与地区	合作发文量（篇）	WOS 所有数据库总被引频次	WOS 核心库被引频次
1	美国	249	2 375	2 100
2	澳大利亚	42	370	340
3	巴基斯坦	41	122	110
4	埃及	33	22	21
5	德国	22	122	117
6	加拿大	19	239	205
7	菲律宾	19	352	294
8	印度	17	217	194
9	新西兰	14	60	59
10	英国	13	75	65

1.5　合作发文机构 TOP10

2010—2019 年广东省农业科学院 SCI 合作发文机构 TOP10 见表 1-5。

表 1-5　2010—2019 年广东省农业科学院 SCI 合作发文机构 TOP10

排序	合作发文机构	发文量（篇）	WOS 所有数据库总被引频次	WOS 核心库被引频次
1	中国科学院	183	2 044	1 793

（续表）

排序	合作发文机构	发文量（篇）	WOS所有数据库总被引频次	WOS核心库被引频次
2	华南理工大学	117	968	846
3	华南农业大学	106	1 563	1 285
4	华中农业大学	99	986	857
5	中山大学	85	600	516
6	中国农业科学院	75	436	385
7	中国科学院大学	58	533	474
8	暨南大学	54	197	165
9	西南大学	41	593	493
10	浙江大学	35	404	341

1.6 高被引论文 TOP10

2010—2019年广东省农业科学院发表的SCI高被引论文TOP10见表1-6，广东省农业科学院以第一或通讯作者完成单位发表的SCI高被引论文TOP10见表1-7。

表1-6 2010—2019年广东省农业科学院SCI高被引论文TOP10

排序	标题	WOS所有数据库总被引频次	WOS核心库被引频次	作者机构	出版年份	期刊名称	期刊影响因子（最近年度）
1	De novo assembly and characterization of root transcriptome using Illumina paired-end sequencing and development of cSSR markers in sweetpotato（Ipomoea batatas）	275	250	广东省农业科学院作物研究所	2010	BMC GENOMICS	3.594（2019）
2	Phenolic Profiles and Antioxidant Activity of Black Rice Bran of Different Commercially Available Varieties	148	128	广东省农业科学院蚕业与农产品加工研究所	2010	JOURNAL OF AGRICULTURAL AND FOOD CHEMISTRY	4.192（2019）
3	Improving nitrogen fertilization in rice by site-specific N management. A review	147	130	广东省农业科学院水稻研究所	2010	AGRONOMY FOR SUSTAINABLE DEVELOPMENT	4.531（2019）

（续表）

排序	标题	WOS 所有数据库总被引频次	WOS 核心库被引频次	作者机构	出版年份	期刊名称	期刊影响因子（最近年度）
4	A polypyrrole/anthraquinone‒2,6‒disulphonic disodium salt（PPy/AQDS）‒modified anode to improve performance of microbial fuel cells	128	113	广东省农业科学院农业资源与环境研究所	2010	BIOSENSORS & BIOELECTRONICS	10.257（2019）
5	Organophosphorus flame retardants and plasticizers：Sources, occurrence, toxicity and human exposure	121	113	广东省农业科学院农业资源与环境研究所	2015	ENVIRONMENTAL POLLUTION	6.792（2019）
6	De novo assembly and Characterisation of the Transcriptome during seed development, and generation of genic‒SSR markers in Peanut（Arachis hypogaea L.）	110	103	广东省农业科学院作物研究所	2012	BMC GENOMICS	3.594（2019）
7	Bio‒Electro‒Fenton Process Driven by Microbial Fuel Cell for Wastewater Treatment	95	83	广东省农业科学院农业资源与环境研究所	2010	ENVIRONMENTAL SCIENCE & TECHNOLOGY	7.864（2019）
8	Alpha‒ketoglutarate inhibits glutamine degradation and enhances protein synthesis in intestinal porcine epithelial cells	93	85	广东省农业科学院动物科学研究所	2012	AMINO ACIDS	3.063（2019）
9	Draft genome sequence of the mulberry tree Morus notabilis	93	76	广东省农业科学院蚕业与农产品加工研究所	2013	NATURE COMMUNICATIONS	12.121（2019）
10	Autophagy precedes apoptosis during the remodeling of silkworm larval midgut	81	69	广东省农业科学院作物研究所，广东省农业科学院蚕业与农产品加工研究所	2012	APOPTOSIS	4.543（2019）

表 1-7   2010—2019 年广东省农业科学院 SCI 高被引论文 TOP10（第一或通讯作者完成单位）

排序	标题	WOS 所有数据库总被引频次	WOS 核心库被引频次	作者机构	出版年份	期刊名称	期刊影响因子（最近年度）
1	De novo assembly and characterization of root transcriptome using Illumina paired-end sequencing and development of cSSR markers in sweetpotato（Ipomoea batatas）	275	250	广东省农业科学院作物研究所	2010	BMC GENOMICS	3.594（2019）
2	Organophosphorus flame retardants and plasticizers：Sources，occurrence，toxicity and human exposure	121	113	广东省农业科学院农业资源与环境研究所	2015	ENVIRONMENTAL POLLUTION	6.792（2019）
3	Bio-Electro-Fenton Process Driven by Microbial Fuel Cell for Wastewater Treatment	95	83	广东省农业科学院农业资源与环境研究所	2010	ENVIRONMENTAL SCIENCE & TECHNOLOGY	7.864（2019）
4	Enhanced reductive dechlorination of DDT in an anaerobic system of dissimilatory iron-reducing bacteria and iron oxide	80	60	广东省农业科学院农业资源与环境研究所	2010	ENVIRONMENTAL POLLUTION	6.792（2019）
5	A SSR-based composite genetic linkage map for the cultivated peanut（Arachis hypogaea L.）genome	73	63	广东省农业科学院作物研究所	2010	BMC PLANTBIOLOGY	3.497（2019）
6	Dietary arginine supplementation enhances antioxidative capacity and improves meat quality of finishing pigs	62	56	广东省农业科学院动物科学研究所	2010	AMINO ACIDS	3.063（2019）
7	Genome-Wide Association Study Identified a Narrow Chromosome 1 Region Associated with Chicken Growth Traits	59	48	广东省农业科学院作物研究所，广东省农业科学院动物科学研究所	2012	PLOS ONE	2.74（2019）

（续表）

排序	标题	WOS 所有数据库总被引频次	WOS 核心库被引频次	作者机构	出版年份	期刊名称	期刊影响因子（最近年度）
8	Dietary-arginine supplementation enhances placental growth and reproductive performance in sows	55	50	广东省农业科学院动物科学研究所	2012	AMINO ACIDS	3.063（2019）
9	Free and bound phenolic profiles and antioxidant activity of milled fractions of different indica rice varieties cultivated in southern China	55	45	广东省农业科学院蚕业与农产品加工研究所	2014	FOOD CHEMISTRY	6.306（2019）
10	The use of GFP-transformed isolates to study infection of banana with Fusarium oxysporum f. spcubense race 4	54	40	广东省农业科学院果树研究所	2011	EUROPEAN JOURNAL OF PLANT PATHOLOGY	1.582（2019）

1.7 高频词 TOP20

2010—2019 年广东省农业科学院 SCI 发文高频词（作者关键词）TOP20 见表 1-8。

表 1-8 2010—2019 年广东省农业科学院 SCI 发文高频词（作者关键词）TOP20

排序	关键词（作者关键词）	频次	排序	关键词（作者关键词）	频次
1	chicken	66	11	phenolics	23
2	rice	55	12	transcriptome	23
3	antioxidant activity	51	13	apoptosis	21
4	gene expression	40	14	Phylogenetic analysis	21
5	genetic diversity	28	15	proliferation	20
6	Pig	26	16	photosynthesis	19
7	growth performance	25	17	Banana	19
8	growth	25	18	litchi	18
9	yield	25	19	Resistance	17
10	China	25	20	RNA-seq	16

2 中文期刊论文分析

2010—2019 年，广东省农业科学院作者共发表北大中文核心期刊论文 3 976 篇，中国科学引文数据库（CSCD）期刊论文 2 889 篇。

2.1 发文量

2010—2019 年广东省农业科学院中文文献历年发文趋势（2010—2019 年）见下图。

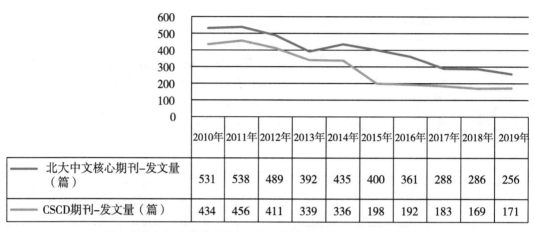

	2010年	2011年	2012年	2013年	2014年	2015年	2016年	2017年	2018年	2019年
北大中文核心期刊-发文量（篇）	531	538	489	392	435	400	361	288	286	256
CSCD期刊-发文量（篇）	434	456	411	339	336	198	192	183	169	171

图　广东省农业科学院中文文献历年发文趋势（2010—2019 年）

2.2 高发文研究所 TOP10

2010—2019 年广东省农业科学院北大中文核心期刊高发文研究所 TOP10 见表 2-1，2010—2019 年广东省农业科学院中国科学引文数据库（CSCD）期刊高发文研究所 TOP10 见表 2-2。

表 2-1　2010—2019 年广东省农业科学院北大中文核心期刊高发文研究所 TOP10　单位：篇

排序	研究所	发文量
1	广东省农业科学院蚕业与农产品加工研究所	613
2	广东省农业科学院果树研究所	538
3	广东省农业科学院植物保护研究所	485
4	广东省农业科学院农业经济与农村发展研究所	404
5	广东省农业科学院动物科学研究所	337
6	广东省农业科学院农业资源与环境研究所	313
7	广东省农业科学院	273
8	广东省农业科学院动物卫生研究所	258
9	广东省农业科学院水稻研究所	246

排序	研究所	发文量
10	广东省农业科学院作物研究所	219
11	广东省农业科学院蔬菜研究所	194

注："广东省农业科学院"发文包括作者单位只标注为"广东省农业科学院"、院属实验室等。

表 2-2　2010—2019 年广东省农业科学院 CSCD 期刊高发文研究所 TOP10　　单位：篇

排序	研究所	发文量
1	广东省农业科学院植物保护研究所	455
2	广东省农业科学院蚕业与农产品加工研究所	431
3	广东省农业科学院农业资源与环境研究所	281
4	广东省农业科学院农业经济与农村发展研究所	276
5	广东省农业科学院果树研究所	250
6	广东省农业科学院水稻研究所	217
7	广东省农业科学院	208
8	广东省农业科学院动物科学研究所	181
9	广东省农业科学院蔬菜研究所	177
10	广东省农业科学院作物研究所	175
11	广东省农业科学院动物卫生研究所	159

注："广东省农业科学院"发文包括作者单位只标注为"广东省农业科学院"、院属实验室等。

2.3　高发文期刊 TOP10

2010—2019 年广东省农业科学院高发文北大中文核心期刊 TOP10 见表 2-3，2010—2019 年广东省农业科学院高发文 CSCD 期刊 TOP10 见表 2-4。

表 2-3　2010—2019 年广东省农业科学院高发文期刊（北大中文核心）TOP10　　单位：篇

排序	期刊名称	发文量	排序	期刊名称	发文量
1	广东农业科学	1 110	6	园艺学报	85
2	热带作物学报	144	7	食品科学	82
3	动物营养学报	110	8	现代食品科技	78
4	蚕业科学	95	9	分子植物育种	75
5	中国农学通报	88	10	环境昆虫学报	65

表 2-4　2010—2019 年广东省农业科学院高发文期刊（CSCD）TOP10　　　单位：篇

排序	期刊名称	发文量	排序	期刊名称	发文量
1	广东农业科学	848	6	园艺学报	79
2	热带作物学报	165	7	中国农学通报	76
3	蚕业科学	104	8	分子植物育种	70
4	动物营养学报	101	9	环境昆虫学报	68
5	食品科学	79	10	食品工业科技	59

2.4　合作发文机构 TOP10

2010—2019 年广东省农业科学院北大中文核心期刊合作发文机构 TOP10 见表 2-5，
2010—2019 年广东省农业科学院 CSCD 期刊合作发文机构 TOP10 见表 2-6。

表 2-5　2010—2019 年广东省农业科学院北大中文核心期刊合作发文机构 TOP10　　单位：篇

排序	合作发文机构	发文量	排序	合作发文机构	发文量
1	华南农业大学	533	6	中国农业科学院	60
2	中国热带农业科学院	276	7	江西农业大学	56
3	华中农业大学	132	8	仲恺农业工程学院	42
4	海南大学	102	9	中山大学	37
5	华南师范大学	60	10	湖南农业大学	35

表 2-6　2010—2019 年广东省农业科学院 CSCD 期刊合作发文机构 TOP10　　单位：篇

排序	合作发文机构	发文量	排序	合作发文机构	发文量
1	华南农业大学	411	6	暨南大学	35
2	华中农业大学	85	7	中国热带农业科学院	31
3	中国农业科学院	48	8	仲恺农业工程学院	30
4	华南师范大学	44	9	江西农业大学	29
5	湖南农业大学	35	10	南京农业大学	29

广西农业科学院

1 英文期刊论文分析

分析数据来源于科学引文索引数据库（Web of Science，WOS）收录的文献类型为期刊论文（ARTICLE）、会议论文（PROCEEDINGS PAPER）和述评（REVIEW）的 Science Citation Index Expanded （SCIE）论文数据，数据时间范围为 2010—2019 年，共检索到广西农业科学院作者发表的论文 489 篇。

1.1 发文量

2010—2019 年广西农业科学院历年 SCI 发文与被引情况见表 1-1，广西农业科学院英文文献历年发文趋势（2010—2019 年）见下图。

表 1-1　2010—2019 年广西农业科学院历年 SCI 发文与被引情况

出版年	发文量（篇）	WOS 所有数据库总被引频次	WOS 核心库被引频次
2010 年	23	229	165
2011 年	22	330	279
2012 年	31	480	371
2013 年	30	324	261
2014 年	29	235	194
2015 年	60	379	328
2016 年	44	114	105
2017 年	70	267	242
2018 年	65	71	66
2019 年	115	12	12

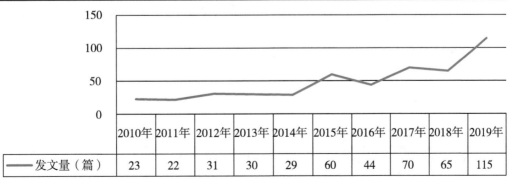

	2010年	2011年	2012年	2013年	2014年	2015年	2016年	2017年	2018年	2019年
发文量（篇）	23	22	31	30	29	60	44	70	65	115

图　广西农业科学院英文文献历年发文趋势（2010—2019 年）

1.2 高发文研究所 TOP10

2010—2019 年广西农业科学院 SCI 高发文研究所 TOP10 见表 1-2。

表 1-2　2010—2019 年广西农业科学院 SCI 高发文研究所 TOP10　　　　单位：篇

排序	研究所	发文量
1	广西作物遗传改良生物技术重点开放实验室	105
2	广西农业科学院甘蔗研究所	102
3	广西农业科学院经济作物研究所	55
4	广西农业科学院农产品加工研究所	45
5	广西农业科学院植物保护研究所	43
6	广西农业科学院生物技术研究所	36
7	广西农业科学院水稻研究所	34
8	广西农业科学院农业资源与环境研究所	23
9	广西农业科学院葡萄与葡萄酒研究所	18
9	广西农业科学院园艺研究所	18
10	广西农业科学院玉米研究所	12

1.3 高发文期刊 TOP10

2010—2019 年广西农业科学院 SCI 高发文期刊 TOP10 见表 1-3。

表 1-3　2010—2019 年广西农业科学院 SCI 高发文期刊 TOP10

排序	期刊名称	发文量（篇）	WOS 所有数据库总被引频次	WOS 核心库被引频次	期刊影响因子（最近年度）
1	SUGAR TECH	55	187	147	1.198（2019）
2	FRONTIERS IN PLANT SCIENCE	17	47	45	4.402（2019）
3	Scientific Reports	16	48	45	3.998（2019）
4	PLOS ONE	15	74	69	2.74（2019）
5	INTERNATIONAL JOURNAL OF MOLECULAR SCIENCES	10	11	9	4.556（2019）
6	BMC GENOMICS	8	61	55	3.594（2019）

（续表）

排序	期刊名称	发文量（篇）	WOS 所有数据库总被引频次	WOS 核心库被引频次	期刊影响因子（最近年度）
7	JOURNAL OF INTEGRATIVE AGRICULTURE	7	31	21	1.984（2019）
8	SCIENTIA HORTICULTURAE	7	51	42	2.769（2019）
9	JOURNAL OF PHYTOPATHOLOGY	6	8	8	1.179（2019）
10	FOOD CHEMISTRY	6	47	40	6.306（2019）

1.4 合作发文国家与地区 TOP10

2010—2019 年广西农业科学院 SCI 合作发文国家与地区（合作发文 1 篇以上）TOP10 见表 1-4。

表 1-4 2010—2019 年广西农业科学院 SCI 合作发文国家与地区 TOP10

排序	国家与地区	合作发文量（篇）	WOS 所有数据库总被引频次	WOS 核心库被引频次
1	美国	34	216	185
2	澳大利亚	16	83	79
3	马来西亚	8	71	66
4	埃及	8	2	2
5	捷克	7	56	51
6	印度	7	73	71
7	加拿大	7	71	61
8	巴基斯坦	7	4	4
9	土耳其	7	2	2
10	日本	5	13	13

1.5 合作发文机构 TOP10

2010—2019 年广西农业科学院 SCI 合作发文机构 TOP10 见表 1-5。

表 1-5　2010—2019 年广西农业科学院 SCI 合作发文机构 TOP10

排序	合作发文机构	发文量（篇）	WOS 所有数据库总被引频次	WOS 核心库被引频次
1	广西大学	169	892	706
2	中国农业科学院	103	399	323
3	中国科学院	43	186	161
4	中国农业大学	35	198	186
5	华南农业大学	24	48	42
6	上海交通大学	21	56	54
7	福建农林大学	13	148	106
8	中国热带农业科学院	12	52	39
9	湖南农业大学	11	88	79
10	中国科学院大学	11	31	30

1.6　高被引论文 TOP10

2010—2019 年广西农业科学院发表的 SCI 高被引论文 TOP10 见表 1-6，广西农业科学院以第一或通讯作者完成单位发表的 SCI 高被引论文 TOP10 见表 1-7。

表 1-6　2010—2019 年广西农业科学院 SCI 高被引论文 TOP10

排序	标题	WOS 所有数据库总被引频次	WOS 核心库被引频次	作者机构	出版年份	期刊名称	期刊影响因子（最近年度）
1	Start codon targeted polymorphism for evaluation of functional genetic variation and relationships in cultivated peanut (Arachis hypogaea L.) genotypes	71	52	广西作物遗传改良生物技术重点开放实验室，广西农业科学院经济作物研究所	2011	MOLECULAR BIOLOGY REPORTS	1.402（2019）

（续表）

排序	标题	WOS 所有数据库总被引频次	WOS 核心库被引频次	作者机构	出版年份	期刊名称	期刊影响因子（最近年度）
2	Molecular characterization of banana NAC transcription factors and their interactions with ethylene signalling component EIL during fruit ripening	71	60	广西农业科学院农产品加工研究所	2012	JOURNAL OF EXPERIMENTAL BOTANY	5.908（2019）
3	Transcriptome analysis of rice root heterosis by RNA-Seq	45	40	广西农业科学院水稻研究所	2013	BMC GENOMICS	3.594（2019）
4	Sugarcane Agriculture and Sugar Industry in China	44	40	广西农业科学院甘蔗研究所	2015	SUGAR TECH	1.198（2019）
5	Plant Growth-Promoting Nitrogen-Fixing Enterobacteria Are in Association with Sugarcane Plants Growing in Guangxi，China	38	29	广西农业科学院	2012	MICROBES AND ENVIRONMENTS	2.575（2018）
6	Nitric oxide improves aluminum tolerance by regulating hormonal equilibrium in the root apices of rye and wheat	37	29	广西农业科学院经济作物研究所	2012	PLANT SCIENCE	3.591（2019）
7	In vitro and ex vitro rooting of Siratia grosvenorii，a traditional medicinal plant	36	27	广西农业科学院生物技术研究所	2010	ACTA PHYSIOLOGIAE PLANTARUM	1.760（2019）
8	Nitric oxide signaling in aluminum stress in plants	35	26	广西农业科学院经济作物研究所	2012	PROTOPLASMA	2.751（2019）
9	Two level half factorial design for the extraction of phenolics，flavonoids and antioxidants recovery from palm kernel by-product	32	32	广西农业科学院农产品加工研究所	2015	INDUSTRIAL CROPS AND PRODUCTS	4.244（2019）

（续表）

排序	标题	WOS 所有数据库总被引频次	WOS 核心库被引频次	作者机构	出版年份	期刊名称	期刊影响因子（最近年度）
10	Influence of Growing Season on Phenolic Compounds and Antioxidant Properties of Grape Berries from Vines Grown in Subtropical Climate	32	32	广西农业科学院	2011	JOURNAL OF AGRICULTURAL AND FOOD CHEMISTRY	4.192 (2019)

表 1-7 2010—2019 年广西农业科学院 SCI 高被引论文 TOP10（第一或通讯作者完成单位）

排序	标题	WOS 所有数据库总被引频次	WOS 核心库被引频次	作者机构	出版年份	期刊名称	期刊影响因子（最近年度）
1	Start codon targeted polymorphism for evaluation of functional genetic variation and relationships in cultivated peanut（Arachis hypogaea L.）genotypes	71	52	广西作物遗传改良生物技术重点开放实验室，广西农业科学院经济作物研究所	2011	MOLECULAR BIOLOGY REPORTS	1.402 (2019)
2	Sugarcane Agriculture and Sugar Industry in China	44	40	广西农业科学院甘蔗研究所	2015	SUGAR TECH	1.198 (2019)
3	In vitro and ex vitro rooting of Siratia grosvenorii, a traditional medicinal plant	36	27	广西农业科学院生物技术研究所	2010	ACTA PHYSIOLOGIAE PLANTARUM	1.76 (2019)
4	Effects of a phospholipase D inhibitor on postharvest enzymatic browning and oxidative stress of litchi fruit	27	24	广西作物遗传改良生物技术重点开放实验室，广西农业科学院农产品加工研究所，广西农业科学院园艺研究所	2011	POSTHARVEST BIOLOGY AND TECHNOLOGY	4.303 (2019)

（续表）

排序	标题	WOS所有数据库总被引频次	WOS核心库被引频次	作者机构	出版年份	期刊名称	期刊影响因子（最近年度）
5	Highly sensitive determination of capsaicin using a carbon paste electrode modified with amino-functionalized mesoporous silica	23	21	广西作物遗传改良生物技术重点开放实验室，广西农业科学院农产品质量安全与检测技术研究所，广西农业科学院甘蔗研究所	2012	COLLOIDS AND SURFACES B-BIOINTERFACES	4.389（2019）
6	Effect of Long-Term Vinasse Application on Physico-chemical Properties of Sugarcane Field Soils	21	19	广西作物遗传改良生物技术重点开放实验室，广西农业科学院农业资源与环境研究所，广西农业科学院甘蔗研究所	2012	SUGAR TECH	1.198（2019）
7	Highly sensitive electrochemical sensor based on pyrrolidinium ionic liquid modified ordered mesoporous carbon paste electrode for determination of carbendazim	20	20	广西农业科学院农产品质量安全与检测技术研究所	2015	ANALYTICAL METHODS	2.596（2019）
8	Improved growth and quality of Siraitia grosvenorii plantlets using a temporary immersion system	17	14	广西农业科学院生物技术研究所	2010	PLANT CELL TISSUE AND ORGAN CULTURE	2.196（2019）
9	Role of microRNAs in aluminum stress in plants	16	14	广西农业科学院经济作物研究所	2014	PLANT CELL REPORTS	3.825（2019）

（续表）

排序	标题	WOS所有数据库总被引频次	WOS核心库被引频次	作者机构	出版年份	期刊名称	期刊影响因子（最近年度）
10	Membrane deterioration, enzymatic browning and oxidative stress in fresh fruits of three litchi cultivars during six-day storage	16	11	广西作物遗传改良生物技术重点开放实验室，广西农业科学院农产品加工研究所，广西农业科学院园艺研究所	2012	SCIENTIA HORTICULTURAE	2.769（2019）

1.7 高频词 TOP20

2010—2019年广西农业科学院SCI发文高频词（作者关键词）TOP20见表1-8。

表1-8 2010—2019年广西农业科学院SCI发文高频词（作者关键词）TOP20

排序	关键词（作者关键词）	频次	排序	关键词（作者关键词）	频次
1	Sugarcane	68	11	Oxidative stress	7
2	Gene expression	17	12	grapevine	7
3	Transcriptome	16	13	Abscisic acid	6
4	Plasmopara viticola	10	14	Downy mildew	6
5	Peanut	10	15	China	6
6	genetic diversity	10	16	Abiotic stress	6
7	rice	8	17	soybean	6
8	Nitric oxide	8	18	Nitrogen fixation	5
9	banana	8	19	Development	5
10	Reactive oxygen species	7	20	Biochar	5

2 中文期刊论文分析

2010—2019年，广西农业科学院作者共发表北大中文核心期刊论文2 489篇，中国科学引文数据库（CSCD）期刊论文1 856篇。

2.1 发文量

2010—2019 年广西农业科学院中文文献历年发文趋势（2010—2019 年）见下图。

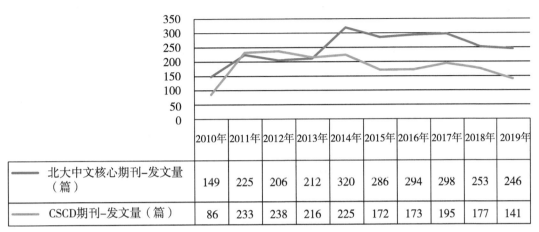

	2010年	2011年	2012年	2013年	2014年	2015年	2016年	2017年	2018年	2019年
北大中文核心期刊–发文量（篇）	149	225	206	212	320	286	294	298	253	246
CSCD期刊–发文量（篇）	86	233	238	216	225	172	173	195	177	141

图　广西农业科学院中文文献历年发文趋势（2010—2019 年）

2.2 高发文研究所 TOP10

2010—2019 年广西农业科学院北大中文核心期刊高发文研究所 TOP10 见表 2-1，2010—2019 年广西农业科学院中国科学引文数据库（CSCD）期刊高发文研究所 TOP10 见表 2-2。

表 2-1　**2010—2019 年广西农业科学院北大中文核心期刊高发文研究所 TOP10**　　单位：篇

排序	研究所	发文量
1	广西农业科学院甘蔗研究所	478
2	广西作物遗传改良生物技术重点开放实验室	302
3	广西农业科学院植物保护研究所	246
4	广西农业科学院农业资源与环境研究所	227
5	广西农业科学院经济作物研究所	209
6	广西农业科学院水稻研究所	190
7	广西农业科学院园艺研究所	179
8	广西农业科学院	162
9	广西农业科学院农产品加工研究所	136
10	广西农业科学院蔬菜研究所	131

（续表）

排序	研究所	发文量
11	广西农业科学院微生物研究所	129

注："广西农业科学院"发文包括作者单位只标注为"广西农业科学院"、院属实验室等。

表 2-2　2010—2019 年广西农业科学院 CSCD 期刊高发文研究所 TOP10　　　单位：篇

排序	研究所	发文量
1	广西农业科学院甘蔗研究所	254
2	广西农业科学院植物保护研究所	212
3	广西农业科学院水稻研究所	191
4	广西农业科学院经济作物研究所	189
5	广西农业科学院农业资源与环境研究所	156
6	广西农业科学院微生物研究所	134
7	广西农业科学院园艺研究所	131
8	广西作物遗传改良生物技术重点开放实验室	101
9	广西农业科学院蔬菜研究所	100
10	广西农业科学院农业科技信息研究所	99

2.3　高发文期刊 TOP10

2010—2019 年广西农业科学院高发文北大中文核心期刊 TOP10 见表 2-3，2010—2019 年广西农业科学院高发文 CSCD 期刊 TOP10 见表 2-4。

表 2-3　2010—2019 年广西农业科学院高发文期刊（北大中文核心）TOP10　　　单位：篇

排序	期刊名称	发文量	排序	期刊名称	发文量
1	南方农业学报	431	6	安徽农业科学	70
2	西南农业学报	337	7	北方园艺	70
3	广东农业科学	112	8	中国蔬菜	54
4	中国南方果树	92	9	中国农学通报	53
5	热带作物学报	72	10	种子	50

表 2-4 2010—2019 年广西农业科学院高发文期刊（CSCD）TOP10   单位：篇

排序	期刊名称	发文量	排序	期刊名称	发文量
1	南方农业学报	701	6	植物遗传资源学报	33
2	西南农业学报	310	7	分子植物育种	29
3	热带作物学报	92	8	广西植物	25
4	广东农业科学	80	9	食品工业科技	25
5	中国农学通报	46	10	基因组学与应用生物学	22

2.4 合作发文机构 TOP10

2010—2019 年广西农业科学院北大中文核心期刊合作发文机构 TOP10 见表 2-5，2010—2019 年广西农业科学院 CSCD 期刊合作发文机构 TOP10 见表 2-6。

表 2-5 2010—2019 年广西农业科学院北大中文核心期刊合作发文机构 TOP10   单位：篇

排序	合作发文机构	发文量	排序	合作发文机构	发文量
1	广西大学	611	6	广西农业职业技术学院	26
2	中国农业科学院	222	7	国家水稻改良中心	25
3	广西科学院	94	8	湖南农业大学	21
4	华南农业大学	72	9	中国热带农业科学院	18
5	中国科学院	39	10	广西特色作物研究院	18

表 2-6 2010—2019 年广西农业科学院 CSCD 期刊合作发文机构 TOP10   单位：篇

排序	合作发文机构	发文量	排序	合作发文机构	发文量
1	广西大学	428	6	广西农业职业技术学院	19
2	中国农业科学院	186	7	中国热带农业科学院	16
3	中国科学院	29	8	国家水稻改良中心	16
4	华南农业大学	21	9	湖南农业大学	15
5	南阳师范学院	19	10	中国农业大学	14

贵州省农业科学院

1 英文期刊论文分析

分析数据来源于科学引文索引数据库（Web of Science，WOS）收录的文献类型为期刊论文（ARTICLE）、会议论文（PROCEEDINGS PAPER）和述评（REVIEW）的 Science Citation Index Expanded（SCIE）论文数据，数据时间范围为 2010—2019 年，共检索到贵州省农业科学院作者发表的论文 347 篇。

1.1 发文量

2010—2019 年贵州省农业科学院历年 SCI 发文与被引情况见表 1-1，贵州省农业科学院英文文献历年发文趋势（2010—2019 年）见下图。

表 1-1　2010—2019 年贵州省农业科学院历年 SCI 发文与被引情况

出版年	发文量（篇）	WOS 所有数据库总被引频次	WOS 核心库被引频次
2010 年	7	128	112
2011 年	7	105	84
2012 年	16	485	449
2013 年	18	237	219
2014 年	29	885	875
2015 年	55	435	424
2016 年	52	461	444
2017 年	72	155	148
2018 年	91	17	17
2019 年	7	128	112

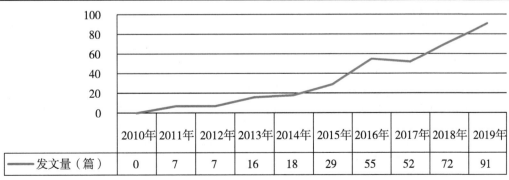

	2010年	2011年	2012年	2013年	2014年	2015年	2016年	2017年	2018年	2019年
发文量（篇）	0	7	7	16	18	29	55	52	72	91

图　贵州省农业科学院英文文献历年发文趋势（2010—2019 年）

1.2 高发文研究所 TOP10

2010—2019 年贵州省农业科学院 SCI 高发文研究所 TOP10 见表 1-2。

表 1-2　2010—2019 年贵州省农业科学院 SCI 高发文研究所 TOP10　　　　　单位：篇

排序	研究所	发文量
1	贵州省农业生物技术研究所	154
2	贵州省植物保护研究所	37
3	贵州省油菜研究所	18
4	贵州省草业研究所	18
5	贵州省旱粮研究所	16
6	贵州省茶叶研究所	15
7	贵州省农业科学院果树科学（柑橘/火龙果）研究所	8
8	贵州省园艺研究所	7
9	贵州省水稻研究所	4
10	贵州省农作物品种资源研究所（贵州省现代中药材研究所）	3
10	贵州省亚热带作物（生物质能源）研究所	3
10	贵州省油料（香料）研究所	3

1.3 高发文期刊 TOP10

2010—2019 年贵州省农业科学院 SCI 高发文期刊 TOP10 见表 1-3。

表 1-3　2010—2019 年贵州省农业科学院 SCI 高发文期刊 TOP10

排序	期刊名称	发文量（篇）	WOS 所有数据库总被引频次	WOS 核心库被引频次	期刊影响因子（最近年度）
1	PHYTOTAXA	39	108	105	1.007（2019）
2	FUNGAL DIVERSITY	32	1 757	1 730	15.386（2019）
3	MYCOSPHERE	28	126	126	2.092（2019）
4	MYCOLOGICAL PROGRESS	12	60	57	2.149（2019）
5	CRYPTOGAMIE MYCOLOGIE	10	120	110	2.245（2019）
6	PLOS ONE	10	119	107	2.74（2019）
7	INTERNATIONAL JOURNAL OF MOLECULAR SCIENCES	9	19	16	4.556（2019）
8	FRONTIERS IN PLANT SCIENCE	8	25	21	4.402（2019）

（续表）

排序	期刊名称	发文量（篇）	WOS所有数据库总被引频次	WOS核心库被引频次	期刊影响因子（最近年度）
9	SCIENTIFIC REPORTS	7	5	4	3.998（2019）
10	GENE	6	10	9	2.984（2019）

1.4 合作发文国家与地区 TOP10

2010—2019年贵州省农业科学院SCI合作发文国家与地区（合作发文1篇以上）TOP10见表1-4。

表1-4 2010—2019年贵州省农业科学院SCI合作发文国家与地区TOP10

排序	国家与地区	合作发文量（篇）	WOS所有数据库总被引频次	WOS核心库被引频次
1	泰国	136	2 329	2 273
2	沙特阿拉伯	58	1 868	1 831
3	印度	49	1 578	1 556
4	意大利	34	1 487	1 469
5	新西兰	31	1 430	1 413
6	阿曼	25	541	529
7	美国	23	1 297	1 272
8	德国	20	1 097	1 082
9	毛里求斯	20	749	739
10	葡萄牙	19	961	947

1.5 合作发文机构 TOP10

2010—2019年贵州省农业科学院SCI合作发文机构TOP10见表1-5。

表1-5 2010—2019年贵州省农业科学院SCI合作发文机构TOP10

排序	合作发文机构	发文量	WOS所有数据库总被引频次	WOS核心库被引频次
1	泰国皇太后大学	129	2 208	2 154

（续表）

排序	合作发文机构	发文量	WOS 所有数据库总被引频次	WOS 核心库被引频次
2	中国科学院	98	2 223	2 152
3	贵州大学	69	1 561	1 521
4	沙特阿拉伯国王大学	50	1 728	1 692
5	清迈大学	38	748	740
6	阿扎德住宅协会	34	1 207	1 192
7	印度果阿大学	33	1 274	1 258
8	苏丹卡布斯大学	24	541	529
9	世界农用林中心	24	654	646
10	北京农林科学院	23	1 377	1 364

1.6 高被引论文 TOP10

2010—2019 年贵州省农业科学院发表的 SCI 高被引论文 TOP10 见表 1-6，贵州省农业科学院以第一或通讯作者完成单位发表的 SCI 高被引论文 TOP10 见表 1-7。

表 1-6 2010—2019 年贵州省农业科学院 SCI 高被引论文 TOP10

排序	标题	WOS 所有数据库总被引频次	WOS 核心库被引频次	作者机构	出版年份	期刊名称	期刊影响因子（最近年度）
1	Families of Dothideomycetes	276	272	贵州省农业生物技术研究所，贵州省农业科学院	2013	FUNGAL DIVERSITY	15.386 (2019)
2	The Faces of Fungi database: fungal names linked with morphology, phylogeny and human impacts	200	198	贵州省农业生物技术研究所，贵州省农业科学院	2015	FUNGAL DIVERSITY	15.386 (2019)
3	Towards a natural classification and backbone tree for Sordariomycetes	136	135	贵州省农业生物技术研究所，贵州省农业科学院	2015	FUNGAL DIVERSITY	15.386 (2019)

（续表）

排序	标题	WOS 所有数据库总被引频次	WOS 核心库被引频次	作者机构	出版年份	期刊名称	期刊影响因子（最近年度）
4	Fungal diversity notes 1－110：taxonomic and phylogenetic contributions to fungal species	133	131	贵州省农业生物技术研究所，贵州省农业科学院	2015	FUNGAL DIVERSITY	15.386（2019）
5	Fungal diversity notes 111－252-taxonomic and phylogenetic contributions to fungal taxa	112	110	贵州省农业生物技术研究所，贵州省农业科学院	2015	FUNGAL DIVERSITY	15.386（2019）
6	Notes for genera：Ascomycota	86	83	贵州省农业生物技术研究所，贵州省农业科学院	2017	FUNGAL DIVERSITY	15.386（2019）
7	Fungal diversity notes 253－366：taxonomic and phylogenetic contributions to fungal taxa	72	72	贵州省农业生物技术研究所，贵州省农业科学院	2016	FUNGAL DIVERSITY	15.386（2019）
8	Fungal diversity notes 367－490：taxonomic and phylogenetic contributions to fungal taxa	71	71	贵州省农业生物技术研究所，贵州省农业科学院	2016	FUNGAL DIVERSITY	15.386（2019）
9	Towards unraveling relationships in Xylariomycetidae（Sordariomycetes）	70	70	贵州省农业生物技术研究所，贵州省农业科学院	2015	FUNGAL DIVERSITY	15.386（2019）
10	Outline of Ascomycota：2017	68	64	贵州省农业生物技术研究所，贵州省农业科学院	2018	FUNGAL DIVERSITY	15.386（2019）

表 1-7 2010—2019 年贵州省农业科学院 SCI 高被引论文 TOP10（第一或通讯作者完成单位）

排序	标题	WOS 所有数据库总被引频次	WOS 核心库被引频次	作者机构	出版年份	期刊名称	期刊影响因子（最近年度）
1	Towards a natural classification and backbone tree for Sordariomycetes	136	135	贵州省农业生物技术研究所	2015	FUNGAL DIVERSITY	15.386 (2019)
2	Fungal diversity notes 1-110：taxonomic and phylogenetic contributions to fungal species	133	131	贵州省农业生物技术研究所	2015	FUNGAL DIVERSITY	15.386 (2019)
3	Fungal diversity notes 111-252-taxonomic and phylogenetic contributions to fungal taxa	112	110	贵州省农业生物技术研究所	2015	FUNGAL DIVERSITY	15.386 (2019)
4	Families of Sordariomycetes	55	55	贵州省农业生物技术研究所	2016	FUNGAL DIVERSITY	15.386 (2019)
5	Colletotrichum species on Orchidaceae in southwest China	52	46	贵州省农业生物技术研究所	2011	CRYPTOGAMIE MYCOLOGIE	2.245 (2019)
6	Microfungi on Tectona grandis（teak）in Northern Thailand	45	45	贵州省农业生物技术研究所	2017	FUNGAL DIVERSITY	15.386 (2019)
7	Towards a natural classification and backbone tree for Lophiostomataceae, Floricolaceae, and Amorosiaceae fam. nov.	34	34	贵州省农业生物技术研究所	2015	FUNGAL DIVERSITY	15.386 (2019)
8	Colletotrichum species on Citrus leaves in Guizhou and Yunnan provinces, China	26	25	贵州省农业生物技术研究所	2012	CRYPTOGAMIE MYCOLOGIE	2.245 (2019)

（续表）

排序	标题	WOS 所有数据库总被引频次	WOS 核心库被引频次	作者机构	出版年份	期刊名称	期刊影响因子（最近年度）
9	Revision and phylogeny of Leptosphaeriaceae	22	22	贵州省农业生物技术研究所	2015	FUNGAL DIVERSITY	15.386 (2019)
10	Microfungi on Tamarix	22	21	贵州省农业生物技术研究所	2017	FUNGAL DIVERSITY	15.386 (2019)

1.7　高频词 TOP20

2010—2019 年贵州省农业科学院 SCI 发文高频词（作者关键词）TOP20 见表 1-8。

表 1-8　2010—2019 年贵州省农业科学院 SCI 发文高频词（作者关键词）TOP20

排序	关键词（作者关键词）	频次	排序	关键词（作者关键词）	频次
1	taxonomy	83	11	Brassica napus	9
2	phylogeny	82	12	New genus	8
3	Dothideomycetes	34	13	Basidiomycota	8
4	Sordariomycetes	25	14	Freshwater fungi	7
5	morphology	22	15	Classification	7
6	New species	22	16	Deltamethrin	7
7	asexual morph	16	17	2 new taxa	6
8	Ascomycota	14	18	RNA-Seq	6
9	Pleosporales	14	19	LSU	6
10	Asexual fungi	11	20	Pezizomycetes	5

2　中文期刊论文分析

2010—2019 年，贵州省农业科学院作者共发表北大中文核心期刊论文 2 978 篇，中国科学引文数据库（CSCD）期刊论文 1 382 篇。

2.1　发文量

2010—2019 年贵州省农业科学院中文文献历年发文趋势（2010—2019 年）见下图。

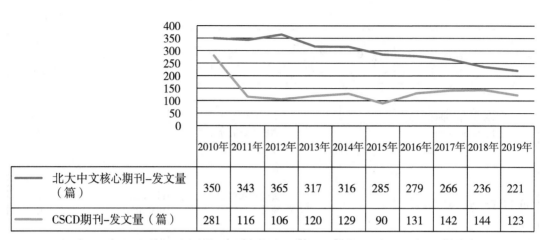

	2010年	2011年	2012年	2013年	2014年	2015年	2016年	2017年	2018年	2019年
北大中文核心期刊-发文量（篇）	350	343	365	317	316	285	279	266	236	221
CSCD期刊-发文量（篇）	281	116	106	120	129	90	131	142	144	123

图　贵州省农业科学院中文文献历年发文趋势（2010—2019年）

2.2 高发文研究所 TOP10

2010—2019年贵州省农业科学院北大中文核心期刊高发文研究所 TOP10 见表 2-1，2010—2019年贵州省农业科学院中国科学引文数据库（CSCD）期刊高发文研究所 TOP10 见表 2-2。

表 2-1　2010—2019 年贵州省农业科学院北大中文核心期刊高发文研究所 TOP10　单位：篇

排序	研究所	发文量
1	贵州省农业生物技术研究所	328
2	贵州省畜牧兽医研究所	306
3	贵州省草业研究所	287
4	贵州省土壤肥料研究所	208
5	贵州省植物保护研究所	192
6	贵州省旱粮研究所	178
7	贵州省农业科学院果树科学（柑橘/火龙果）研究所	168
8	贵州省油菜研究所	163
9	贵州省亚热带作物（生物质能源）研究所	149
10	贵州省蚕业（辣椒）研究所	148
10	贵州省茶叶研究所	148

表 2-2　2010—2019 年贵州省农业科学院 CSCD 期刊高发文研究所 TOP10　单位：篇

排序	研究所	发文量
1	贵州省草业研究所	180

（续表）

排序	研究所	发文量
2	贵州省土壤肥料研究所	138
3	贵州省农业生物技术研究所	134
4	贵州省植物保护研究所	111
5	贵州省农业科学院果树科学（柑橘/火龙果）研究所	92
6	贵州省旱粮研究所	88
7	贵州省茶叶研究所	86
8	贵州省亚热带作物（生物质能源）研究所	82
9	贵州省畜牧兽医研究所	78
10	贵州省油菜研究所	71

2.3 高发文期刊 TOP10

2010—2019 年贵州省农业科学院高发文北大中文核心期刊 TOP10 见表 2-3，2010—2019 年贵州省农业科学院高发文 CSCD 期刊 TOP10 见表 2-4。

表 2-3 2010—2019 年贵州省农业科学院高发文期刊（北大中文核心）TOP10　　单位：篇

排序	期刊名称	发文量	排序	期刊名称	发文量
1	贵州农业科学	867	6	安徽农业科学	92
2	种子	321	7	湖北农业科学	53
3	西南农业学报	217	8	广东农业科学	48
4	黑龙江畜牧兽医	107	9	北方园艺	45
5	江苏农业科学	100	10	草业科学	39

表 2-4 2010—2019 年贵州省农业科学院高发文期刊（CSCD）TOP10　　单位：篇

排序	期刊名称	发文量	排序	期刊名称	发文量
1	西南农业学报	209	6	分子植物育种	38
2	贵州农业科学	177	7	南方农业学报	34
3	种子	174	8	草业学报	34
4	广东农业科学	38	9	基因组学与应用生物学	29
5	草业科学	38	10	热带作物学报	23

2.4 合作发文机构 TOP10

2010—2019 年贵州省农业科学院北大中文核心期刊合作发文机构 TOP10 见表 2-5，2010—2019 年贵州省农业科学院 CSCD 期刊合作发文机构 TOP10 见表 2-6。

表 2-5 2010—2019 年贵州省农业科学院北大中文核心期刊合作发文机构 TOP10　单位：篇

排序	合作发文机构	发文量	排序	合作发文机构	发文量
1	贵州大学	482	6	贵州省种子管理站	35
2	西南大学	105	7	中国热带农业科学院	31
3	贵州师范大学	80	8	中国科学院	27
4	中国农业科学院	59	9	南京农业大学	23
5	四川农业大学	46	10	贵州省农业委员会	23

表 2-6 2010—2019 年贵州省农业科学院 CSCD 期刊合作发文机构 TOP10　单位：篇

排序	合作发文机构	发文量	排序	合作发文机构	发文量
1	贵州大学	262	6	中国热带农业科学院	24
2	西南大学	64	7	贵州省种子管理站	23
3	贵州师范大学	42	8	贵州省农业委员会	17
4	四川农业大学	34	9	南京农业大学	15
5	中国农业科学院	33	10	中国科学院	14

海南省农业科学院

1 英文期刊论文分析

分析数据来源于科学引文索引数据库（Web of Science，WOS）收录的文献类型为期刊论文（ARTICLE）、会议论文（PROCEEDINGS PAPER）和述评（REVIEW）的 Science Citation Index Expanded（SCIE）论文数据，数据时间范围为 2010—2019 年，共检索到海南省农业科学院作者发表的论文 151 篇。

1.1 发文量

2010—2019 年海南省农业科学院历年 SCI 发文与被引情况见表 1-1，海南省农业科学院英文文献历年发文趋势（2010—2019 年）见下图。

表 1-1　2010—2019 年海南省农业科学院历年 SCI 发文与被引情况

出版年	发文量（篇）	WOS 所有数据库总被引频次	WOS 核心库被引频次
2010 年	8	207	142
2011 年	8	156	125
2012 年	13	245	207
2013 年	5	82	67
2014 年	6	30	26
2015 年	15	20	17
2016 年	27	45	41
2017 年	26	83	75
2018 年	20	34	34
2019 年	23	5	5

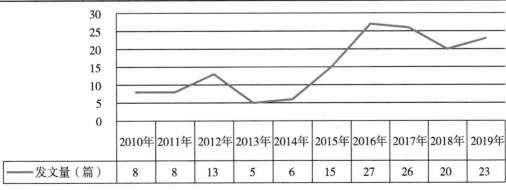

	2010年	2011年	2012年	2013年	2014年	2015年	2016年	2017年	2018年	2019年
发文量（篇）	8	8	13	5	6	15	27	26	20	23

图　海南省农业科学院英文文献历年发文趋势（2010—2019 年）

1.2 高发文研究所 TOP10

2010—2019年海南省农业科学院SCI高发文研究所TOP10见表1-2。

表1-2　2010—2019年海南省农业科学院SCI高发文研究所TOP10　　单位：篇

排序	研究所	发文量
1	海南省农业科学院畜牧兽医研究所	35
2	海南省农业科学院热带果树研究所	19
3	海南省农业科学院植物保护研究所	9
4	海南省农业科学院热带园艺研究所	7
5	海南省农业科学院粮食作物研究所	4

注：全部发文研究所数量不足10个。

1.3 高发文期刊 TOP10

2010—2019年海南省农业科学院SCI高发文期刊TOP10见表1-3。

表1-3　2010—2019年海南省农业科学院SCI高发文期刊TOP10

排序	期刊名称	发文量（篇）	WOS所有数据库总被引频次	WOS核心库被引频次	期刊影响因子（最近年度）
1	PLOS ONE	12	228	190	2.74（2019）
2	SCIENTIFIC REPORTS	9	24	24	3.998（2019）
3	PRODUCTION AND OPERATIONS MANAGEMENT	4	6	6	2.59（2019）
4	PROCEEDINGS OF THE NATIONAL ACADEMY OF SCIENCES OF THE UNITED STATES OF AMERICA	3	2	2	9.412（2019）
5	MANAGEMENT SCIENCE	3	40	30	3.935（2019）
6	JOURNAL OF AGRICULTURAL AND FOOD CHEMISTRY	3	91	73	4.192（2019）
7	ENVIRONMENTAL SCIENCE AND POLLUTION RESEARCH	3	12	9	3.056（2019）
8	CELLS	2	0	0	4.366（2019）
9	GENES	2	0	0	3.759（2019）

（续表）

排序	期刊名称	发文量（篇）	WOS 所有数据库总被引频次	WOS 核心库被引频次	期刊影响因子（最近年度）
10	DNA AND CELL BIOLOGY	2	9	9	3.191（2019）

1.4 合作发文国家与地区 TOP10

2010—2019 年海南省农业科学院 SCI 合作发文国家与地区（合作发文 1 篇以上）TOP10 见表 1-4。

表 1-4　2010—2019 年海南省农业科学院 SCI 合作发文国家与地区 TOP10

排序	国家与地区	合作发文量（篇）	WOS 所有数据库总被引频次	WOS 核心库被引频次
1	美国	40	298	250
2	巴基斯坦	4	20	20
3	俄罗斯	4	8	5
4	德国	3	11	10
5	英格兰	3	4	4
6	新加坡	3	3	3
7	法国	2	101	83
8	巴西	2	101	83
9	印度	2	101	83
10	加拿大	2	41	25

1.5 合作发文机构 TOP10

2010—2019 年海南省农业科学院 SCI 合作发文机构 TOP10 见表 1-5。

表 1-5　2010—2019 年海南省农业科学院 SCI 合作发文机构 TOP10

排序	合作发文机构	发文量	WOS 所有数据库总被引频次	WOS 核心库被引频次
1	中国农业科学院	26	161	122
2	华南农业大学	22	171	143

（续表）

排序	合作发文机构	发文量	WOS 所有数据库总被引频次	WOS 核心库被引频次
3	加州大学伯克利分校	20	87	76
4	海南大学	16	31	27
5	中国科学院	9	63	46
6	中国农业大学	5	67	56
7	四川农业大学	5	9	9
8	北京大学	5	2	2
9	香港中文大学	4	41	31
10	西北农林科技大学大学	4	23	19

1.6 高被引论文 TOP10

2010—2019 年海南省农业科学院发表的 SCI 高被引论文 TOP10 见表 1-6，海南省农业科学院以第一或通讯作者完成单位发表的 SCI 高被引论文 TOP10 见表 1-7。

表 1-6 2010—2019 年海南省农业科学院 SCI 高被引论文 TOP10

排序	标题	WOS 所有数据库总被引频次	WOS 核心库被引频次	作者机构	出版年份	期刊名称	期刊影响因子（最近年度）
1	Differential Expression of Anthocyanin Biosynthetic Genes in Relation to Anthocyanin Accumulation in the Pericarp of Litchi Chinensis Sonn	103	87	海南省农业科学院热带果树研究所	2011	PLOS ONE	2.74 (2019)
2	Overexpression of an ERF transcription factor TSRF1 improves rice drought tolerance	91	61	海南省农业科学院	2010	PLANT BIOTECHNOLOGY JOURNAL	8.154 (2019)
3	Genome-Wide Association Study Identified a Narrow Chromosome 1 Region Associated with Chicken Growth Traits	59	48	海南省农业科学院畜牧兽医研究所	2012	PLOS ONE	2.74 (2019)

（续表）

排序	标题	WOS 所有数据库总被引频次	WOS 核心库被引频次	作者机构	出版年份	期刊名称	期刊影响因子（最近年度）
4	Integrated Consensus Map of Cultivated Peanut and Wild Relatives Reveals Structures of the A and B Genomes of Arachis and Divergence of the Legume Genomes	56	45	海南省农业科学院	2013	DNA RESEARCH	4.009（2019）
5	Adsorption and Dilatational Rheology of Heat-Treated Soy Protein at the Oil-Water Interface：Relationship to Structural Properties	51	47	海南省农业科学院热带果树研究所	2012	JOURNAL OF AGRICULTURAL AND FOOD CHEMISTRY	4.192（2019）
6	An International Reference Consensus Genetic Map with 897 Marker Loci Based on 11 Mapping Populations for Tetraploid Groundnut（Arachis hypogaea L.）	45	38	海南省农业科学院	2012	PLOS ONE	2.74（2019）
7	Races of Phytophthora sojae and Their Virulences on Soybean Cultivars in Heilongjiang，China	41	25	海南省农业科学院	2010	PLANT DISEASE	3.809（2019）
8	Improving Supply Chain Performance and Managing Risk Under Weather-Related Demand Uncertainty	36	26	海南省农业科学院	2010	MANAGEMENT SCIENCE	3.935（2019）
9	HbMT2，an ethephon-induced metallothionein gene from Hevea brasiliensis responds to H2O2 stress	27	20	海南省农业科学院	2010	PLANT PHYSIOLOGY AND BIOCHEMISTRY	3.72（2019）
10	Growth Kinetics of Amyloid-like Fibrils Derived from Individual Subunits of Soy beta-Conglycinin	22	14	海南省农业科学院热带果树研究所	2011	JOURNAL OF AGRICULTURAL AND FOOD CHEMISTRY	4.192（2019）

表1-7 2010—2019年海南省农业科学院SCI高被引论文TOP10（第一或通讯作者完成单位）

排序	标题	WOS所有数据库总被引频次	WOS核心库被引频次	作者机构	出版年份	期刊名称	期刊影响因子（最近年度）
1	Distribution and linkage disequilibrium analysis of polymorphisms of MC4R，LEP，H-FABP genes in the different populations of pigs，associated with economic traits in DIV2 line	12	10	海南省农业科学院畜牧兽医研究所	2012	MOLECULAR BIOLOGY REPORTS	1.402（2019）
2	Effect of silicon fertilizers on cadmium in rice（Oryza sativa）tissue at tillering stage	7	4	海南省农业科学院	2017	ENVIRONMENTAL SCIENCE AND POLLUTION RESEARCH	3.056（2019）
3	Low genetic diversity and local adaptive divergence of Dracaena cambodiana（Liliaceae）populations associated with historical population bottlenecks and natural selection：an endangered long-lived tree endemic to Hainan Island，China	6	6	海南省农业科学院粮食作物研究所	2012	PLANT BIOLOGY	2.167（2019）
4	Identification of putative odorant binding protein genes in Asecodes hispinarum，a parasitoid of coconut leaf beetle（Brontispa longissima）by antennal RNA-Seq analysis	5	3	海南省农业科学院热带果树研究所	2015	BIOCHEMICAL AND BIOPHYSICAL RESEARCH COMMUNICATIONS	2.985（2019）
5	Toxicities of monoterpenes against housefly，Musca domestica L.（Diptera：Muscidae）	5	5	海南省农业科学院植物保护研究所	2017	ENVIRONMENTAL SCIENCE AND POLLUTION RESEARCH	3.056（2019）
6	Lower Expression of SLC27A1 Enhances Intramuscular Fat Deposition in Chicken via Down-Regulated Fatty Acid Oxidation Mediated by CPT1A	4	4	海南省农业科学院畜牧兽医研究所	2017	FRONTIERS IN PHYSIOLOGY	3.367（2019）

（续表）

排序	标题	WOS 所有数据库总被引频次	WOS 核心库被引频次	作者机构	出版年份	期刊名称	期刊影响因子（最近年度）
7	Biochemical characterization of a calcium-sensitive protein kinase LeCPK2 from tomato	2	2	海南省农业科学院	2011	INDIAN JOURNAL OF BIOCHEMISTRY & BIOPHYSICS	0.537 (2019)
8	Probing the role of cation-pi interaction in the thermotolerance and catalytic performance of endopolygalacturonases	2	2	海南省农业科学院畜牧兽医研究所	2016	SCIENTIFIC REPORTS	3.998 (2019)
9	As and Cd Sorption on Selected Si-Rich Substances	1	1	海南省农业科学院	2017	WATER AIR AND SOIL POLLUTION	1.9 (2019)
10	The influences of ambient temperature and crude protein levels on performance and serum biochemical parameters in broilers	1	1	海南省农业科学院畜牧兽医研究所	2016	JOURNAL OF ANIMAL PHYSIOLOGY AND ANIMAL NUTRITION	1.597 (2019)

1.7　高频词 TOP20

2010—2019 年海南省农业科学院 SCI 发文高频词（作者关键词）TOP20 见表 1-8。

表 1-8　2010—2019 年海南省农业科学院 SCI 发文高频词（作者关键词）TOP20

排序	关键词（作者关键词）	频次	排序	关键词（作者关键词）	频次
1	Sesuvium portulacastrum	4	11	Hevea brasiliensis	3
2	pig	4	12	Salt tolerance	3
3	Cuminaldehyde	3	13	Chromosome segment substitution lines	2
4	Pekin duck	3	14	Tissue distribution	2
5	Gene expression	3	15	rapeseed（Brassica napus L.）	2
6	Cadmium	3	16	calcium-dependent protein kinase	2
7	Ethephon	3	17	goat	2
8	rice	3	18	Antioxidative enzyme	2
9	genetic diversity	3	19	Myogenesis	2
10	promoter	3	20	China	2

2 中文期刊论文分析

2010—2019 年，海南省农业科学院作者共发表北大中文核心期刊论文 726 篇，中国科学引文数据库（CSCD）期刊论文 371 篇。

2.1 发文量

2010—2019 年海南省农业科学院中文文献历年发文趋势（2010—2019 年）见下图。

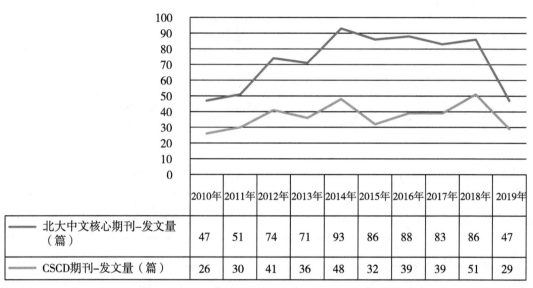

	2010年	2011年	2012年	2013年	2014年	2015年	2016年	2017年	2018年	2019年
北大中文核心期刊–发文量（篇）	47	51	74	71	93	86	88	83	86	47
CSCD期刊–发文量（篇）	26	30	41	36	48	32	39	39	51	29

图　海南省农业科学院中文文献历年发文趋势（2010—2019 年）

2.2 高发文研究所 TOP10

2010—2019 年海南省农业科学院北大中文核心期刊高发文研究所 TOP10 见表 2-1，2010—2019 年海南省农业科学院中国科学引文数据库（CSCD）期刊高发文研究所 TOP10 见表 2-2。

表 2-1　2010—2019 年海南省农业科学院北大中文核心期刊高发文研究所 TOP10　单位：篇

排序	研究所	发文量
1	海南省农业科学院畜牧兽医研究所	150
2	海南省农业科学院植物保护研究所	136
3	海南省农业科学院粮食作物研究所	103
4	海南省农业科学院蔬菜研究所	79
5	海南省农业科学院热带果树研究所	75
6	海南省农业科学院农业环境与土壤研究所	72

（续表）

排序	研究所	发文量
7	海南省农业科学院农产品加工设计研究所	57
8	海南省农业科学院	46
9	海南省农业科学院热带园艺研究所	41
10	海南省农业科学院院机关	1

注："海南省农业科学院"发文包括作者单位只标注为"海南省农业科学院"、院属实验室等。

表2-2 2010—2019年海南省农业科学院CSCD期刊高发文研究所 TOP10　　单位：篇

排序	研究所	发文量
1	海南省农业科学院植物保护研究所	89
2	海南省农业科学院粮食作物研究所	83
3	海南省农业科学院	43
4	海南省农业科学院蔬菜研究所	40
5	海南省农业科学院热带果树研究所	39
6	海南省农业科学院农业环境与土壤研究所	33
7	海南省农业科学院热带园艺研究所	22
8	海南省农业科学院畜牧兽医研究所	21
9	海南省农业科学院农产品加工设计研究所	18
10	海南省农业科学院院机关	1

注："海南省农业科学院"发文包括作者单位只标注为"海南省农业科学院"、院属实验室等。

2.3　高发文期刊 TOP10

2010—2019年海南省农业科学院高发文北大中文核心期刊 TOP10 见表2-3，2010—2019年海南省农业科学院高发文 CSCD 期刊 TOP10 见表2-4。

表2-3 2010—2019年海南省农业科学院高发文期刊（北大中文核心）TOP10　　单位：篇

排序	期刊名称	发文量	排序	期刊名称	发文量
1	广东农业科学	79	6	热带作物学报	29
2	分子植物育种	46	7	江苏农业科学	28
3	黑龙江畜牧兽医	34	8	中国家禽	27
4	中国南方果树	31	9	北方园艺	23
5	杂交水稻	31	10	基因组学与应用生物学	22

表2-4 2010—2019年海南省农业科学院高发文期刊（CSCD）TOP10　　单位：篇

排序	期刊名称	发文量	排序	期刊名称	发文量
1	广东农业科学	67	6	西南农业学报	16
2	分子植物育种	40	7	植物保护	12
3	热带作物学报	36	8	食品工业科技	10
4	杂交水稻	30	9	中国农学通报	9
5	基因组学与应用生物学	22	10	植物遗传资源学报	8

2.4　合作发文机构TOP10

2010—2019年海南省农业科学院北大中文核心期刊合作发文机构TOP10见表2-5，2010—2019年海南省农业科学院CSCD期刊合作发文机构TOP10见表2-6。

表2-5 2010—2019年海南省农业科学院北大中文核心期刊合作发文机构TOP10　　单位：篇

排序	合作发文机构	发文量	排序	合作发文机构	发文量
1	海南大学	104	6	西南民族大学	7
2	中国热带农业科学院	86	7	海南省畜牧技术推广站	6
3	华南农业大学	42	8	河南农业大学	6
4	中国农业科学院	28	9	南京农业大学	5
5	广东省农业科学院	10	10	华中农业大学	5

表2-6 2010—2019年海南省农业科学院CSCD期刊合作发文机构TOP10　　单位：篇

排序	合作发文机构	发文量	排序	合作发文机构	发文量
1	海南大学	72	6	南京农业大学	6
2	中国热带农业科学院	53	7	琼中县农业技术推广服务中心	5
3	华南农业大学	19	8	福建农林大学	5
4	中国农业科学院	17	9	海南师范大学	5
5	广东省农业科学院	8	10	中国科学院	4

河北省农林科学院

1 英文期刊论文分析

分析数据来源于科学引文索引数据库（Web of Science，WOS）收录的文献类型为期刊论文（ARTICLE）、会议论文（PROCEEDINGS PAPER）和述评（REVIEW）的 Science Citation Index Expanded（SCIE）论文数据，数据时间范围为 2010—2019 年，共检索到河北省农林科学院作者发表的论文 545 篇。

1.1 发文量

2010—2019 年河北省农林科学院历年 SCI 发文与被引情况见表 1-1，河北省农林科学院英文文献历年发文趋势（2010—2019 年）见下图。

表 1-1　2010—2019 年河北省农林科学院历年 SCI 发文与被引情况

出版年	发文量（篇）	WOS 所有数据库总被引频次	WOS 核心库被引频次
2010 年	31	388	326
2011 年	25	341	278
2012 年	40	649	542
2013 年	47	743	627
2014 年	50	457	364
2015 年	61	252	215
2016 年	54	173	141
2017 年	67	215	204
2018 年	79	79	72
2019 年	91	22	22

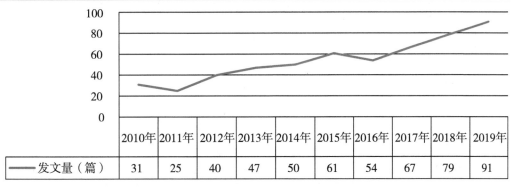

图　河北省农林科学院英文文献历年发文趋势（2010—2019 年）

1.2 高发文研究所 TOP10

2010—2019 年河北省农林科学院 SCI 高发文研究所 TOP10 见表 1-2。

表 1-2 2010—2019 年河北省农林科学院 SCI 高发文研究所 TOP10 　　　　单位：篇

排序	研究所	发文量
1	河北省农林科学院粮油作物研究所	130
2	河北省农林科学院植物保护研究所	99
3	河北省农林科学院遗传生理研究所	79
4	河北省农林科学院谷子研究所	70
5	河北省农林科学院昌黎果树研究所	42
6	河北省农林科学院旱作农业研究所	41
7	河北省农林科学院农业资源环境研究所	35
8	河北省农林科学院棉花研究所	15
9	河北省农林科学院经济作物研究所	12
10	河北省农林科学院石家庄果树研究所	9

1.3 高发文期刊 TOP10

2010—2019 年河北省农林科学院 SCI 高发文期刊 TOP10 见表 1-3。

表 1-3 2010—2019 年河北省农林科学院 SCI 发文期刊 TOP10

排序	期刊名称	发文量（篇）	WOS 所有数据库总被引频次	WOS 核心库被引频次	期刊影响因子（最近年度）
1	PLOS ONE	23	191	161	2.74 (2019)
2	JOURNAL OF INTEGRATIVE AGRICULTURE	20	28	19	1.984 (2019)
3	FRONTIERS IN PLANT SCIENCE	14	29	28	4.402 (2019)
4	EUPHYTICA	14	74	61	1.614 (2019)
5	SCIENTIFIC REPORTS	11	37	36	3.998 (2019)
6	SCIENTIA HORTICULTURAE	11	61	50	2.769 (2019)
7	BMC GENOMICS	11	233	213	3.594 (2019)
8	FIELD CROPS RESEARCH	10	61	48	4.308 (2019)

（续表）

排序	期刊名称	发文量（篇）	WOS 所有数据库总被引频次	WOS 核心库被引频次	期刊影响因子（最近年度）
9	INTERNATIONAL JOURNAL OF MOLECULAR SCIENCES	8	24	21	4.556（2019）
10	THEORETICAL AND APPLIED GENETICS	8	37	33	4.439（2019）

1.4 合作发文国家与地区 TOP10

2010—2019 年河北省农林科学院 SCI 合作发文国家与地区（合作发文 1 篇以上）TOP10 见表 1-4。

表 1-4 2010—2019 年河北省农林科学院 SCI 合作发文国家与地区 TOP10

排序	国家与地区	合作发文量（篇）	WOS 所有数据库总被引频次	WOS 核心库被引频次
1	美国	75	501	459
2	澳大利亚	24	137	130
3	比利时	12	108	82
4	德国	9	218	198
5	加拿大	8	99	69
6	瑞士	7	51	41
7	巴基斯坦	6	20	20
8	新西兰	6	8	6
9	英格兰	5	41	34
10	荷兰	5	7	7

1.5 合作发文机构 TOP10

2010—2019 年河北省农林科学院 SCI 合作发文机构 TOP10 见表 1-5。

表 1-5 2010—2019 年河北省农林科学院 SCI 合作发文机构 TOP10

排序	合作发文机构	发文量	WOS 所有数据库总被引频次	WOS 核心库被引频次
1	中国农业科学院	118	1 061	894

（续表）

排序	合作发文机构	发文量	WOS 所有数据库总被引频次	WOS 核心库被引频次
2	中国农业大学	87	563	484
3	中国科学院	60	814	696
4	河北农业大学	41	291	232
5	美国农业部农业研究院	33	85	83
6	河北师范大学	27	505	426
7	阿肯色州立大学	18	104	94
8	四川农业大学	15	50	47
9	南京农业大学	14	162	145
10	堪萨斯州立大学	14	73	66

1.6 高被引论文 TOP10

2010—2019 年河北省农林科学院发表的 SCI 高被引论文 TOP10 见表 1-6，河北省农林科学院以第一或通讯作者完成单位发表的 SCI 高被引论文 TOP10 见表 1-7。

表 1-6　2010—2019 年河北省农林科学院 SCI 高被引论文 TOP10

排序	标题	WOS 所有数据库总被引频次	WOS 核心库被引频次	作者机构	出版年份	期刊名称	期刊影响因子（最近年度）
1	A haplotype map of genomic variations and genome-wide association studies of agronomic traits in foxtail millet (Setaria italica)	138	116	河北省农林科学院谷子研究所	2013	NATURE GENETICS	27.603 (2019)
2	De novo assembly and Characterisation of the Transcriptome during seed development, and generation of genic-SSR markers in Peanut (Arachis hypogaea L.)	110	103	河北省农林科学院粮油作物研究所，河北省农林科学院谷子研究所	2012	BMC GENOMICS	3.594 (2019)

（续表）

排序	标题	WOS 所有数据库总被引频次	WOS 核心库被引频次	作者机构	出版年份	期刊名称	期刊影响因子（最近年度）
3	Distribution and accumulation of endocrine-disrupting chemicals and pharmaceuticals in wastewater irrigated soils in Hebei, China	108	98	河北省农林科学院植物保护研究所	2011	ENVIRONMENTAL POLLUTION	6.792 (2019)
4	Molecular footprints of domestication and improvement in soybean revealed by whole genome re-sequencing	83	73	河北省农林科学院粮油作物研究所	2013	BMC GENOMICS	3.594 (2019)
5	Evaluating hyperspectral vegetation indices for estimating nitrogen concentration of winter wheat at different growth stages	57	54	河北省农林科学院农业资源环境研究所	2010	PRECISION AGRICULTURE	4.454 (2019)
6	Evaluation of Genetic Diversity in Chinese Wild Apple Species Along with Apple Cultivars Using SSR Markers	51	47	河北省农林科学院昌黎果树研究所	2012	PLANT MOLECULAR BIOLOGY REPORTER	1.336 (2019)
7	Phosphoinositide-specific phospholipase C9 is involved in the thermotolerance of Arabidopsis	49	40	河北省农林科学院遗传生理研究所	2012	PLANT JOURNAL	6.141 (2019)
8	Genetic Diversity and Population Structure of Chinese Foxtail Millet [Setaria italica (L.) Beauv.] Landraces	49	38	河北省农林科学院谷子研究所	2012	G3-GENES GENOMES GENETICS	2.781 (2019)
9	Contribution of cultivar, fertilizer and weather to yield variation of winter wheat over three decades: A case study in the North China Plain	44	34	河北省农林科学院	2013	EUROPEAN JOURNAL OF AGRONOMY	3.726 (2019)

（续表）

排序	标题	WOS所有数据库总被引频次	WOS核心库被引频次	作者机构	出版年份	期刊名称	期刊影响因子（最近年度）
10	A heat-activated calcium-permeable channel-Arabidopsis cyclic nucleotide-gated ion channel 6-is involved in heat shock responses	43	39	河北省农林科学院遗传生理研究所	2012	PLANT JOURNAL	6.141（2019）

表1-7　2010—2019年河北省农林科学院SCI高被引论文TOP10（第一或通讯作者完成单位）

排序	标题	WOS所有数据库总被引频次	WOS核心库被引频次	作者机构	出版年份	期刊名称	期刊影响因子（最近年度）
1	De novo assembly and Characterisation of the Transcriptome during seed development, and generation of genic-SSR markers in Peanut (Arachis hypogaea L.)	110	103	河北省农林科学院粮油作物研究所，河北省农林科学院谷子研究所	2012	BMC GENOMICS	3.594（2019）
2	A heat-activated calcium-permeable channel-Arabidopsis cyclic nucleotide-gated ion channel 6-is involved in heat shock responses	43	39	河北省农林科学院遗传生理研究所	2012	PLANT JOURNAL	6.141（2019）
3	Lipopeptides, a novel protein, and volatile compounds contribute to the antifungal activity of the biocontrol agent Bacillus atrophaeus CAB-1	35	27	河北省农林科学院植物保护研究所	2013	APPLIED MICROBIOLOGY AND BIOTECHNOLOGY	3.53（2019）
4	Effects of 1-MCP on chlorophyll degradation pathway-associated genes expression and chloroplast ultrastructure during the peel yellowing of Chinese pear fruits in storage	29	22	河北省农林科学院遗传生理研究所	2012	FOOD CHEMISTRY	6.306（2019）

（续表）

排序	标题	WOS 所有数据库总被引频次	WOS 核心库被引频次	作者机构	出版年份	期刊名称	期刊影响因子（最近年度）
5	Combined effects of 1-MCP and MAP on the fruit quality of pear (Pyrus bretschneideri Reld cv. Laiyang) during cold storage	28	23	河北省农林科学院遗传生理研究所	2013	SCIENTIA HORTICULTURAE	2.769 (2019)
6	Efficacy of entomopathogenic nematodes (Rhabditida：Steinernematidae and Heterorhabditidae) against the chive gnat, Bradysia odoriphaga	25	20	河北省农林科学院植物保护研究所	2013	JOURNAL OF PEST SCIENCE	4.578 (2019)
7	Enhancement of salt tolerance in alfalfatransformed with the gene encoding for betaine aldehyde dehydrogenase	22	14	河北省农林科学院旱作农业研究所，河北省农林科学院遗传生理研究所	2011	EUPHYTICA	1.614 (2019)
8	Fengycin produced by Bacillus subtilis NCD-2 plays a major role in biocontrol of cotton seedling damping-off disease	22	16	河北省农林科学院植物保护研究所	2014	MICROBIOLOGICAL RESEARCH	3.97 (2019)
9	Proteomic analysis of elite soybean Jidou17 and its parents using iTRAQ-based quantitative approaches	19	17	河北省农林科学院粮油作物研究所，河北省农林科学院谷子研究所	2013	PROTEOME SCIENCE	2.811 (2019)
10	Identifying the Genome-Wide Sequence Variations and Developing New Molecular Markers for Genetics Research by Re-Sequencing a Landrace Cultivar of Foxtail Millet	19	14	河北省农林科学院谷子研究所	2013	PLOS ONE	2.74 (2019)

1.7 高频词 TOP20

2010—2019年河北省农林科学院 SCI 发文高频词（作者关键词）TOP20 见表1-8。

表1-8 2010—2019年河北省农林科学院 SCI 发文高频词（作者关键词）TOP20

排序	关键词（作者关键词）	频次	排序	关键词（作者关键词）	频次
1	Maize	19	11	winter wheat	8
2	wheat	17	12	salt tolerance	8
3	soybean	15	13	thermotolerance	8
4	yield	13	14	biomass	8
5	Triticum aestivum	12	15	SSR	7
6	QTL	11	16	biological control	7
7	Microplitis mediator	11	17	Phylogenetic analysis	7
8	foxtail millet	11	18	Genetic diversity	7
9	apple	9	19	Gene expression	6
10	pear	9	20	1-methylcyclopropene	6

2 中文期刊论文分析

2010—2019年，河北省农林科学院作者共发表北大中文核心期刊论文1 813篇，中国科学引文数据库（CSCD）期刊论文1 189篇。

2.1 发文量

2010—2019年河北省农林科学院中文文献历年发文趋势（2010—2019年）见下图。

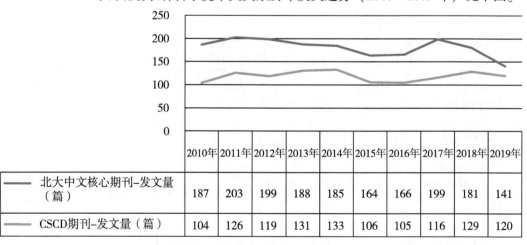

	2010年	2011年	2012年	2013年	2014年	2015年	2016年	2017年	2018年	2019年
北大中文核心期刊-发文量（篇）	187	203	199	188	185	164	166	199	181	141
CSCD期刊-发文量（篇）	104	126	119	131	133	106	105	116	129	120

图 河北省农林科学院中文文献历年发文趋势（2010—2019年）

2.2 高发文研究所 TOP10

2010—2019 年河北省农林科学院北大中文核心期刊高发文研究所 TOP10 见表 2-1，2010—2019 年河北省农林科学院中国科学引文数据库（CSCD）期刊高发文研究所 TOP10 见表 2-2。

表 2-1 2010—2019 年河北省农林科学院北大中文核心期刊高发文研究所 TOP10 单位：篇

排序	研究所	发文量
1	河北省农林科学院植物保护研究所	349
2	河北省农林科学院粮油作物研究所	206
3	河北省农林科学院遗传生理研究所	173
4	河北省农林科学院谷子研究所	169
5	河北省农林科学院旱作农业研究所	157
6	河北省农林科学院	149
7	河北省农林科学院农业资源环境研究所	148
8	河北省农林科学院经济作物研究所	131
9	河北省农林科学院昌黎果树研究所	121
10	河北省农林科学院棉花研究所	85
11	河北省农林科学院石家庄果树研究所	68

注："河北省农林科学院"发文包括作者单位只标注为"河北省农林科学院"、院属实验室等。

表 2-2 2010—2019 年河北省农林科学院 CSCD 期刊高发文研究所 TOP10 单位：篇

排序	研究所	发文量
1	河北省农林科学院植物保护研究所	280
2	河北省农林科学院粮油作物研究所	149
3	河北省农林科学院旱作农业研究所	133
4	河北省农林科学院遗传生理研究所	125
5	河北省农林科学院谷子研究所	103
6	河北省农林科学院农业资源环境研究所	96
7	河北省农林科学院昌黎果树研究所	79
8	河北省农林科学院经济作物研究所	67
9	河北省农林科学院棉花研究所	54
10	河北省农林科学院石家庄果树研究所	39

2.3 高发文期刊 TOP10

2010—2019年河北省农林科学院高发文北大中文核心期刊 TOP10 见表2-3，2010—2019年河北省农林科学院高发文 CSCD 期刊 TOP10 见表2-4。

表2-3 2010—2019年河北省农林科学院高发文期刊（北大中文核心）TOP10　单位：篇

排序	期刊名称	发文量	排序	期刊名称	发文量
1	华北农学报	253	6	园艺学报	55
2	河北农业大学学报	67	7	中国植保导刊	50
3	北方园艺	67	8	安徽农业科学	42
4	中国农业科学	62	9	植物保护	40
5	中国农学通报	56	10	作物学报	40

表2-4 2010—2019年河北省农林科学院高发文期刊（CSCD）TOP10　单位：篇

排序	期刊名称	发文量	排序	期刊名称	发文量
1	华北农学报	104	6	植物保护	41
2	河北农业大学学报	67	7	植物病理学报	41
3	中国农业科学	62	8	植物保护学报	36
4	园艺学报	52	9	中国生物防治学报	32
5	中国农学通报	50	10	作物学报	30

2.4 合作发文机构 TOP10

2010—2019年河北省农林科学院北大中文核心期刊合作发文机构 TOP10 见表2-5，2010—2019年河北省农林科学院 CSCD 期刊合作发文机构 TOP10 见表2-6。

表2-5 2010—2019年河北省农林科学院北大中文核心期刊合作发文机构 TOP10　单位：篇

排序	合作发文机构	发文量	排序	合作发文机构	发文量
1	河北农业大学	237	6	南京农业大学	27
2	中国农业科学院	142	7	河北经贸大学	26
3	中国农业大学	93	8	国家大豆改良中心	26
4	中国科学院	36	9	河北大学	24
5	河北师范大学	34	10	河北科技大学	20

表 2-6　2010—2019 年河北省农林科学院 CSCD 期刊合作发文机构 TOP10　　　　单位：篇

排序	合作发文机构	发文量	排序	合作发文机构	发文量
1	河北农业大学	166	6	河北师范大学	23
2	中国农业科学院	122	7	国家大豆改良中心	17
3	中国农业大学	72	8	河北经贸大学	14
4	南京农业大学	28	9	河北科技大学	14
5	中国科学院	26	10	河北科技师范学院	13

河南省农业科学院

1 英文期刊论文分析

分析数据来源于科学引文索引数据库（Web of Science，WOS）收录的文献类型为期刊论文（ARTICLE）、会议论文（PROCEEDINGS PAPER）和述评（REVIEW）的 Science Citation Index Expanded（SCIE）论文数据，数据时间范围为 2010—2019 年，共检索到河南省农业科学院作者发表的论文 798 篇。

1.1 发文量

2010—2019 年河南省农业科学院历年 SCI 发文与被引情况见表 1-1，河南省农业科学院英文文献历年发文趋势（2010—2019 年）见下图。

表 1-1　2010—2019 年河南省农业科学院历年 SCI 发文与被引情况

出版年	发文量（篇）	WOS 所有数据库总被引频次	WOS 核心库被引频次
2010 年	41	698	564
2011 年	38	457	373
2012 年	48	619	493
2013 年	46	499	398
2014 年	59	548	439
2015 年	83	607	531
2016 年	113	408	369
2017 年	124	517	472
2018 年	113	158	146
2019 年	133	42	42

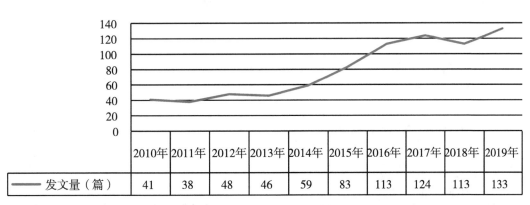

	2010年	2011年	2012年	2013年	2014年	2015年	2016年	2017年	2018年	2019年
—— 发文量（篇）	41	38	48	46	59	83	113	124	113	133

图　河南省农业科学院英文文献历年发文趋势（2010—2019 年）

1.2　高发文研究所 TOP10

2010—2019 年河南省农业科学院 SCI 高发文研究所 TOP10 见表 1-2。

表 1-2　2007—2019 年河南省农业科学院 SCI 高发文研究所 TOP10　　单位：篇

排序	研究所	发文量
1	河南省动物免疫学重点实验室	162
2	河南省农业科学院植物保护研究所	142
3	河南省农业科学院植物营养与资源环境研究所	83
4	河南省农业科学院经济作物研究所	66
5	河南省农业科学院畜牧兽医研究所	56
6	河南省农业科学院小麦研究所	46
7	河南省农业科学院粮食作物研究所	44
8	河南省农业科学院农业质量标准与检测技术研究所	40
9	河南省芝麻研究中心	26
10	河南省农业科学院园艺研究所	25

1.3　高发文期刊 TOP10

2010—2019 年河南省农业科学院 SCI 高发文期刊 TOP10 见表 1-3。

表 1-3　2010—2019 年河南省农业科学院 SCI 高发文期刊 TOP10

排序	期刊名称	发文量（篇）	WOS 所有数据库总被引频次	WOS 核心库被引频次	期刊影响因子（最近年度）
1	PLOS ONE	46	284	249	2.74（2019）
2	SCIENTIFIC REPORTS	30	122	112	3.998（2019）
3	JOURNAL OF INTEGRATIVE AGRICULTURE	17	44	25	1.984（2019）
4	FRONTIERS IN PLANT SCIENCE	16	85	79	4.402（2019）
5	VIRUS GENES	12	83	61	1.991（2019）
6	INTERNATIONAL JOURNAL OF MOLECULAR SCIENCES	12	25	18	4.556（2019）
7	BMC PLANT BIOLOGY	11	14	12	3.497（2019）

（续表）

排序	期刊名称	发文量（篇）	WOS 所有数据库总被引频次	WOS 核心库被引频次	期刊影响因子（最近年度）
8	SENSORS AND ACTUATORS B-CHEMICAL	10	75	75	7.1（2019）
9	FIELD CROPS RESEARCH	9	120	99	4.308（2019）
10	ARCHIVES OF VIROLOGY	9	41	31	2.243（2019）

1.4 合作发文国家与地区 TOP10

2010—2019 年河南省农业科学院 SCI 合作发文国家与地区（合作发文 1 篇以上）TOP10 见表 1-4。

表 1-4 2010—2019 年河南省农业科学院 SCI 合作发文国家与地区 TOP10

排序	国家与地区	合作发文量（篇）	WOS 所有数据库总被引频次	WOS 核心库被引频次
1	美国	91	970	850
2	澳大利亚	24	309	263
3	英格兰	19	204	162
4	加拿大	13	48	38
5	印度	7	180	168
6	埃及	6	7	7
7	德国	6	35	28
8	土耳其	5	38	37
9	巴西	4	168	157
10	日本	4	117	108

1.5 合作发文机构 TOP10

2010—2019 年河南省农业科学院 SCI 合作发文机构 TOP10 见表 1-5。

表 1-5 2010—2019 年河南省农业科学院 SCI 合作发文机构 TOP10

排序	合作发文机构	发文量（篇）	WOS 所有数据库总被引频次	WOS 核心库被引频次
1	河南农业大学	184	727	610

（续表）

排序	合作发文机构	发文量（篇）	WOS 所有数据库总被引频次	WOS 核心库被引频次
2	中国农业科学院	105	946	790
3	郑州大学	66	306	267
4	中国农业大学	64	477	390
5	西北农林科技大学	62	331	263
6	中国科学院	56	432	371
7	南京农业大学	54	510	437
8	河南科技大学	30	114	88
9	华中农业大学	27	197	167
10	河南科技学院	25	99	75

1.6 高被引论文 TOP10

2010—2019 年河南省农业科学院发表的 SCI 高被引论文 TOP10 见表 1-6，河南省农业科学院以第一或通讯作者完成单位发表的 SCI 高被引论文 TOP10 见表 1-7。

表 1-6 2010—2019 年河南省农业科学院 SCI 高被引论文 TOP10

排序	标题	WOS 所有数据库总被引频次	WOS 核心库被引频次	作者机构	出版年份	期刊名称	期刊影响因子（最近年度）
1	Soil organic carbon dynamics under long-term fertilizations in arable land of northern China	92	70	河南省农业科学院植物营养与资源环境研究所	2010	BIOGEOSCIENCES	3.48（2019）
2	The genome sequences of Arachis duranensis and Arachis ipaensis, the diploid ancestors of cultivated peanut	87	83	河南省农业科学院	2016	NATURE GENETICS	27.603（2019）
3	Development and validation of genic-SSR markers in sesame by RNA-seq	79	63	河南省芝麻研究中心	2012	BMC GENOMICS	3.594（2019）

（续表）

排序	标题	WOS 所有数据库总被引频次	WOS 核心库被引频次	作者机构	出版年份	期刊名称	期刊影响因子（最近年度）
4	Advances in Arachis genomics for peanut improvement	77	70	河南省农业科学院	2012	BIOTECHNOLOGY ADVANCES	10. 744 （2019）
5	An integrated genetic linkage map of cultivated peanut （Arachis hypogaea L.）constructed from two RIL populations	62	49	河南省农业科学院经济作物研究所	2012	THEORETICAL AND APPLIED GENETICS	4. 439 （2019）
6	Quantifying atmospheric nitrogen deposition through a nationwide monitoring network across China	54	45	河南省农业科学院植物营养与资源环境研究所	2015	ATMOSPHERIC CHEMISTRY AND PHYSICS	5. 414 （2019）
7	Development of an immunochromatographic assay for the rapid detection of chlorpyrifos-methyl in water samples	50	43	河南省动物免疫学重点实验室	2010	BIOSENSORS & BIOELECTRONICS	10. 257 （2019）
8	Long-Term Fertilizer Experiment Network in China：Crop Yields and Soil Nutrient Trends	48	37	河南省农业科学院植物营养与资源环境研究所	2010	AGRONOMY JOURNAL	1. 683 （2019）
9	Rapid and sensitive detection of beta-agonists using a portable fluorescence biosensor based on fluorescent nanosilica and a lateral flow test strip	48	46	河南省动物免疫学重点实验室	2013	BIOSENSORS & BIOELECTRONICS	10. 257 （2019）
10	Crop productivity and nutrient use efficiency as affected by long-term fertilisation in North China Plain	47	40	河南省农业科学院植物营养与资源环境研究所	2010	NUTRIENT CYCLING IN AGROECOSYSTEMS	2. 45 （2019）

表 1-7　2010—2019 年河南省农业科学院 SCI 高被引论文 TOP10（第一或通讯作者完成单位）

排序	标题	WOS 所有数据库总被引频次	WOS 核心库被引频次	作者机构	出版年份	期刊名称	期刊影响因子（最近年度）
1	Development and validation of genic-SSR markers in sesame by RNA-seq	79	63	河南省芝麻研究中心	2012	BMC GENOMICS	3.594 (2019)
2	Rapid and sensitive detection of beta-agonists using a portable fluorescence biosensor based on fluorescent nanosilica and a lateral flow test strip	48	46	河南省动物免疫学重点实验室	2013	BIOSENSORS & BIOELECTRONICS	10.257 (2019)
3	Endoribonuclease activities of porcine reproductive and respiratory syndrome virus nsp11 was essential for nsp11 to inhibit IFN-beta induction	39	38	河南省动物免疫学重点实验室	2011	MOLECULAR IMMUNOLOGY	3.641 (2019)
4	Genome sequencing of the important oilseed crop Sesamum indicum L.	37	29	河南省农业科学院植物保护研究所，河南省芝麻研究中心	2013	GENOME BIOLOGY	10.806 (2019)
5	QTL Mapping of Isoflavone, Oil and Protein Contents in Soybean（Glycine max L. Merr.）	32	23	河南省农业科学院经济作物研究所	2010	AGRICULTURAL SCIENCES IN CHINA	0.82 (2013)
6	Identification and testing of reference genes for Sesame gene expression analysis by quantitative real-time PCR	31	28	河南省芝麻研究中心	2013	PLANTA	3.39 (2019)
7	Porcine reproductive and respiratory syndrome virus and bacterial endotoxin act in synergy to amplify the inflammatory response of infected macrophages	29	25	河南省动物免疫学重点实验室	2011	VETERINARY MICROBIOLOGY	3.03 (2019)

（续表）

排序	标题	WOS 所有数据库总被引频次	WOS 核心库被引频次	作者机构	出版年份	期刊名称	期刊影响因子（最近年度）
8	Development of a Lateral Flow Colloidal Gold Immunoassay Strip for the Rapid Detection of Olaquindox Residues	27	25	河南省动物免疫学重点实验室	2011	JOURNAL OF AGRICULTURAL AND FOOD CHEMISTRY	4.192 (2019)
9	Genetic Analysis and QTL Mapping of Seed Coat Color in Sesame (Sesamum indicum L.)	27	23	河南省芝麻研究中心	2013	PLOS ONE	2.74 (2019)
10	Virus-encoded miR-155 ortholog is an important potential regulator but not essential for the development of lymphomas induced by very virulent Marek's disease virus	24	19	河南省动物免疫学重点实验室	2014	VIROLOGY	2.819 (2019)

1.7 高频词 TOP20

2010—2019 年河南省农业科学院 SCI 发文高频词（作者关键词）TOP20 见表 1-8。

表 1-8 2010—2019 年河南省农业科学院 SCI 发文高频词（作者关键词）TOP20

排序	关键词（作者关键词）	频次	排序	关键词（作者关键词）	频次
1	Maize	33	11	yield	9
2	Wheat	20	12	gene expression	9
3	Long-term fertilization	14	13	new species	9
4	PRRSV	13	14	monoclonal antibody	9
5	China	12	15	Fluorescence	9
6	Colloidal gold	12	16	soybean	8
7	Transcriptome	11	17	Rice	8
8	broiler	11	18	Auxin	8
9	phylogenetic analysis	10	19	Expression	8
10	Immunochromatographic strip	10	20	Pig	8

2 中文期刊论文分析

2010—2019年，河南省农业科学院作者共发表北大中文核心期刊论文2 527篇，中国科学引文数据库（CSCD）期刊论文1 920篇。

2.1 发文量

2010—2019年，河南省农业科学院中文文献历年发文趋势见下图。

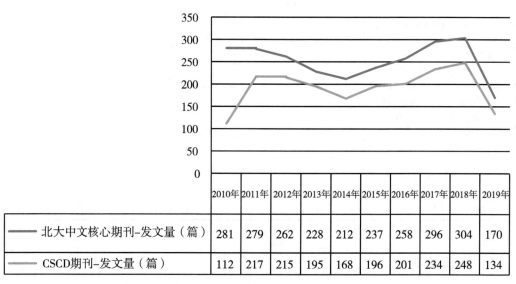

	2010年	2011年	2012年	2013年	2014年	2015年	2016年	2017年	2018年	2019年
北大中文核心期刊-发文量（篇）	281	279	262	228	212	237	258	296	304	170
CSCD期刊-发文量（篇）	112	217	215	195	168	196	201	234	248	134

图 河南省农业科学院中文文献历年发文趋势（2010—2019年）

2.2 高发文研究所TOP10

2010—2019年，河南省农业科学院北大中文核心期刊高发文研究所TOP10见表2-1，2010—2019年，河南省农业科学院中国科学引文数据库（CSCD）期刊高发文研究所TOP10见表2-2。

表2-1 2010—2019年河南省农业科学院北大中文核心期刊高发文研究所TOP10 单位：篇

排序	研究所	发文量
1	河南省农业科学院	329
2	河南省农业科学院植物保护研究所	322
3	河南省农业科学院植物营养与资源环境研究所	273
4	河南省农业科学院经济作物研究所	261
5	河南省动物免疫学重点实验室	226
6	河南省农业科学院农副产品加工研究所	208

（续表）

排序	研究所	发文量
7	河南省农业科学院农业经济与信息研究所	186
8	河南省农业科学院小麦研究所	172
9	河南省农业科学院园艺研究所	167
10	河南省农业科学院畜牧兽医研究所	155
11	河南省农业科学院粮食作物研究所	154

注："河南省农业科学院"发文包括作者单位只标注为"河南省农业科学院"、院属实验室等。

表2-2　2010—2019年河南省农业科学院CSCD期刊高发文研究所TOP10　　单位：篇

排序	研究所	发文量
1	河南省农业科学院植物保护研究所	287
2	河南省农业科学院	274
3	河南省农业科学院植物营养与资源环境研究所	246
4	河南省农业科学院经济作物研究所	191
5	河南省农业科学院农业经济与信息研究所	165
6	河南省农业科学院小麦研究所	150
7	河南省农业科学院粮食作物研究所	144
8	河南省农业科学院农副产品加工研究所	131
9	河南省农业科学院园艺研究所	110
10	河南省农业科学院畜牧兽医研究所	79
11	河南省芝麻研究中心	75

注："河南省农业科学院"发文包括作者单位只标注为"河南省农业科学院"、院属实验室等。

2.3　高发文期刊TOP10

2010—2019年河南省农业科学院高发文北大中文核心期刊TOP10见表2-3，2010—2019年河南省农业科学院高发文CSCD期刊TOP10见表2-4。

表2-3　2010—2019年河南省农业科学院高发文期刊（北大中文核心）TOP10　　单位：篇

排序	期刊名称	发文量	排序	期刊名称	发文量
1	河南农业科学	750	6	分子植物育种	44
2	华北农学报	112	7	中国农业科学	43
3	植物保护	67	8	江苏农业科学	43
4	麦类作物学报	62	9	玉米科学	42
5	中国农学通报	48	10	作物学报	41

· 159 ·

表 2-4   2010—2019 年河南省农业科学院高发文期刊（CSCD）TOP10   单位：篇

排序	期刊名称	发文量	排序	期刊名称	发文量
1	河南农业科学	621	6	中国农业科学	43
2	华北农学报	106	7	玉米科学	42
3	植物保护	67	8	作物学报	37
4	麦类作物学报	58	9	食品工业科技	36
5	分子植物育种	51	10	中国油料作物学报	34

2.4　合作发文机构 TOP10

2010—2019 年河南省农业科学院北大中文核心期刊合作发文机构 TOP10 见表 2-5，2010—2019 年河南省农业科学院 CSCD 期刊合作发文机构 TOP10 见表 2-6。

表 2-5   2010—2019 年河南省农业科学院北大中文核心期刊合作发文机构 TOP10   单位：篇

排序	合作发文机构	发文量	排序	合作发文机构	发文量
1	河南农业大学	371	6	西北农林科技大学	67
2	河南省农科院	105	7	河南工业大学	58
3	郑州大学	104	8	中国农业大学	44
4	中国农业科学院	102	9	河南省烟草公司	39
5	河南科技大学	80	10	南京农业大学	38

表 2-6   2010—2019 年河南省农业科学院 CSCD 期刊合作发文机构 TOP10   单位：篇

排序	合作发文机构	发文量	排序	合作发文机构	发文量
1	河南农业大学	307	6	河南省烟草公司	32
2	中国农业科学院	100	7	南京农业大学	32
3	郑州大学	87	8	中国农业大学	29
4	河南科技大学	68	9	河南工业大学	28
5	西北农林科技大学	55	10	河南科技学院	24

黑龙江省农业科学院

1 英文期刊论文分析

分析数据来源于科学引文索引数据库（Web of Science，WOS）收录的文献类型为期刊论文（ARTICLE）、会议论文（PROCEEDINGS PAPER）和述评（REVIEW）的 Science Citation Index Expanded（SCIE）论文数据，数据时间范围为 2010—2019 年，共检索到黑龙江省农业科学院作者发表的论文 741 篇。

1.1 发文量

2010—2019 年黑龙江省农业科学院历年 SCI 发文与被引情况见表 1-1，黑龙江省农业科学院英文文献历年发文趋势（2010—2019 年）见下图。

表 1-1 2010—2019 年黑龙江省农业科学院历年 SCI 发文与被引情况

出版年	发文量（篇）	WOS 所有数据库总被引频次	WOS 核心库被引频次
2010 年	31	471	369
2011 年	27	230	204
2012 年	45	1 397	1 316
2013 年	35	237	180
2014 年	51	289	231
2015 年	70	448	382
2016 年	87	239	217
2017 年	127	548	474
2018 年	124	68	64
2019 年	144	12	12

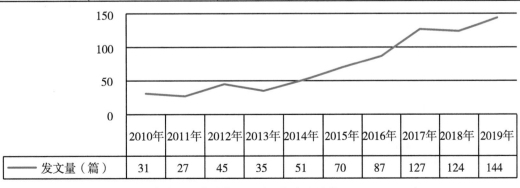

	2010年	2011年	2012年	2013年	2014年	2015年	2016年	2017年	2018年	2019年
发文量（篇）	31	27	45	35	51	70	87	127	124	144

图 黑龙江省农业科学院英文文献历年发文趋势（2010—2019 年）

1.2 高发文研究所 TOP10

2010—2019年黑龙江省农业科学院 SCI 高发文研究所 TOP10 见表 1-2。

表 1-2　2010—2019 年黑龙江省农业科学院 SCI 高发文研究所 TOP10　　单位：篇

排序	研究所	发文量
1	黑龙江省农业科学院畜牧研究所	97
2	黑龙江省农业科学院土壤肥料与环境资源研究所	78
3	黑龙江省农业科学院院机关	60
4	黑龙江省农业科学院作物育种研究所	43
5	黑龙江省农业科学院大豆研究所	40
6	黑龙江省农业科学院草业研究所	37
7	黑龙江省农业科学院耕作栽培研究所	31
8	黑龙江省农业科学院经济作物研究所	29
8	黑龙江省农业科学院佳木斯分院	29
9	黑龙江省农业科学院园艺分院	28
10	黑龙江省农业科学院黑河分院	26

1.3 高发文期刊 TOP10

2010—2019年黑龙江省农业科学院 SCI 高发文期刊 TOP10 见表 1-3。

表 1-3　2010—2019 年黑龙江省农业科学院 SCI 高发文期刊 TOP10

排序	期刊名称	发文量（篇）	WOS 所有数据库总被引频次	WOS 核心库被引频次	期刊影响因子（最近年度）
1	FRONTIERS IN PLANT SCIENCE	27	85	82	4.402（2019）
2	PLOS ONE	26	117	96	2.74（2019）
3	JOURNAL OF INTEGRATIVE AGRICULTURE	19	72	66	1.984（2019）
4	ACTA AGRICULTURAE SCANDINAVICA SECTION B-SOIL AND PLANT SCIENCE	16	20	16	1.092（2019）
5	SCIENTIFIC REPORTS	15	39	36	3.998（2019）

（续表）

排序	期刊名称	发文量（篇）	WOS 所有数据库总被引频次	WOS 核心库被引频次	期刊影响因子（最近年度）
6	BMC PLANT BIOLOGY	12	21	19	3.497（2019）
7	GENETICS AND MOLECULAR RESEARCH	11	24	21	0.764（2015）
8	ACTA AGRICULTURAE SCANDINAVICA SECTION A-ANIMAL SCIENCE	11	8	8	0.323（2019）
9	INTERNATIONAL JOURNAL OF AGRICULTURE AND BIOLOGY	11	0	0	0.822（2019）
10	INTERNATIONAL JOURNAL OF MOLECULAR SCIENCES	9	9	8	4.556（2019）

1.4 合作发文国家与地区 TOP10

2010—2019 年黑龙江省农业科学院 SCI 合作发文国家与地区（合作发文 1 篇以上）TOP10 见表 1-4。

表 1-4 2010—2019 年黑龙江省农业科学院 SCI 合作发文国家与地区 TOP10

排序	国家与地区	合作发文量（篇）	WOS 所有数据库总被引频次	WOS 核心库被引频次
1	美国	62	1 502	1 404
2	加拿大	23	149	126
3	日本	19	1 188	1 143
4	挪威	10	15	12
5	德国	9	1 151	1 114
6	澳大利亚	8	31	30
7	荷兰	8	1 209	1 159
8	苏格兰	7	1 166	1 132
9	巴基斯坦	4	20	17
10	比利时	4	1 123	1 089

1.5 合作发文机构 TOP10

2010—2019 年黑龙江省农业科学院 SCI 合作发文机构 TOP10 见表 1-5。

表 1-5 2010—2019 年黑龙江省农业科学院 SCI 合作发文机构 TOP10

排序	合作发文机构	发文量	WOS 所有数据库总被引频次	WOS 核心库被引频次
1	东北农业大学	242	665	549
2	中国农业科学院	125	1 844	1 694
3	中国科学院	121	1 916	1 749
4	中国农业大学	51	1 493	1 391
5	东北林业大学	48	141	116
6	沈阳农业大学	41	113	102
7	中国科学院大学	30	170	136
8	哈尔滨师范大学	24	38	36
9	黑龙江八一农垦大学	21	21	17
10	吉林省农业科学院	21	90	76

1.6 高被引论文 TOP10

2010—2019 年黑龙江省农业科学院发表的 SCI 高被引论文 TOP10 见表 1-6，2010—2019 年黑龙江省农业科学院以第一或通讯作者完成单位发表的 SCI 高被引论文 TOP10 见表 1-7。

表 1-6 2010—2019 年黑龙江省农业科学院 SCI 高被引论文 TOP10

排序	标题	WOS 所有数据库总被引频次	WOS 核心库被引频次	作者机构	出版年份	期刊名称	期刊影响因子（最近年度）
1	The tomato genome sequence provides insights into fleshy fruit evolution	1 123	1 089	黑龙江省农业科学院经济作物研究所	2012	NATURE	42.778 (2019)
2	Epigenetic regulation of antagonistic receptors confers rice blast resistance with yield balance	87	68	黑龙江省农业科学院	2017	SCIENCE	41.845 (2019)
3	The critical soil P levels for crop yield, soil fertility and environmental safety in different soil types	71	57	黑龙江省农业科学院土壤肥料与环境资源研究所	2013	PLANT AND SOIL	3.299 (2019)

（续表）

排序	标题	WOS 所有数据库总被引频次	WOS 核心库被引频次	作者机构	出版年份	期刊名称	期刊影响因子（最近年度）
4	Effect of monoculture soybean on soil microbial community in the Northeast China	66	49	黑龙江省农业科学院土壤肥料与环境资源研究所	2010	PLANT AND SOIL	3.299 (2019)
5	RNA-Dependent RNA Polymerase 1 from Nicotiana tabacum Suppresses RNA Silencing and Enhances Viral Infection in Nicotiana benthamiana	61	50	黑龙江省农业科学院植物脱毒苗木研究所	2010	PLANT CELL	9.618 (2019)
6	Agronomic and physiological contributions to the yield improvement of soybean cultivars released from 1950 to 2006 in Northeast China	58	52	黑龙江省农业科学院	2010	FIELDCROPS RESEARCH	4.308 (2019)
7	Phylogenetic analysis of the haemagglutinin gene of canine distemper virus strains detected from breeding foxes, raccoon dogs and minks in China	58	43	黑龙江省农业科学院绥化分院	2010	VETERINARY MICROBIOLOGY	3.03 (2019)
8	Microwave-assisted aqueous enzymatic extraction of oil from pumpkin seeds and evaluation of its physicochemical properties, fatty acid compositions and antioxidant activities	56	45	黑龙江省农业科学院生物技术研究所	2014	FOOD CHEMISTRY	6.306 (2019)
9	Impacts of Organic and Inorganic Fertilizers on Nitrification in a Cold Climate Soil are Linked to the Bacterial Ammonia Oxidizer Community	48	45	黑龙江省农业科学院土壤肥料与环境资源研究所，黑龙江省农业科学院黑河分院	2011	MICROBIAL ECOLOGY	3.356 (2019)

（续表）

排序	标题	WOS所有数据库总被引频次	WOS核心库被引频次	作者机构	出版年份	期刊名称	期刊影响因子（最近年度）
10	Races of Phytophthora sojae and Their Virulences on Soybean Cultivars in Heilongjiang, China	41	25	黑龙江省农业科学院大豆研究所，黑龙江省农业科学院绥化分院	2010	PLANT DISEASE	3.809（2019）

表1-7　2010—2019年黑龙江省农业科学院SCI高被引论文TOP10（第一或通讯作者完成单位）

排序	标题	WOS所有数据库总被引频次	WOS核心库被引频次	作者机构	出版年份	期刊名称	期刊影响因子（最近年度）
1	Enzymatic hydrolysis of soy proteins and the hydrolysates utilisation	32	29	黑龙江省农业科学院农产品质量安全研究所	2011	INTERNATIONAL JOURNAL OF FOOD SCIENCE AND TECHNOLOGY	2.773（2019）
2	Identification of differentially expressed genes in flax (Linum usitatissimum L.) under saline-alkaline stress by digital gene expression	16	14	黑龙江省农业科学院经济作物研究所，黑龙江省农业科学院院机关	2014	GENE	2.984（2019）
3	Potential of Perennial Crop on Environmental Sustainability of Agriculture	13	13	黑龙江省农业科学院作物育种研究所	2011	2011 3RD INTERNATIONAL CONFERENCE ON ENVIRONMENTAL SCIENCE AND INFORMATION APPLICATION TECHNOLOGY ESIAT 2011	未收录
4	Maturity Group Classification and Maturity Locus Genotyping of Early-Maturing Soybean Varieties from High-Latitude Cold Regions	10	5	黑龙江省农业科学院黑河分院	2014	PLOS ONE	2.74（2019）

（续表）

排序	标题	WOS 所有数据库总被引频次	WOS 核心库被引频次	作者机构	出版年份	期刊名称	期刊影响因子（最近年度）
5	Diversity analysis of nitrite reductase genes（nirS）in black soil under different long-term fertilization conditions	9	9	黑龙江省农业科学院土壤肥料与环境资源研究所	2010	ANNALS OF MICROBIOLOGY	1.528（2019）
6	Bacillus daqingensis sp nov. , a Halophilic, Alkaliphilic Bacterium Isolated from Saline-Sodic Soil in Daqing, China	7	6	黑龙江省农业科学院农村能源研究所，黑龙江省农业科学院土壤肥料与环境资源研究所，黑龙江省农业科学院植物保护研究所，黑龙江省农业科学院院机关	2014	JOURNAL OF MICROBIOLOGY	2.845（2019）
7	Identification and characterization of miRNAs and targets in flax（Linum usitatissimum）under saline, alkaline, and saline-alkaline stresses	7	7	黑龙江省农业科学院经济作物研究所，黑龙江省农业科学院院机关	2016	BMC PLANT BIOLOGY	3.497（2019）
8	Mycotoxin Contamination of Rice in China	7	6	黑龙江省农业科学院农产品质量安全研究所	2017	JOURNAL OF FOOD SCIENCE	2.478（2019）
9	Genome-Wide Analysis of Tar Spot Complex Resistance in Maize Using Genotyping-by-Sequencing SNPs and Whole-Genome Prediction	7	7	黑龙江省农业科学院玉米研究所	2017	PLANT GENOME	3.847（2019）
10	Application of cavitation system to accelerate aqueous enzymatic extraction of seed oil from Cucurbita pepo L. and evaluation of hypoglycemic effect	6	5	黑龙江省农业科学院五常水稻研究所，黑龙江省农业科学院生物技术研究所，黑龙江省农业科学院院机关	2016	FOOD CHEMISTRY	6.306（2019）

1.7 高频词 TOP20

2010—2019 年黑龙江省农业科学院 SCI 发文高频词（作者关键词）TOP20 见表 1-8。

表 1-8 2010—2019 年黑龙江省农业科学院 SCI 发文高频词（作者关键词）TOP20

排序	关键词（作者关键词）	频次	排序	关键词（作者关键词）	频次
1	soybean	54	11	Yield	11
2	Maize	22	12	Genetic diversity	11
3	Black soil	17	13	Triticum aestivum	10
4	RNA-seq	16	14	salt stress	10
5	Pig	15	15	Transcriptome	10
6	Glycine max	15	16	Phylogenetic analysis	9
7	rice	14	17	Flax	9
8	Gene expression	13	18	Porcine	9
9	Phytophthora sojae	12	19	Potato	9
10	QTL	12	20	meta-analysis	8

2 中文期刊论文分析

2010—2019 年，黑龙江省农业科学院作者共发表北大中文核心期刊论文 2 439 篇，中国科学引文数据库（CSCD）期刊论文 1 795 篇。

2.1 发文量

2010—2019 年黑龙江省农业科学院中文文献历年发文趋势（2010—2019 年）见下图。

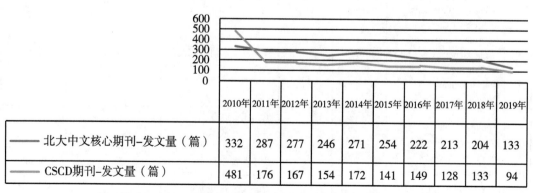

	2010年	2011年	2012年	2013年	2014年	2015年	2016年	2017年	2018年	2019年
北大中文核心期刊-发文量（篇）	332	287	277	246	271	254	222	213	204	133
CSCD期刊-发文量（篇）	481	176	167	154	172	141	149	128	133	94

图 黑龙江省农业科学院中文文献历年发文趋势（2010—2019 年）

2.2 高发文研究所 TOP10

2010—2019 年黑龙江省农业科学院北大中文核心期刊高发文研究所 TOP10 见表 2-1，2010—2019 年黑龙江省农业科学院中国科学引文数据库（CSCD）期刊高发文研究所 TOP10 见表 2-2。

表 2-1　2010—2019 年黑龙江省农业科学院北大中文核心期刊高发文研究所 TOP10 单位：篇

排序	研究所	发文量
1	黑龙江省农业科学院畜牧研究所	250
2	黑龙江省农业科学院院机关	226
3	黑龙江省农业科学院佳木斯分院	218
4	黑龙江省农业科学院土壤肥料与环境资源研究所	201
5	黑龙江省农业科学院耕作栽培研究所	196
6	黑龙江省农业科学院园艺分院	188
7	黑龙江省农业科学院大豆研究所	123
8	黑龙江省农业科学院牡丹江分院	109
9	黑龙江省农业科学院草业研究所	107
10	黑龙江省农业科学院大庆分院	105

表 2-2　2010—2019 年黑龙江省农业科学院 CSCD 期刊高发文研究所 TOP10　单位：篇

排序	研究所	发文量
1	黑龙江省农业科学院佳木斯分院	219
2	黑龙江省农业科学院土壤肥料与环境资源研究所	195
3	黑龙江省农业科学院耕作栽培研究所	166
4	黑龙江省农业科学院院机关	141
5	黑龙江省农业科学院大豆研究所	104
6	黑龙江省农业科学院大庆分院	89
7	黑龙江省农业科学院牡丹江分院	87
8	黑龙江省农业科学院作物育种研究所	79
9	黑龙江省农业科学院草业研究所	78
10	黑龙江省农业科学院齐齐哈尔分院	76

2.3 高发文期刊 TOP10

2010—2019 年黑龙江省农业科学院高发文北大中文核心期刊 TOP10 见表 2-3，

2010—2019年黑龙江省农业科学院高发文CSCD期刊TOP10见表2-4。

表2-3　2010—2019年黑龙江省农业科学院高发文期刊（北大中文核心）TOP10　单位：篇

排序	期刊名称	发文量	排序	期刊名称	发文量
1	大豆科学	305	6	中国农学通报	104
2	北方园艺	225	7	安徽农业科学	48
3	东北农业大学学报	145	8	玉米科学	47
4	作物杂志	145	9	核农学报	47
5	黑龙江畜牧兽医	142	10	土壤通报	36

表2-4　2010—2019年黑龙江省农业科学院高发文期刊（CSCD）TOP10　单位：篇

排序	期刊名称	发文量	排序	期刊名称	发文量
1	黑龙江农业科学	308	6	玉米科学	49
2	大豆科学	282	7	核农学报	42
3	东北农业大学学报	135	8	植物遗传资源学报	31
4	作物杂志	100	9	作物学报	30
5	中国农学通报	72	10	土壤通报	29

2.4　合作发文机构TOP10

2010—2019年黑龙江省农业科学院北大中文核心期刊合作发文机构TOP10见表2-5，2010—2019年黑龙江省农业科学院CSCD期刊合作发文机构TOP10见表2-6。

表2-5　2010—2019年黑龙江省农业科学院北大中文核心期刊合作发文机构TOP10　单位：篇

排序	合作发文机构	发文量	排序	合作发文机构	发文量
1	东北农业大学	517	6	中国科学院	71
2	中国农业科学院	153	7	哈尔滨师范大学	45
3	沈阳农业大学	133	8	黑龙江大学	32
4	东北林业大学	129	9	中国农业大学	29
5	黑龙江八一农垦大学	117	10	佳木斯大学	28

表 2-6　2010—2019 年黑龙江省农业科学院 CSCD 期刊合作发文机构 TOP10　　单位：篇

排序	合作发文机构	发文量	排序	合作发文机构	发文量
1	东北农业大学	368	6	中国科学院	47
2	中国农业科学院	116	7	哈尔滨师范大学	39
3	沈阳农业大学	109	8	佳木斯大学	24
4	黑龙江八一农垦大学	92	9	黑龙江省农垦科研育种中心	23
5	东北林业大学	91	10	中国农业大学	23

湖北省农业科学院

1 英文期刊论文分析

分析数据来源于科学引文索引数据库（Web of Science，WOS）收录的文献类型为期刊论文（ARTICLE）、会议论文（PROCEEDINGS PAPER）和述评（REVIEW）的 Science Citation Index Expanded（SCIE）论文数据，数据时间范围为 2010—2019 年，共检索到湖北省农业科学院作者发表的论文 762 篇。

1.1 发文量

2010—2019 年湖北省农业科学院历年 SCI 发文与被引情况见表 1-1，湖北省农业科学院英文文献历年发文趋势（2010—2019 年）见下图。

表 1-1　2010—2019 年湖北省农业科学院历年 SCI 发文与被引情况

出版年	发文量（篇）	WOS 所有数据库总被引频次	WOS 核心库被引频次
2010 年	45	606	499
2011 年	57	478	395
2012 年	58	819	690
2013 年	54	548	473
2014 年	62	385	337
2015 年	68	473	407
2016 年	85	303	276
2017 年	83	400	356
2018 年	103	87	81
2019 年	147	35	35

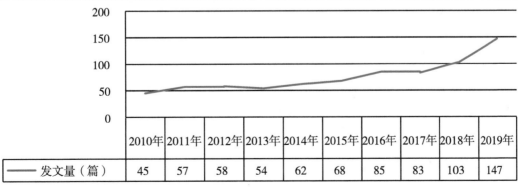

	2010年	2011年	2012年	2013年	2014年	2015年	2016年	2017年	2018年	2019年
发文量（篇）	45	57	58	54	62	68	85	83	103	147

图　湖北省农业科学院英文文献历年发文趋势（2010—2019 年）

1.2 高发文研究所 TOP10

2010—2019 年湖北省农业科学院 SCI 高发文研究所 TOP10 见表 1-2。

表 1-2 2010—2019 年湖北省农业科学院 SCI 高发文研究所 TOP10 　　单位：篇

排序	研究所	发文量
1	湖北省农业科学院畜牧兽医研究所	165
2	湖北省农业科学院植保土肥研究所	102
3	湖北省农业科学院农产品加工与核农技术研究所	97
4	湖北省农业科学院经济作物研究所	96
5	湖北省生物农药工程研究中心	88
6	湖北省农业科学院农业质量标准与检测技术研究所	72
7	湖北省农科院粮食作物研究所	44
8	湖北省农业科学院果树茶叶研究所	34
9	湖北省农业科学院农业经济技术研究所	4

注：全部发文研究所数量不足 10 个。

1.3 高发文期刊 TOP10

2010—2019 年湖北省农业科学院 SCI 高发文期刊 TOP10 见表 1-3。

表 1-3 2010—2019 年湖北省农业科学院 SCI 高发文期刊 TOP10

排序	期刊名称	发文量（篇）	WOS 所有数据库总被引频次	WOS 核心库被引频次	期刊影响因子（最近年度）
1	PLOS ONE	27	216	188	2.74（2019）
2	SCIENTIFIC REPORTS	24	69	58	3.998（2019）
3	LWT-FOOD SCIENCE AND TECHNOLOGY	10	11	10	4.006（2019）
4	BMC GENOMICS	10	91	83	3.594（2019）
5	MOLECULAR BIOLOGY REPORTS	10	70	59	1.402（2019）
6	INTERNATIONAL JOURNAL OF MOLECULAR SCIENCES	9	9	8	4.556（2019）
7	FOOD CHEMISTRY	9	128	112	6.306（2019）
8	JOURNAL OF INTEGRATIVE AGRICULTURE	9	35	29	1.984（2019）
9	ENVIRONMENTAL POLLUTION	8	48	47	6.792（2019）

（续表）

排序	期刊名称	发文量（篇）	WOS 所有数据库总被引频次	WOS 核心库被引频次	期刊影响因子（最近年度）
10	JOURNAL OF AGRICULTURAL AND FOOD CHEMISTRY	7	77	69	4.192（2019）

1.4　合作发文国家与地区 TOP10

2010—2019 年湖北省农业科学院 SCI 合作发文国家与地区（合作发文 1 篇以上）TOP10 见表 1-4。

表 1-4　2010—2019 年湖北省农业科学院 SCI 合作发文国家与地区 TOP10

排序	国家与地区	合作发文量（篇）	WOS 所有数据库总被引频次	WOS 核心库被引频次
1	美国	78	628	542
2	加拿大	13	241	210
3	巴基斯坦	9	13	12
4	以色列	7	65	56
5	埃及	6	13	13
6	澳大利亚	6	39	35
7	德国	6	34	30
8	新西兰	5	91	81
9	泰国	5	9	9
10	英格兰	4	88	71

1.5　合作发文机构 TOP10

2010—2019 年湖北省农业科学院 SCI 合作发文机构 TOP10 见表 1-5。

表 1-5　2010—2019 年湖北省农业科学院 SCI 合作发文机构 TOP10

排序	合作发文机构	发文量	WOS 所有数据库总被引频次	WOS 核心库被引频次
1	华中农业大学	249	1 454	1 268
2	中国农业科学院	91	611	516
3	武汉大学	68	437	374

（续表）

排序	合作发文机构	发文量	WOS 所有数据库总被引频次	WOS 核心库被引频次
4	中国农业大学	64	349	306
5	中国科学院	60	666	555
6	武汉理工大学	53	238	218
7	长江大学	27	72	65
8	华中师范大学	19	73	64
9	湖北理工大学	14	12	10
10	湖北大学	11	88	73

1.6 高被引论文 TOP10

2010—2019 年湖北省农业科学院发表的 SCI 高被引论文 TOP10 见表 1-6，湖北省农业科学院以第一或通讯作者完成单位发表的 SCI 高被引论文 TOP10 见表 1-7。

表 1-6   2010—2019 年湖北省农业科学院 SCI 高被引论文 TOP10

排序	标题	WOS 所有数据库总被引频次	WOS 核心库被引频次	作者机构	出版年份	期刊名称	期刊影响因子（最近年度）
1	Draft genome of the kiwifruit Actinidia chinensis	125	110	湖北省农业科学院果树茶叶研究所	2013	NATURE COMMUNICATIONS	12.121 (2019)
2	Physicochemical properties and structure of starches from Chinese rice cultivars	83	71	湖北省农业科学院农产品加工与核农技术研究所	2010	FOOD HYDROCOLLOIDS	7.053 (2019)
3	Study of the antifungal activity of Bacillus vallismortis ZZ185 in vitro and identification of its antifungal components	77	60	湖北省生物农药工程研究中心	2010	BIORESOURCE TECHNOLOGY	7.539 (2019)
4	Functional properties of protein isolates, globulin and albumin extracted from Ginkgo biloba seeds	62	50	湖北省农业科学院农产品加工与核农技术研究所	2011	FOOD CHEMISTRY	6.306 (2019)
5	An integrated genetic linkagemap of cultivated peanut （Arachis hypogaea L.）constructed from two RIL populations	62	49	湖北省农业科学院经济作物研究所	2012	THEORETICAL ANDAPPLIED GENETICS	4.439 (2019)

（续表）

排序	标题	WOS 所有数据库总被引频次	WOS 核心库被引频次	作者机构	出版年份	期刊名称	期刊影响因子（最近年度）
6	Effects of organic amendments on soil carbon sequestration in paddy fields of subtropical China	56	40	湖北省农业科学院植保土肥研究所	2012	JOURNAL OF SOILS AND SEDIMENTS	2.763（2019）
7	Molecular genetics of blood-fleshed peach reveals activation of anthocyanin biosynthesis by NAC transcription factors	52	43	湖北省农业科学院果树茶叶研究所	2015	PLANT JOURNAL	6.141（2019）
8	Runoff and nutrient losses in citrus orchards on sloping land subjected to different surface mulching practices in the Danjiangkou Reservoir area of China	51	41	湖北省农业科学院植保土肥研究所	2012	AGRICULTURAL WATER MANAGEMENT	4.021（2019）
9	Increased Frequency of Pink Bollworm Resistance to Bt Toxin Cry1Ac in China	50	43	湖北省农业科学院植保土肥研究所	2012	PLOS ONE	2.74（2019）
10	Biomass digestibility is predominantly affected by three factors of wall polymer features distinctive in wheat accessions and rice mutants	46	43	湖北省农科院粮食作物研究所	2013	BIOTECHNOLOGY FOR BIOFUELS	4.815（2019）

表 1-7　2010—2019 年湖北省农业科学院 SCI 高被引论文 TOP10（第一或通讯作者完成单位）

排序	标题	WOS 所有数据库总被引频次	WOS 核心库被引频次	作者机构	出版年份	期刊名称	期刊影响因子（最近年度）
1	Effect of compost and chemical fertilizer on soil nematode community in a Chinese maize field	32	19	湖北省农业科学院植保土肥研究所	2010	EUROPEAN JOURNAL OF SOIL BIOLOGY	2.285（2019）

（续表）

排序	标题	WOS所有数据库总被引频次	WOS核心库被引频次	作者机构	出版年份	期刊名称	期刊影响因子（最近年度）
2	Changes in soil microbial community structure and functional diversity in the rhizosphere surrounding mulberry subjected to long-term fertilization	29	22	湖北省农业科学院经济作物研究所	2015	APPLIED SOIL ECOLOGY	3.187（2019）
3	Cytotoxic and antiviral nitrobenzoyl sesquiterpenoids from the marine-derived fungus Aspergillus ochraceus Jcma1F17	26	23	湖北省生物农药工程研究中心	2014	MEDCHEMCOMM	2.807（2019）
4	Preparation of mesoporous ZrO2-coated magnetic microsphere and its application in the multi-residue analysis of pesticides and PCBs in fish by GC-MS/MS	25	23	湖北省农业科学院农业质量标准与检测技术研究所	2015	TALANTA	5.339（2019）
5	Evaluation of recombinant proteins of Haemophilus parasuis strain SH0165 as vaccine candidates in a mouse model	22	22	湖北省农业科学院畜牧兽医研究所	2012	RESEARCH IN VETERINARY SCIENCE	1.892（2019）
6	Anthranilic acid-based diamides derivatives incorporating aryl-isoxazoline pharmacophore as potential anticancer agents：Design, synthesis and biological evaluation	21	21	湖北省生物农药工程研究中心	2012	EUROPEAN JOURNAL OF MEDICINAL CHEMISTRY	5.572（2019）
7	Long-term effective microorganisms application promote growth and increase yields and nutrition of wheat in China	21	17	湖北省农业科学院植保土肥研究所	2013	EUROPEAN JOURNAL OF AGRONOMY	3.726（2019）

（续表）

排序	标题	WOS 所有数据库总被引频次	WOS 核心库被引频次	作者机构	出版年份	期刊名称	期刊影响因子（最近年度）
8	Abundance and diversity of soil nematodes as influenced by different types of organic manure	18	17	湖北省农业科学院植保土肥研究所	2010	HELMINTHOLOGIA	0.674 (2019)
9	Quantitative Phosphoproteomics Analysis of Nitric Oxide-Responsive Phosphoproteins in Cotton Leaf	18	17	湖北省农业科学院经济作物研究所	2014	PLOS ONE	2.74 (2019)
10	Identification of Associated SSR Markers for Yield Component and Fiber Quality Traits Based on Frame Map and Upland Cotton Collections	18	15	湖北省农业科学院经济作物研究所	2015	PLOS ONE	2.74 (2019)

1.7 高频词 TOP20

2010—2019 年湖北省农业科学院 SCI 发文高频词（作者关键词）TOP20 见表 1-8。

表 1-8 2010—2019 年湖北省农业科学院 SCI 发文高频词（作者关键词）TOP20

排序	关键词（作者关键词）	频次	排序	关键词（作者关键词）	频次
1	synthesis	25	11	Pig	9
2	Gene expression	14	12	Gossypium	9
3	Upland cotton	12	13	duck	8
4	Apoptosis	10	14	Association analysis	8
5	Virulence	10	15	Wheat	8
6	SNP	10	16	phylogenetic analysis	8
7	RNA-seq	9	17	Diversity	7
8	rice	9	18	Biological activity	7
9	Monascus ruber	9	19	MCLR	7
10	Streptococcus suis	9	20	Pathogenicity	7

2 中文期刊论文分析

2010—2019 年，湖北省农业科学院作者共发表北大中文核心期刊论文 2 364 篇，中国科学引文数据库（CSCD）期刊论文 872 篇。

2.1 发文量

2010—2019 年湖北省农业科学院中文文献历年发文趋势（2010—2019 年）见下图。

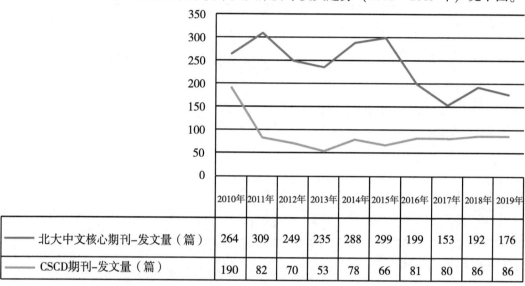

	2010年	2011年	2012年	2013年	2014年	2015年	2016年	2017年	2018年	2019年
北大中文核心期刊-发文量（篇）	264	309	249	235	288	299	199	153	192	176
CSCD期刊-发文量（篇）	190	82	70	53	78	66	81	80	86	86

图 湖北省农业科学院中文文献历年发文趋势（2010—2019 年）

2.2 高发文研究所 TOP10

2010—2019 年湖北省农业科学院北大中文核心期刊高发文研究所 TOP10 见表 2-1，2010—2019 年湖北省农业科学院中国科学引文数据库（CSCD）期刊高发文研究所 TOP10 见表 2-2。

表 2-1 2010—2019 年湖北省农业科学院北大中文核心期刊高发文研究所 TOP10　单位：篇

排序	研究所	发文量
1	湖北省农业科学院畜牧兽医研究所	502
2	湖北省农业科学院植保土肥研究所	370
3	湖北省农业科学院农产品加工与核农技术研究所	318
4	湖北省农科院粮食作物研究所	269
5	湖北省农业科学院果树茶叶研究所	258
6	湖北省农业科学院经济作物研究所	239

（续表）

排序	研究所	发文量
7	湖北省农业科学院	158
8	湖北省农业科学院农业质量标准与检测技术研究所	120
9	湖北省生物农药工程研究中心	92
10	湖北省农业科学院中药材研究所	56
11	湖北省农业科学院农业经济技术研究所	39

注："湖北省农业科学院"发文包括作者单位只标注为"湖北省农业科学院"、院属实验室等。

表 2-2　2010—2019 年湖北省农业科学院 CSCD 期刊高发文研究所 TOP10　　单位：篇

排序	研究所	发文量
1	湖北省农业科学院植保土肥研究所	197
2	湖北省农业科学院畜牧兽医研究所	129
3	湖北省农业科学院果树茶叶研究所	116
4	湖北省农科院粮食作物研究所	113
5	湖北省农业科学院农产品加工与核农技术研究所	112
6	湖北省农业科学院经济作物研究所	99
7	湖北省农业科学院	44
8	湖北省农业科学院农业质量标准与检测技术研究所	37
9	湖北省生物农药工程研究中心	25
10	湖北省农业科学院中药材研究所	23
11	湖北省农业科学院农业经济技术研究所	6

注："湖北省农业科学院"发文包括作者单位只标注为"湖北省农业科学院"、院属实验室等。

2.3　高发文期刊 TOP10

2010—2019 年湖北省农业科学院高发文北大中文核心期刊 TOP10 见表 2-3，2010—2019 年湖北省农业科学院高发文 CSCD 期刊 TOP10 见表 2-4。

表 2-3　2010—2019 年湖北省农业科学院高发文期刊（北大中文核心）TOP10　　单位：篇

排序	期刊名称	发文量	排序	期刊名称	发文量
1	湖北农业科学	1 016	6	食品工业科技	39
2	中国家禽	57	7	华中农业大学学报	36
3	安徽农业科学	48	8	黑龙江畜牧兽医	35
4	食品科学	45	9	食品科技	34
5	中国南方果树	40	10	现代食品科技	31

表 2-4　2010—2019 年湖北省农业科学院高发文期刊（CSCD）TOP10　　单位：篇

排序	期刊名称	发文量	排序	期刊名称	发文量
1	湖北农业科学	116	6	蚕业科学	21
2	食品科学	43	7	植物保护	20
3	华中农业大学学报	35	8	麦类作物学报	20
4	食品工业科技	33	9	园艺学报	17
5	分子植物育种	27	10	中国农业科学	17

2.4　合作发文机构 TOP10

2010—2019 年湖北省农业科学院北大中文核心期刊合作发文机构 TOP10 见表 2-5，2010—2019 年湖北省农业科学院 CSCD 期刊合作发文机构 TOP10 见表 2-6。

表 2-5　2010—2019 年湖北省农业科学院北大中文核心期刊合作发文机构 TOP10　单位：篇

排序	合作发文机构	发文量	排序	合作发文机构	发文量
1	华中农业大学	237	6	中国农业大学	33
2	中国农业科学院	85	7	湖北省烟草公司	29
3	湖北工业大学	61	8	中国科学院	21
4	长江大学	56	9	西北农林科技大学	16
5	武汉大学	53	10	国家食用菌加工技术研发分中心	16

表 2-6　2010—2019 年湖北省农业科学院 CSCD 期刊合作发文机构 TOP10　单位：篇

排序	合作发文机构	发文量	排序	合作发文机构	发文量
1	华中农业大学	117	6	湖北工业大学	24
2	中国农业科学院	64	7	中国科学院	18
3	武汉大学	36	8	湖北省烟草公司	15
4	中国农业大学	32	9	南京农业大学	12
5	长江大学	26	10	安徽农业大学	10

湖南省农业科学院

1 英文期刊论文分析

分析数据来源于科学引文索引数据库（Web of Science，WOS）收录的文献类型为期刊论文（ARTICLE）、会议论文（PROCEEDINGS PAPER）和述评（REVIEW）的 Science Citation Index Expanded（SCIE）论文数据，数据时间范围为 2010—2019 年，共检索到湖南省农业科学院作者发表的论文 460 篇。

1.1 发文量

2010—2019 年湖南省农业科学院历年 SCI 发文与被引情况见表 1-1，湖南省农业科学院英文文献历年发文趋势（2010—2019 年）见下图。

表 1-1　2010—2019 年湖南省农业科学院历年 SCI 发文与被引情况

出版年	发文量（篇）	WOS 所有数据库总被引频次	WOS 核心库被引频次
2010 年	4	114	88
2011 年	14	256	212
2012 年	27	337	273
2013 年	22	381	313
2014 年	30	300	248
2015 年	44	223	193
2016 年	60	189	154
2017 年	64	227	191
2018 年	84	97	90
2019 年	111	46	45

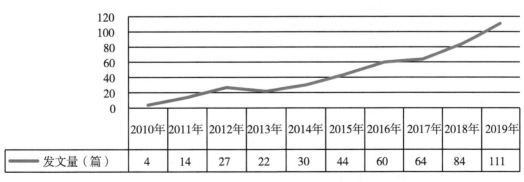

	2010年	2011年	2012年	2013年	2014年	2015年	2016年	2017年	2018年	2019年
发文量（篇）	4	14	27	22	30	44	60	64	84	111

图　湖南省农业科学院英文文献历年发文趋势（2010—2019 年）

1.2 高发文研究所 TOP10

2010—2019年湖南省农业科学院SCI高发文研究所TOP10见表1-2。

表1-2　2010—2019年湖南省农业科学院SCI高发文研究所TOP10　　单位：篇

排序	研究所	发文量
1	湖南省植物保护研究所	112
2	湖南杂交水稻研究中心	76
3	湖南省农产品加工研究所	66
4	湖南省蔬菜研究所	32
5	湖南省土壤肥料研究所	28
6	湖南省农业生物技术研究所	25
7	湖南省水稻研究所	17
8	湖南省核农学与航天育种研究所	10
9	湖南省园艺研究所	7
10	湖南省茶叶研究所	6

1.3 高发文期刊 TOP10

2010—2019年湖南省农业科学院SCI高发文期刊TOP10见表1-3。

表1-3　2010—2019年湖南省农业科学院SCI高发文期刊TOP10

排序	期刊名称	发文量（篇）	WOS所有数据库总被引频次	WOS核心库被引频次	期刊影响因子（最近年度）
1	PLOS ONE	19	98	89	2.74（2019）
2	JOURNAL OF INTEGRATIVE AGRICULTURE	13	60	32	1.984（2019）
3	SCIENTIFIC REPORTS	13	56	43	3.998（2019）
4	INTERNATIONAL JOURNAL OF MOLECULAR SCIENCES	12	36	31	4.556（2019）
5	FRONTIERS IN PLANT SCIENCE	8	8	7	4.402（2019）
6	FOOD CHEMISTRY	8	109	99	6.306（2019）
7	PAKISTAN JOURNAL OF BOTANY	7	4	3	0.8（2019）
8	ECOTOXICOLOGY AND ENVIRONMENTAL SAFETY	7	11	10	4.872（2019）
9	INTERNATIONAL JOURNAL OF AGRICULTURE AND BIOLOGY	6	2	2	0.822（2019）

（续表）

排序	期刊名称	发文量（篇）	WOS 所有数据库总被引频次	WOS 核心库被引频次	期刊影响因子（最近年度）
10	RICE	6	31	29	3.912（2019）

1.4　合作发文国家与地区 TOP10

2010—2019 年湖南省农业科学院 SCI 合作发文国家与地区（合作发文 1 篇以上）TOP10 见表 1-4。

表 1-4　2010—2019 年湖南省农业科学院 SCI 合作发文国家与地区 TOP10

排序	国家与地区	合作发文量（篇）	WOS 所有数据库总被引频次	WOS 核心库被引频次
1	美国	66	649	546
2	加拿大	9	48	39
3	澳大利亚	8	16	14
4	德国	7	138	112
5	日本	7	100	73
6	英格兰	7	248	208
7	苏格兰	5	22	18
8	巴基斯坦	2	28	27
9	荷兰	2	100	74
10	韩国	2	64	48

1.5　合作发文机构 TOP10

2010—2019 年湖南省农业科学院 SCI 合作发文机构 TOP10 见表 1-5。

表 1-5　2010—2019 年湖南省农业科学院 SCI 合作发文机构 TOP10

排序	合作发文机构	发文量	WOS 所有数据库总被引频次	WOS 核心库被引频次
1	湖南农业大学	158	617	504
2	中国农业科学院	69	714	566

（续表）

排序	合作发文机构	发文量	WOS 所有数据库总被引频次	WOS 核心库被引频次
3	中国科学院	55	541	429
4	中南大学	48	238	211
5	湖南大学	36	28	24
6	中国农业大学	32	185	156
7	肯塔基大学	28	137	123
8	南京农业大学	24	269	210
9	云南农业大学	14	36	32
10	浙江大学	11	65	57

1.6 高被引论文 TOP10

2010—2019 年湖南省农业科学院发表的 SCI 高被引论文 TOP10 见表 1-6，湖南省农业科学院以第一或通讯作者完成单位发表的 SCI 高被引论文 TOP10 见表 1-7。

表 1-6 2010—2019 年湖南省农业科学院 SCI 高被引论文 TOP10

排序	标题	WOS 所有数据库总被引频次	WOS 核心库被引频次	作者机构	出版年份	期刊名称	期刊影响因子（最近年度）
1	A genomic variation map provides insights into the genetic basis of cucumber domestication and diversity	126	101	湖南省农业科学院，湖南省蔬菜研究所	2013	NATURE GENETICS	27.603 (2019)
2	Coordinated transcriptional regulation underlying the circadian clock in Arabidopsis	107	95	湖南杂交水稻研究中心	2011	NATURE CELL BIOLOGY	20.042 (2019)
3	Detection of adulterants such as sweeteners materials in honey using near-infrared spectroscopy and chemometrics	75	61	湖南省农业科学院，湖南省农产品加工研究所	2010	JOURNAL OF FOOD ENGINEERING	4.499 (2019)

（续表）

排序	标题	WOS所有数据库总被引频次	WOS核心库被引频次	作者机构	出版年份	期刊名称	期刊影响因子（最近年度）
4	Biosynthesis, regulation, and domestication of bitterness in cucumber	75	52	湖南省农业科学院，湖南省蔬菜研究所	2014	SCIENCE	41.845 (2019)
5	OsbZIP71, a bZIP transcription factor, confers salinity and drought tolerance in rice	65	52	湖南杂交水稻研究中心	2014	PLANT MOLECULAR BIOLOGY	3.302 (2019)
6	Effects of organic amendments on soil carbon sequestration in paddy fields of subtropical China	56	40	湖南省土壤肥料研究所	2012	JOURNAL OF SOILS AND SEDIMENTS	2.763 (2019)
7	Chemical composition of five wild edible mushroom scollected from Southwest China and their antihyperglycemic and antioxidant activity	56	48	湖南省农业科学院	2012	FOOD AND CHEMICAL TOXI-COLOGY	4.679 (2019)
8	Exploring Valid Reference Genes for Quantitative Real-time PCR Analysis in Plutella xylostella (Lepidoptera：Plutellidae)	54	49	湖南省农业科学院，湖南省植物保护研究所	2013	INTERNATIONAL JOURNAL OF BIOLOGICAL SCIENCES	4.858 (2019)
9	Simultaneous determination of flavanones, hydroxycinnamic acids and alkaloids in citrus fruits by HPLC-DAD-ESI/MS	39	32	湖南省农产品加工研究所	2011	FOOD CHEMISTRY	6.306 (2019)
10	EAR motif mutation of rice OsERF3 alters the regulation of ethylene biosynthesis and drought tolerance	34	29	湖南省农业科学院，湖南省水稻研究所	2013	PLANTA	3.39 (2019)

表 1-7　2010—2019 年湖南省农业科学院 SCI 高被引论文 TOP10（第一或通讯作者完成单位）

排序	标题	WOS 所有数据库总被引频次	WOS 核心库被引频次	作者机构	出版年份	期刊名称	期刊影响因子（最近年度）
1	Detection of adulterants such as sweeteners materials in honey using near-infrared spectroscopy and chemometrics	75	61	湖南省农业科学院，湖南省农产品加工研究所	2010	JOURNAL OF FOOD ENGINEERING	4.499（2019）
2	Comparison of gamma irradiation and steamexplosion pretreatment for ethanol production from agricultural residues	24	19	湖南省核农学与航天育种研究所	2012	BIOMASS & BIOENERGY	3.551（2019）
3	Long-Term Effect of Fertilizer and Rice Straw on Mineral Composition and Potassium Adsorption in a Reddish Paddy Soil	22	9	湖南省农业科学院，湖南省土壤肥料研究所	2013	JOURNAL OF INTEGRATIVE AGRICULTURE	1.984（2019）
4	Qualitative and quantitative detection of honey adulterated with high-fructose corn syrup and maltose syrup by using near-infrared spectroscopy	21	18	湖南省农业科学院，湖南省农产品加工研究所	2017	FOOD CHEMISTRY	6.306（2019）
5	Relationship of metabolism of reactive oxygen species with cytoplasmic male sterility in pepper（Capsicum annuum L.）	20	19	湖南省农业科学院，湖南省蔬菜研究所	2012	SCIENTIA HORTICULTURAE	2.769（2019）
6	Identification of Camellia Oils by Near Infrared Spectroscopy Combined with Chemometrics	19	10	湖南省农业科学院，湖南省农产品加工研究所	2011	CHINESE JOURNAL OF ANALYTICAL CHEMISTRY	0.936（2019）
7	Knockout of OsNramp5 using the CRISPR/Cas9 system produces low Cd-accumulating indica rice without compromising yield	18	11	湖南杂交水稻研究中心	2017	SCIENTIFIC REPORTS	3.998（2019）

（续表）

排序	标题	WOS 所有数据库总被引频次	WOS 核心库被引频次	作者机构	出版年份	期刊名称	期刊影响因子（最近年度）
8	Responses of pepper to waterlogging stress	17	14	湖南省农业科学院，湖南省蔬菜研究所	2011	PHOTOSYNTHETICA	2.562 (2019)
9	Authentication of Pure Camellia Oil by Using Near Infrared Spectroscopy and Pattern Recognition Techniques	17	12	湖南省农业科学院，湖南省农产品加工研究所	2012	JOURNAL OF FOOD SCIENCE	2.478 (2019)
10	An anther development F-box (ADF) protein regulated by tapetum degeneration retardation (TDR) controls rice anther development	17	12	湖南杂交水稻研究中心	2015	PLANTA	3.39 (2019)

1.7 高频词 TOP20

2010—2019 年湖南省农业科学院 SCI 发文高频词（作者关键词）TOP20 见表 1-8。

表 1-8 2010—2019 年湖南省农业科学院 SCI 发文高频词（作者关键词）TOP20

排序	关键词（作者关键词）	频次	排序	关键词（作者关键词）	频次
1	Rice	43	11	Oxidative stress	5
2	Transcriptome	10	12	Cadmium	5
3	Cene expression	10	13	resistance	5
4	Bemisia tabaci	9	14	Oryza sativa	5
5	Helicoverpa armigera	8	15	temperature	5
6	pepper	7	16	Plant defense	4
7	Paddy soil	6	17	RNA-Seq	4
8	Heavy metals	6	18	feature selection	4
9	apoptosis	6	19	hybrid rice	4
10	Magnaporthe oryzae	5	20	Long-term fertilization	4

2 中文期刊论文分析

2010—2019 年，湖南省农业科学院作者共发表北大中文核心期刊论文 1 492 篇，中国科学引文数据库（CSCD）期刊论文 1 219 篇。

2.1 发文量

2010—2019 年湖南省农业科学院中文文献历年发文趋势（2010—2019 年）见下图。

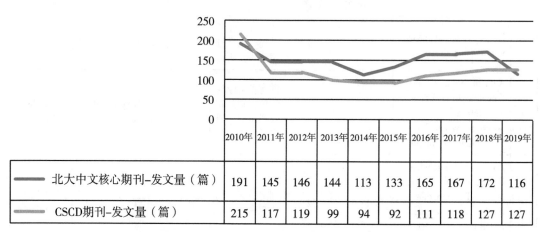

	2010年	2011年	2012年	2013年	2014年	2015年	2016年	2017年	2018年	2019年
北大中文核心期刊-发文量（篇）	191	145	146	144	113	133	165	167	172	116
CSCD期刊-发文量（篇）	215	117	119	99	94	92	111	118	127	127

图 湖南省农业科学院中文文献历年发文趋势（2010—2019 年）

2.2 高发文研究所 TOP10

2010—2019 年湖南省农业科学院北大中文核心期刊高发文研究所 TOP10 见表 2-1，2010—2019 年湖南省农业科学院中国科学引文数据库（CSCD）期刊高发文研究所 TOP10 见表 2-2。

表 2-1 2010—2019 年湖南省农业科学院北大中文核心期刊高发文研究所 TOP10 单位：篇

排序	研究所	发文量
1	湖南杂交水稻研究中心	440
2	湖南省土壤肥料研究所	297
3	湖南省植物保护研究所	165
4	湖南省农产品加工研究所	163
5	湖南省蔬菜研究所	95
6	湖南省水稻研究所	92
7	湖南省农业科学院	78
8	湖南省茶叶研究所	47
9	湖南省园艺研究所	45
10	湖南省农业环境生态研究所	39
11	湖南省作物研究所	32

注："湖南省农业科学院"发文包括作者单位只标注为"湖南省农业科学院"、院属实验室等。

表 2-2　2010—2019 年湖南省农业科学院 CSCD 期刊高发文研究所 TOP10　　单位：篇

排序	研究所	发文量
1	湖南杂交水稻研究中心	304
2	湖南省土壤肥料研究所	290
3	湖南省植物保护研究所	152
4	湖南省农产品加工研究所	113
5	湖南省水稻研究所	89
6	湖南省蔬菜研究所	62
7	湖南省农业科学院	52
8	湖南省农业环境生态研究所	38
8	湖南省作物研究所	38
8	湖南省园艺研究所	38
9	湖南省茶叶研究所	35
10	湖南省核农学与航天育种研究所	32
11	湖南省农业生物技术研究所	20

注："湖南省农业科学院"发文包括作者单位只标注为"湖南省农业科学院"、院属实验室等。

2.3　高发文期刊 TOP10

　　2010—2019 年湖南省农业科学院高发文北大中文核心期刊 TOP10 见表 2-3，2010—2019 年湖南省农业科学院高发文 CSCD 期刊 TOP10 见表 2-4。

表 2-3　2010—2019 年湖南省农业科学院高发文期刊（北大中文核心）TOP10　　单位：篇

排序	期刊名称	发文量	排序	期刊名称	发文量
1	杂交水稻	275	6	中国食品学报	34
2	湖南农业大学学报（自然科学版）	55	7	农业现代化研究	33
3	植物保护	43	8	中国农学通报	33
4	分子植物育种	37	9	食品工业科技	31
5	食品与机械	36	10	中国蔬菜	30

表 2-4　2010—2019 年湖南省农业科学院高发文期刊（CSCD）TOP10　　单位：篇

排序	期刊名称	发文量	排序	期刊名称	发文量
1	杂交水稻	215	6	中国食品学报	32
2	湖南农业科学	94	7	农业环境科学学报	29
3	湖南农业大学学报.自然科学版	46	8	农业现代化研究	29
4	植物保护	38	9	中国农学通报	29
5	分子植物育种	38	10	食品与机械	27

2.4 合作发文机构 TOP10

2010—2019 年湖南省农业科学院北大中文核心期刊合作发文机构 TOP10 见表 2-5，2010—2019 年湖南省农业科学院 CSCD 期刊合作发文机构 TOP10 见表 2-6。

表 2-5 2010—2019 年湖南省农业科学院北大中文核心期刊合作发文机构 TOP10 单位：篇

排序	合作发文机构	发文量	排序	合作发文机构	发文量
1	湖南农业大学	344	6	武汉大学	41
2	中南大学	172	7	中国农业大学	38
3	中国农业科学院	89	8	中南林业科技大学	34
4	湖南大学	72	9	长江大学	29
5	中国科学院	54	10	华中农业大学	22

表 2-6 2010—2019 年湖南省农业科学院 CSCD 期刊合作发文机构 TOP10 单位：篇

排序	合作发文机构	发文量	排序	合作发文机构	发文量
1	湖南农业大学	274	6	中国农业大学	30
2	中南大学	130	7	中南林业科技大学	24
3	中国农业科学院	88	8	华南农业大学	24
4	湖南大学	66	9	华中农业大学	24
5	中国科学院	42	10	南方粮油作物协同创新中心	14

吉林省农业科学院

1 英文期刊论文分析

分析数据来源于科学引文索引数据库（Web of Science，WOS）收录的文献类型为期刊论文（ARTICLE）、会议论文（PROCEEDINGS PAPER）和述评（REVIEW）的 Science Citation Index Expanded（SCIE）论文数据，数据时间范围为 2010—2019 年，共检索到吉林省农业科学院作者发表的论文 529 篇。

1.1 发文量

2010—2019 年吉林省农业科学院历年 SCI 发文与被引情况见表 1-1，吉林省农业科学院英文文献历年发文趋势（2010—2019 年）见下图。

表 1-1 2010—2019 年吉林省农业科学院历年 SCI 发文与被引情况

出版年	发文量（篇）	WOS 所有数据库总被引频次	WOS 核心库被引频次
2010 年	28	491	377
2011 年	34	412	366
2012 年	31	401	321
2013 年	33	355	290
2014 年	44	651	542
2015 年	61	394	332
2016 年	45	152	141
2017 年	67	160	138
2018 年	77	85	78
2019 年	109	16	16

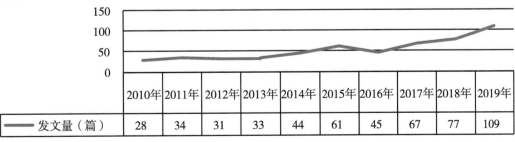

	2010年	2011年	2012年	2013年	2014年	2015年	2016年	2017年	2018年	2019年
发文量（篇）	28	34	31	33	44	61	45	67	77	109

图 吉林省农业科学院英文文献历年发文趋势（2010—2019 年）

1.2 高发文研究所 TOP10

2010—2019年吉林省农业科学院SCI高发文研究所TOP10见表1-2。

表1-2 2010—2019年吉林省农业科学院SCI高发文研究所TOP10　　　　　单位：篇

排序	研究所	发文量
1	吉林省农业科学院农业资源与环境研究所	109
2	吉林省农业科学院农业生物技术研究所	93
3	吉林省农业科学院畜牧科学分院	41
4	吉林省农业科学院大豆研究所	35
5	吉林省农业科学院农产品加工研究所	28
5	吉林省农业科学院植物保护研究所	28
6	吉林省农业科学院玉米研究所	14
7	吉林省农业科学院水稻研究所	12
8	吉林省农业科学院农业质量标准与检测技术研究所	10
8	吉林省农业科学院作物资源研究所	10
9	吉林省农业科学院果树研究所	6
10	吉林省农业科学院经济植物研究所	5

1.3 高发文期刊 TOP10

2010—2019年吉林省农业科学院SCI高发文期刊TOP10见表1-3。

表1-3 2010—2019年吉林省农业科学院SCI高发文期刊TOP10

排序	期刊名称	发文量（篇）	WOS所有数据库总被引频次	WOS核心库被引频次	期刊影响因子（最近年度）
1	PLOS ONE	27	170	141	2.74（2019）
2	JOURNAL OF INTEGRATIVE AGRICULTURE	18	67	51	1.984（2019）
3	SCIENTIFIC REPORTS	17	45	43	3.998（2019）
4	GENETICS AND MOLECULAR RESEARCH	15	45	41	0.764（2015）
5	FRONTIERS IN PLANT SCIENCE	13	32	29	4.402（2019）
6	INTERNATIONAL JOURNAL OF MOLECULAR SCIENCES	9	29	24	4.556（2019）
7	TRANSGENIC RESEARCH	8	5	5	1.856（2019）

（续表）

排序	期刊名称	发文量（篇）	WOS 所有数据库总被引频次	WOS 核心库被引频次	期刊影响因子（最近年度）
8	JOURNAL OF SOILS AND SEDIMENTS	7	48	35	2.763（2019）
9	JOURNAL OF INTEGRATIVE PLANT BIOLOGY	7	74	61	4.885（2019）
10	FIELD CROPS RESEARCH	6	39	31	4.308（2019）

1.4 合作发文国家与地区 TOP10

2010—2019 年吉林省农业科学院 SCI 合作发文国家与地区（合作发文 1 篇以上）TOP10 见表 1-4。

表 1-4 2010—2019 年吉林省农业科学院 SCI 合作发文国家与地区 TOP10

排序	国家与地区	合作发文量（篇）	WOS 所有数据库总被引频次	WOS 核心库被引频次
1	美国	69	909	768
2	加拿大	22	130	104
3	澳大利亚	16	148	120
4	韩国	8	32	25
5	日本	7	35	27
6	英格兰	6	153	130
7	瑞士	4	45	33
8	孟加拉国	3	15	12
9	北爱尔兰	3	58	44
10	德国	3	40	36

1.5 合作发文机构 TOP10

2010—2019 年吉林省农业科学院 SCI 合作发文机构 TOP10 见表 1-5。

表 1-5 2010—2019 年吉林省农业科学院 SCI 合作发文机构 TOP10

排序	合作发文机构	发文量	WOS 所有数据库总被引频次	WOS 核心库被引频次
1	中国农业科学院	105	1 099	884

（续表）

排序	合作发文机构	发文量	WOS 所有数据库总被引频次	WOS 核心库被引频次
2	吉林大学	94	461	392
3	吉林农业大学	84	607	516
4	中国科学院	67	745	611
5	中国农业大学	36	567	470
6	沈阳农业大学	28	81	76
7	东北师范大学	25	378	329
8	黑龙江省农业科学院	20	79	66
9	东北师范大学	19	34	28
10	南京农业大学	19	458	377

1.6　高被引论文 TOP10

2010—2019 年吉林省农业科学院发表的 SCI 高被引论文 TOP10 见表 1-6，吉林省农业科学院以第一或通讯作者完成单位发表的 SCI 高被引论文 TOP10 见表 1-7。

表 1-6　2010—2019 年吉林省农业科学院 SCI 高被引论文 TOP10

排序	标题	WOS 所有数据库总被引频次	WOS 核心库被引频次	作者机构	出版年份	期刊名称	期刊影响因子（最近年度）
1	Producing more grain with lower environmental costs	250	201	吉林省农业科学院，吉林省农业科学院农业资源与环境研究所	2014	NATURE	42.778 (2019)
2	Soil organic carbon dynamics under long-term fertilizations in arable land of northern China	92	70	吉林省农业科学院，吉林省农业科学院农业资源与环境研究所	2010	BIOGEOSCIENCES	3.48 (2019)
3	Heritable alteration in DNA methylation induced by nitrogen-deficiency stress accompanies enhanced tolerance by progenies to the stress in rice (Oryza sativa L.)	83	77	吉林省农业科学院，吉林省农业科学院农业生物技术研究所	2011	JOURNAL OF PLANT PHYSIOLOGY	3.013 (2019)

（续表）

排序	标题	WOS所有数据库总被引频次	WOS核心库被引频次	作者机构	出版年份	期刊名称	期刊影响因子（最近年度）
4	A maize wall-associated kinase confers quantitative resistance to head smut	72	69	吉林省农业科学院，吉林省农业科学院玉米研究所	2015	NATURE GENETICS	27.603（2019）
5	Antioxidant activity of an exopolysaccharide isolated from Lactobacillus plantarum C88	69	58	吉林省农业科学院，吉林省农业科学院农产品加工研究所	2013	INTERNATIONAL JOURNAL OF BIOLOGICAL MACROMOLECULES	5.162（2019）
6	Transgenerational Inheritance of Modified DNA Methylation Patterns and Enhanced Tolerance Induced by Heavy Metal Stress in Rice（Oryza sativa L.）	57	48	吉林省农业科学院	2012	PLOS ONE	2.74（2019）
7	Quantifying atmospheric nitrogen deposition through a nationwide monitoring network across China	54	45	吉林省农业科学院，吉林省农业科学院农业资源与环境研究所	2015	ATMOSPHERIC CHEMISTRY AND PHYSICS	5.414（2019）
8	Long-Term Fertilizer Experiment Network in China：Crop Yields and Soil Nutrient Trends	48	37	吉林省农业科学院，吉林省农业科学院农业资源与环境研究所	2010	AGRONOMY JOURNAL	1.683（2019）
9	Changes in H_2O_2 content and antioxidant enzyme gene expression during the somatic embryogenesis of Larix leptolepis	42	31	吉林省农业科学院，吉林省农业科学院农业生物技术研究所	2010	PLANT CELL TISSUE AND ORGAN CULTURE	2.196（2019）
10	Microarray analysis of differentially expressed microRNAs in non-regressed and regressed bovine corpus luteum tissue；microRNA-378 may suppress luteal cell apoptosis by targeting the interferon gamma receptor 1 gene	41	35	吉林省农业科学院	2011	JOURNAL OF APPLIED GENETICS	2.027（2019）

表 1-7 2010—2019 年吉林省农业科学院 SCI 高被引论文 TOP10（第一或通讯作者完成单位）

排序	标题	WOS 所有数据库总被引频次	WOS 核心库被引频次	作者机构	出版年份	期刊名称	期刊影响因子（最近年度）
1	Antioxidant activity of an exopolysaccharide isolated from Lactobacillus plantarum C88	69	58	吉林省农业科学院，吉林省农业科学院农产品加工研究所	2013	INTERNATIONAL JOURNAL OF BIOLOGICAL MACROMOLECULES	5.162 (2019)
2	Transcriptome Profile Analysis of Maize Seedlings in Response to High-salinity, Drought and Cold Stresses by Deep Sequencing	26	21	吉林省农业科学院，吉林省农业科学院农业生物技术研究所	2013	PLANT MOLECULAR BIOLOGY REPORTER	1.336 (2019)
3	Transformation of alfalfa chloroplasts and expression of green fluorescent protein in a forage crop	21	17	吉林省农业科学院，吉林省农业科学院农业生物技术研究所	2011	BIOTECHNOLOGY LETTERS	1.977 (2019)
4	Genome-wide analysis and expression profiling under heat and drought treatments of HSP70 genefamily in soybean (Glycine max L.)	15	14	吉林省农业科学院，吉林省农业科学院作物资源研究所，吉林省农业科学院农业生物技术研究所，吉林省农业科学院植物保护研究所	2015	FRONTIERS IN PLANT SCIENCE	4.402 (2019)
5	Molecular cloning of the HGD gene and association of SNPs with meat quality traits in Chinese red cattle	14	12	吉林省农业科学院，吉林省农业科学院畜牧科学分院	2010	MOLECULAR BIOLOGY REPORTS	1.402 (2019)
6	Identification of rice blast resistance genes using international monogenic differentials	13	11	吉林省农业科学院，吉林省农业科学院植物保护研究所	2013	CROP PROTECTION	2.381 (2019)
7	Reduction of Aflatoxin B-1 Toxicity by Lactobacillus plantarum C88: A Potential Probiotic Strain Isolated from Chinese Traditional Fermented Food "Tofu"	12	9	吉林省农业科学院，吉林省农业科学院农产品加工研究所	2017	PLOS ONE	2.74 (2019)

（续表）

排序	标题	WOS 所有数据库总被引频次	WOS 核心库被引频次	作者机构	出版年份	期刊名称	期刊影响因子（最近年度）
8	Antioxidant activity of prebiotic ginseng polysaccharides combined withpotential probiotic Lactobacillus plantarum C88	10	7	吉林省农业科学院，吉林省农业科学院农产品加工研究所	2015	INTERNATIONAL JOURNAL OF FOOD SCIENCE AND TECHNOLOGY	2.773（2019）
9	Synthesis of N doped and N，S co-doped 3D TiO2 hollow spheres with enhanced photocatalytic efficiency under nature sunlight	10	9	吉林省农业科学院	2015	CERAMICS INTERNATIONAL	3.83（2019）
10	Development and Validation of A 48-Target Analytical Method for High-throughput Monitoring of Genetically Modified Organisms	9	9	吉林省农业科学院，吉林省农业科学院农业生物技术研究所	2015	SCIENTIFIC REPORTS	3.998（2019）

1.7 高频词 TOP20

2010—2019 年吉林省农业科学院 SCI 发文高频词（作者关键词）TOP20 见表 1-8。

表 1-8 2010—2019 年吉林省农业科学院 SCI 发文高频词（作者关键词）TOP20

排序	关键词（作者关键词）	频次	排序	关键词（作者关键词）	频次
1	soybean	33	11	Polymorphism	7
2	maize	30	12	apoptosis	7
3	rice	18	13	Salt stress	7
4	Long-term fertilization	16	14	black soil	6
5	Gene expression	12	15	Soil organic carbon	6
6	genetic diversity	10	16	Soil	6
7	Lactobacillus plantarum	9	17	Zea mays	6
8	DNA methylation	8	18	nitrogen	6
9	Fluorescence polarization	8	19	corn	6
10	Glycine max	7	20	Arabidopsis thaliana	5

2 中文期刊论文分析

2010—2019 年，吉林省农业科学院作者共发表北大中文核心期刊论文 1 897篇，中国科学引文数据库（CSCD）期刊论文 1 365篇。

2.1 发文量

2010—2019 年吉林省农业科学院中文文献历年发文趋势（2010—2019 年）见下图。

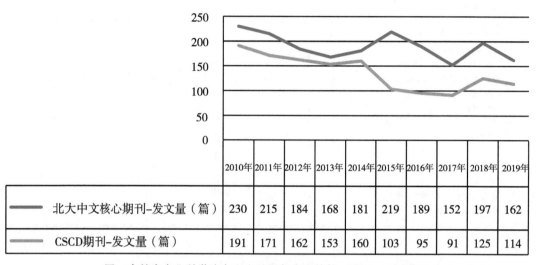

	2010年	2011年	2012年	2013年	2014年	2015年	2016年	2017年	2018年	2019年
北大中文核心期刊-发文量（篇）	230	215	184	168	181	219	189	152	197	162
CSCD期刊-发文量（篇）	191	171	162	153	160	103	95	91	125	114

图 吉林省农业科学院中文文献历年发文趋势（2010—2019 年）

2.2 高发文研究所 TOP10

2010—2019 年吉林省农业科学院北大中文核心期刊高发文研究所 TOP10 见表 2-1，2010—2019 年吉林省农业科学院中国科学引文数据库（CSCD）期刊高发文研究所 TOP10 见表 2-2。

表 2-1 2010—2019 年吉林省农业科学院北大中文核心期刊高发文研究所 TOP10 单位：篇

排序	研究所	发文量
1	吉林省农业科学院	562
2	吉林省农业科学院农业资源与环境研究所	303
3	吉林省农业科学院畜牧科学分院	225
4	吉林省农业科学院农业生物技术研究所	171
5	吉林省农业科学院植物保护研究所	147
6	吉林省农业科学院农产品加工研究所	112

（续表）

排序	研究所	发文量
7	吉林省农业科学院大豆研究所	111
8	吉林省农业科学院玉米研究所	63
9	吉林省农业科学院农业质量标准与检测技术研究所	45
10	吉林省农业科学院水稻研究所	44
11	吉林省农业科学院果树研究所	42

注："吉林省农业科学院"发文包括作者单位只标注为"吉林省农业科学院"、院属实验室等。

表2-2　2010—2019年吉林省农业科学院CSCD期刊高发文研究所TOP10　　单位：篇

排序	研究所	发文量
1	吉林省农业科学院	436
2	吉林省农业科学院农业资源与环境研究所	232
3	吉林省农业科学院农业生物技术研究所	146
4	吉林省农业科学院植物保护研究所	115
5	吉林省农业科学院大豆研究所	108
6	吉林省农业科学院畜牧科学分院	98
7	吉林省农业科学院农产品加工研究所	56
8	吉林省农业科学院玉米研究所	48
9	吉林省农业科学院水稻研究所	44
10	吉林省农业科学院作物资源研究所	40
11	吉林省农业科学院果树研究所	23

注："吉林省农业科学院"发文包括作者单位只标注为"吉林省农业科学院"、院属实验室等。

2.3　高发文期刊TOP10

2010—2019年吉林省农业科学院高发文北大中文核心期刊TOP10见表2-3，2010—2019年吉林省农业科学院高发文CSCD期刊TOP10见表2-4。

表2-3　2010—2019年吉林省农业科学院高发文期刊（北大中文核心）TOP10　　单位：篇

排序	期刊名称	发文量	排序	期刊名称	发文量
1	玉米科学	247	6	安徽农业科学	77
2	吉林农业科学	95	7	东北农业科学	72
3	大豆科学	89	8	中国畜牧兽医	46
4	吉林农业大学学报	84	9	北方园艺	42
5	黑龙江畜牧兽医	81	10	中国农业科学	38

表 2-4　2010—2019 年吉林省农业科学院高发文期刊（CSCD）TOP10　　单位：篇

排序	期刊名称	发文量	排序	期刊名称	发文量
1	吉林农业科学	253	6	中国农业科学	34
2	玉米科学	249	7	食品科学	32
3	大豆科学	93	8	中国兽医学报	29
4	吉林农业大学学报	80	9	植物营养与肥料学报	27
5	分子植物育种	41	10	中国农学通报	27

2.4　合作发文机构 TOP10

2010—2019 年吉林省农业科学院北大中文核心期刊合作发文机构 TOP10 见表 2-5，2010—2019 年吉林省农业科学院 CSCD 期刊合作发文机构 TOP10 见表 2-6。

表 2-5　2010—2019 年吉林省农业科学院北大中文核心期刊合作发文机构 TOP10　　单位：篇

排序	合作发文机构	发文量	排序	合作发文机构	发文量
1	吉林农业大学	409	6	中国农业大学	51
2	吉林大学	132	7	东北农业大学	50
3	中国农业科学院	117	8	山东省农业科学院	48
4	延边大学	89	9	大豆国家工程研究中心	36
5	沈阳农业大学	56	10	中国科学院	33

表 2-6　2010—2019 年吉林省农业科学院 CSCD 期刊合作发文机构 TOP10　　单位：篇

排序	合作发文机构	发文量	排序	合作发文机构	发文量
1	吉林农业大学	295	6	延边大学	45
2	中国农业科学院	108	7	中国农业大学	37
3	吉林大学	79	8	中国科学院	32
4	东北农业大学	51	9	哈尔滨师范大学	22
5	沈阳农业大学	47	10	吉林吉农高新技术发展股份有限公司	16

江苏省农业科学院

1 英文期刊论文分析

分析数据来源于科学引文索引数据库（Web of Science，WOS）收录的文献类型为期刊论文（ARTICLE）、会议论文（PROCEEDINGS PAPER）和述评（REVIEW）的 Science Citation Index Expanded（SCIE）论文数据，数据时间范围为 2010—2019 年，共检索到江苏省农业科学院作者发表的论文 2 770 篇。

1.1 发文量

2010—2019 年江苏省农业科学院历年 SCI 发文与被引情况见表 1-1，江苏省农业科学院英文文献历年发文趋势（2010—2019 年）见下图。

表 1-1　2010—2019 年江苏省农业科学院历年 SCI 发文与被引情况

出版年	发文量（篇）	WOS 所有数据库总被引频次	WOS 核心库被引频次
2010 年	64	1 424	1 161
2011 年	74	1 151	941
2012 年	136	2 489	1 958
2013 年	164	2 195	1 819
2014 年	229	2 529	2 163
2015 年	342	1 890	1 602
2016 年	403	1 290	1 151
2017 年	424	1 795	1 622
2018 年	456	476	457
2019 年	478	86	82

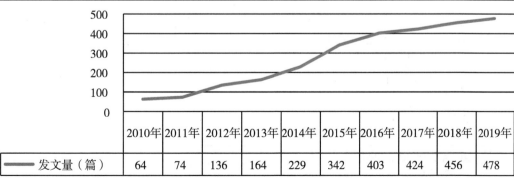

	2010年	2011年	2012年	2013年	2014年	2015年	2016年	2017年	2018年	2019年
发文量（篇）	64	74	136	164	229	342	403	424	456	478

图　江苏省农业科学院英文文献历年发文趋势（2010—2019 年）

1.2 高发文研究所 TOP10

2010—2019 年江苏省农业科学院 SCI 高发文研究所 TOP10 见表 1-2。

表 1-2 2010—2019 年江苏省农业科学院 SCI 高发文研究所 TOP10　　　单位：篇

排序	研究所	发文量
1	江苏省农业科学院农业资源与环境研究所	472
2	江苏省农业科学院植物保护研究所	322
3	江苏省农业科学院兽医研究所	289
4	江苏省农业科学院农产品质量安全与营养研究所	263
5	江苏省农业科学院农产品加工研究所	254
6	江苏省农业科学院园艺研究所	240
7	江苏省农业科学院种质资源与生物技术研究所	220
8	江苏省农业科学院粮食作物研究所	163
9	江苏省农业科学院蔬菜研究所	128
10	江苏省农业科学院畜牧研究所	109

1.3 高发文期刊 TOP10

2010—2019 年江苏省农业科学院 SCI 高发文期刊 TOP10 见表 1-3。

表 1-3 2010—2019 年江苏省农业科学院 SCI 高发文期刊 TOP10

排序	期刊名称	发文量（篇）	WOS 所有数据库总被引频次	WOS 核心库被引频次	期刊影响因子（最近年度）
1	PLOS ONE	95	823	691	2.74（2019）
2	SCIENTIFIC REPORTS	70	248	230	3.998（2019）
3	FRONTIERS IN PLANT SCIENCE	53	271	248	4.402（2019）
4	JOURNAL OF AGRICULTURAL AND FOOD CHEMISTRY	46	329	293	4.192（2019）
5	SCIENCE OF THE TOTAL ENVIRONMENT	32	199	183	6.551（2019）
6	GENETICS AND MOLECULAR RESEARCH	32	143	120	0.764（2019）
7	ACTA PHYSIOLOGIAE PLANTARUM	30	62	50	1.76（2019）
8	FOOD CHEMISTRY	29	277	248	6.306（2019）

（续表）

排序	期刊名称	发文量（篇）	WOS 所有数据库总被引频次	WOS 核心库被引频次	期刊影响因子（最近年度）
9	VETERINARY MICROBIOLOGY	28	131	92	3.03（2019）
10	FRONTIERS IN MICROBIOLOGY	28	43	39	4.235（2019）

1.4 合作发文国家与地区 TOP10

2010—2019 年江苏省农业科学院 SCI 合作发文国家与地区（合作发文 1 篇以上）TOP10 见表 1-4。

表 1-4　2010—2019 年江苏省农业科学院 SCI 合作发文国家与地区 TOP10

排序	国家与地区	合作发文量（篇）	WOS 所有数据库总被引频次	WOS 核心库被引频次
1	美国	351	2 330	2 102
2	澳大利亚	78	870	776
3	加拿大	39	660	599
4	英格兰	38	508	477
5	巴基斯坦	30	182	162
6	德国	26	145	125
7	日本	25	183	143
8	荷兰	15	21	21
9	法国	14	352	322
10	新西兰	12	35	29

1.5 合作发文机构 TOP10

2010—2019 年江苏省农业科学院 SCI 合作发文机构 TOP10 见表 1-5。

表 1-5　2010—2019 年江苏省农业科学院 SCI 合作发文机构 TOP10

排序	合作发文机构	发文量	WOS 所有数据库总被引频次	WOS 核心库被引频次
1	南京农业大学	837	5 153	4 320
2	中国科学院	273	2 756	2 310

（续表）

排序	合作发文机构	发文量	WOS 所有数据库总被引频次	WOS 核心库被引频次
3	中国农业科学院	146	1 534	1 297
4	扬州大学	127	414	352
5	中国农业大学	94	595	519
6	南京师范大学	78	429	350
7	广东省农业科学院	68	298	269
8	浙江大学	64	580	483
9	山东省农业科学院	61	259	232
10	吉林省农业科学院	49	135	124

1.6 高被引论文 TOP10

2010—2019 年江苏省农业科学院发表的 SCI 高被引论文 TOP10 见表 1-6，江苏省农业科学院以第一或通讯作者完成单位发表的 SCI 高被引论文 TOP10 见表 1-7。

表 1-6 2010—2019 年江苏省农业科学院 SCI 高被引论文 TOP10

排序	标题	WOS 所有数据库总被引频次	WOS 核心库被引频次	作者机构	出版年份	期刊名称	期刊影响因子（最近年度）
1	The Brassica oleracea genome reveals the asymmetrical evolution of polyploid genomes	258	240	江苏省农业科学院	2014	NATURE COMMUNICATIONS	12. 121 (2019)
2	Rare allele of OsPPKL1 associated with grain length causes extra-large grain and a significant yield increase in rice	169	123	江苏省农业科学院，江苏省农业科学院粮食作物研究所	2012	PROCEEDINGS OF THE NATIONAL ACADEMY OF SCIENCES OF THE UNITED STATES OF AMERICA	9. 412 (2019)
3	Small RNA Profiling in Two Brassica napus Cultivars Identifies MicroRNAs with Oil Production–and Development–Correlated Expression and New Small RNA Classes	117	57	江苏省农业科学院，江苏省农业科学院经济作物研究所	2012	PLANT PHYSIOLOGY	6. 902 (2019)

（续表）

排序	标题	WOS 所有数据库总被引频次	WOS 核心库被引频次	作者机构	出版年份	期刊名称	期刊影响因子（最近年度）
4	Highly Sensitive and Selective DNA-Based Detection of Mercury（Ⅱ）with alpha-Hemolysin Nanopore	109	107	江苏省农业科学院，江苏省农业科学院农产品质量安全与营养研究所	2011	JOURNAL OF THE AMERICAN CHEMICAL SOCIETY	14.612（2019）
5	Transcriptome profiling of early developing cotton fiber by deep-sequencing reveals significantly differential expression of genes in a fuzzless/lintless mutant	105	93	江苏省农业科学院，江苏省农业科学院经济作物研究所	2010	GENOMICS	6.205（2019）
6	Unrelated facultative endosymbionts protect aphids against a fungal pathogen	97	96	江苏省农业科学院，江苏省农业科学院植物保护研究所	2013	ECOLOGY LETTERS	8.665（2019）
7	Survey of antioxidant capacity and phenolic composition of blueberry, blackberry, and strawberry in Nanjing	96	82	江苏省农业科学院，江苏省农业科学院农产品加工研究所	2012	JOURNAL OF ZHEJIANG UNIVERSITY-SCIENCE B	2.082（2019）
8	Massively parallel pyrosequencing-based transcriptome analyses of small brown planthopper（Laodelphax striatellus），a vector insect transmitting rice stripe virus（RSV）	88	76	江苏省农业科学院	2010	BMC GENOMICS	3.594（2019）
9	Disruption of a Rice Pentatricopeptide Repeat Protein Causes a Seedling-Specific Albino Phenotype and Its Utilization to Enhance Seed Purity in Hybrid Rice Production	87	56	江苏省农业科学院，江苏省农业科学院经济作物研究所	2012	PLANT PHYSIOLOGY	6.902（2019）
10	Enhanced and irreversible sorption of pesticide pyrimethanil by soil amended with biochars	83	78	江苏省农业科学院，江苏省农业科学院植物保护研究所	2010	JOURNAL OF ENVIRONMENTAL SCIENCES	4.302（2019）

表1-7 2010—2019年江苏省农业科学院SCI高被引论文TOP10（第一或通讯作者完成单位）

排序	标题	WOS所有数据库总被引频次	WOS核心库被引频次	作者机构	出版年份	期刊名称	期刊影响因子（最近年度）
1	Survey of antioxidant capacity and phenolic composition of blueberry, blackberry, and strawberry in Nanjing	96	82	江苏省农业科学院，江苏省农业科学院农产品加工研究所	2012	JOURNAL OF ZHEJIANG UNIVERSITY-SCIENCE B	2.082（2019）
2	Enhanced and irreversible sorption of pesticide pyrimethanil by soil amended with biochars	83	78	江苏省农业科学院，江苏省农业科学院植物保护研究所	2010	JOURNAL OF ENVIRONMENTAL SCIENCES	4.302（2019）
3	Removal of nutrients and veterinary antibiotics from swine wastewater by a constructed macrophyte floating bed system	63	47	江苏省农业科学院，江苏省农业科学院农业资源与环境研究所	2010	JOURNAL OF ENVIRONMENTAL MANAGEMENT	5.647（2019）
4	Bioactive Natural Constituents from Food Sources-Potential Use in Hypertension Prevention and Treatment	63	59	江苏省农业科学院，江苏省农业科学院农产品加工研究所	2013	CRITICAL REVIEWS IN FOOD SCIENCE AND NUTRITION	7.862（2019）
5	Isolation and Identification of the DNA Aptamer Target to Acetamiprid	57	49	江苏省农业科学院，江苏省农业科学院农产品质量安全与营养研究所	2011	JOURNAL OF AGRICULTURAL AND FOOD CHEMISTRY	4.192（2019）
6	Degradation of Microcystin-LR and RR by a Stenotrophomonas sp Strain EMS Isolated from Lake Taihu, China	55	43	江苏省农业科学院，江苏省农业科学院农业资源与环境研究所，江苏省农业科学院农产品质量安全与营养研究所	2010	INTERNATIONAL JOURNAL OF MOLECULAR SCIENCES	4.556（2019）
7	Dissipation of chlorpyrifos and residue analysis in rice, soil and water under paddy field conditions	51	45	江苏省农业科学院，江苏省农业科学院农产品质量安全与营养研究所	2012	ECOTOXICOLOGY AND ENVIRONMENTAL SAFETY	4.872（2019）

（续表）

排序	标题	WOS 所有数据库总被引频次	WOS 核心库被引频次	作者机构	出版年份	期刊名称	期刊影响因子（最近年度）
8	Adsorption of dyestuff from aqueous solutions through oxalic acid-modified swede rape straw: Adsorption process and disposal methodology of depleted bioadsorbents	51	42	江苏省农业科学院	2013	BIORESOURCE TECHNOLOGY	7.539 (2019)
9	Island Cotton Gbve1 Gene Encoding A Receptor－Like Protein ConfersResistance to Both Defoliating and Non－Defoliating Isolates of Verticillium dahliae	50	33	江苏省农业科学院，江苏省农业科学院种质资源与生物技术研究所	2012	PLOS ONE	2.74 (2019)
10	Optimized microwave-assisted extraction of total phenolics（TP）from Ipomoea batatas leaves and its antioxidant activity	48	44	江苏省农业科学院，江苏省农业科学院农产品加工研究所	2011	INNOVATIVE FOOD SCIENCE & EMERGING TECHNOLOGIES	4.477 (2019)

1.7 高频词 TOP20

2010—2019 年江苏省农业科学院 SCI 发文高频词（作者关键词）TOP20 见表 1-8。

表 1-8　2010—2019 年江苏省农业科学院 SCI 发文高频词（作者关键词）TOP20

排序	关键词（作者关键词）	频次	排序	关键词（作者关键词）	频次
1	rice	68	4	Photosynthesis	30
2	Gene expression	50	5	salt stress	28
3	biochar	34	6	Transcriptome	27
7	RNA-Seq	25	14	Genetic diversity	20
8	Mycoplasma hyopneumoniae	25	15	Phylogenetic analysis	20
9	Soybean	23	16	Peach	19
10	cadmium	22	17	cotton	19
11	resistance	22	18	Oryza sativa	19
12	wheat	21	19	Biocontrol	18
13	maize	20	20	Abiotic stress	17

2　中文期刊论文分析

2010—2019 年，江苏省农业科学院作者共发表北大中文核心期刊论文 7 643篇，中国科学引文数据库（CSCD）期刊论文 5 203篇。

2.1　发文量

2010—2019 年江苏省农业科学院中文文献历年发文趋势（2010—2019 年）见下图。

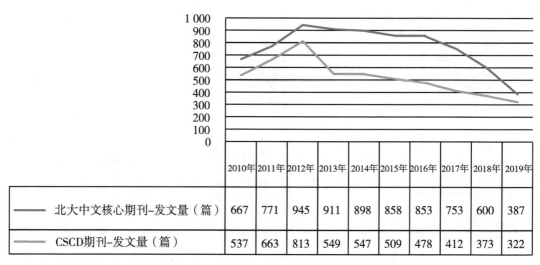

	2010年	2011年	2012年	2013年	2014年	2015年	2016年	2017年	2018年	2019年
北大中文核心期刊-发文量（篇）	667	771	945	911	898	858	853	753	600	387
CSCD期刊-发文量（篇）	537	663	813	549	547	509	478	412	373	322

图　江苏省农业科学院中文文献历年发文趋势（2010—2019 年）

2.2　高发文研究所 TOP10

2010—2019 年江苏省农业科学院北大中文核心期刊高发文研究所 TOP10 见表 2-1，2010—2019 年江苏省农业科学院中国科学引文数据库（CSCD）期刊高发文研究所 TOP10 见表 2-2。

表 2-1　2010—2019 年江苏省农业科学院北大中文核心期刊高发文研究所 TOP10　单位：篇

排序	研究所	发文量
1	江苏省农业科学院农业资源与环境研究所	688
2	江苏省农业科学院农产品加工研究所	592
3	江苏省农业科学院蔬菜研究所	530
4	江苏省农业科学院动物免疫工程研究所	484

(续表)

排序	研究所	发文量
5	江苏省农业科学院植物保护研究所	481
6	江苏省农业科学院兽医研究所	426
7	江苏省农业科学院	419
8	江苏省农业科学院粮食作物研究所	415
9	江苏省农业科学院畜牧研究所	402
10	江苏省农业科学院园艺研究所	397
11	江苏省农业科学院种质资源与生物技术研究所	384

注："江苏省农业科学院"发文包括作者单位只标注为"江苏省农业科学院"、院属实验室等。

表 2-2　2010—2019 年江苏省农业科学院 CSCD 期刊高发文研究所 TOP10　　单位：篇

排序	研究所	发文量
1	江苏省农业科学院农业资源与环境研究所	575
2	江苏省农业科学院农产品加工研究所	444
3	江苏省农业科学院植物保护研究所	416
4	江苏省农业科学院	355
5	江苏省农业科学院兽医研究所	351
6	江苏省农业科学院粮食作物研究所	323
7	江苏省农业科学院园艺研究所	315
8	江苏省农业科学院蔬菜研究所	285
9	江苏省农业科学院畜牧研究所	263
10	江苏省农业科学院经济作物研究所	244
11	江苏丘陵地区镇江农业科学研究所	211

注："江苏省农业科学院"发文包括作者单位只标注为"江苏省农业科学院"、院属实验室等。

2.3　高发文期刊 TOP10

2010—2019 年江苏省农业科学院高发文北大中文核心期刊 TOP10 见表 2-3，2010—2019 年江苏省农业科学院高发文 CSCD 期刊 TOP10 见表 2-4。

表 2-3 2010—2019 年江苏省农业科学院高发文期刊（北大中文核心）TOP10 单位：篇

排序	期刊名称	发文量	排序	期刊名称	发文量
1	江苏农业科学	1 931	6	中国农业科学	127
2	江苏农业学报	1 231	7	麦类作物学报	108
3	食品科学	192	8	核农学报	97
4	西南农业学报	173	9	作物学报	97
5	华北农学报	171	10	食品工业科技	93

表 2-4 2010—2019 年江苏省农业科学院高发文期刊（CSCD）TOP10 单位：篇

排序	期刊名称	发文量	排序	期刊名称	发文量
1	江苏农业学报	1 198	6	中国农业科学	116
2	江苏农业科学	634	7	核农学报	96
3	西南农业学报	167	8	麦类作物学报	93
4	食品科学	161	9	作物学报	88
5	华北农学报	128	10	园艺学报	86

2.4 合作发文机构 TOP10

2010—2019 年江苏省农业科学院北大中文核心期刊合作发文机构 TOP10 见表 2-5，2010—2019 年江苏省农业科学院 CSCD 期刊合作发文机构 TOP10 见表 2-6。

表 2-5 2010—2019 年江苏省农业科学院北大中文核心期刊合作发文机构 TOP10 单位：篇

排序	合作发文机构	发文量	排序	合作发文机构	发文量
1	南京农业大学	1 067	6	中国科学院	113
2	扬州大学	347	7	国家水稻改良中心	111
3	中国农业科学院	233	8	南京林业大学	77
4	徐州工程学院	137	9	中国农业大学	52
5	南京师范大学	130	10	安徽农业大学	48

表 2-6 2010—2019 年江苏省农业科学院 CSCD 期刊合作发文机构 TOP10 单位：篇

排序	合作发文机构	发文量	排序	合作发文机构	发文量
1	南京农业大学	848	6	国家水稻改良中心	64
2	扬州大学	246	7	南京林业大学	55
3	中国农业科学院	164	8	安徽农业大学	44
4	南京师范大学	108	9	南京信息工程大学	41
5	中国科学院	103	10	中国农业大学	38

江西省农业科学院

1 英文期刊论文分析

分析数据来源于科学引文索引数据库（Web of Science，WOS）收录的文献类型为期刊论文（ARTICLE）、会议论文（PROCEEDINGS PAPER）和述评（REVIEW）的 Science Citation Index Expanded（SCIE）论文数据，数据时间范围为 2010—2019 年，共检索到江西省农业科学院作者发表的论文 350 篇。

1.1 发文量

2010—2019 年江西省农业科学院历年 SCI 发文与被引情况见表 1-1，江西省农业科学院英文文献历年发文趋势（2010—2019 年）见下图。

表 1-1　2010—2019 年江西省农业科学院历年 SCI 发文与被引情况

出版年	发文量（篇）	WOS 所有数据库总被引频次	WOS 核心库被引频次
2010 年	10	438	337
2011 年	9	141	101
2012 年	22	344	268
2013 年	31	348	289
2014 年	37	319	256
2015 年	39	238	212
2016 年	44	81	77
2017 年	51	155	142
2018 年	53	36	34
2019 年	54	8	8

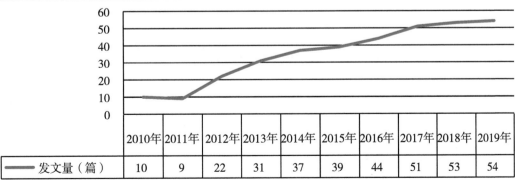

	2010年	2011年	2012年	2013年	2014年	2015年	2016年	2017年	2018年	2019年
发文量（篇）	10	9	22	31	37	39	44	51	53	54

图　江西省农业科学院英文文献历年发文趋势（2010—2019 年）

1.2 高发文研究所 TOP10

2010—2019 年江西省农业科学院 SCI 高发文研究所 TOP10 见表 1-2。

表 1-2 2010—2019 年江西省农业科学院 SCI 高发文研究所 TOP10　　　单位：篇

排序	研究所	发文量
1	江西省农业科学院土壤肥料与资源环境研究所	81
2	江西省农业科学院水稻研究所	48
3	江西省农业科学院畜牧兽医研究所	41
3	江西省农业科学院农产品质量安全与标准研究所	41
4	江西省农业科学院植物保护研究所	30
5	江西省农业科学院农业微生物研究所	16
6	江西省农业科学院园艺研究所	14
7	江西省农业科学院作物研究所	12
8	江西省农业科学院农产品加工研究所	4
8	江西省农业科学院农业工程研究所	4
8	江西省农业科学院蔬菜花卉研究所	4
8	江西省农业科学院江西省超级水稻研究发展中心	4
9	江西省农业科学院院机关	1
9	江西省农业科学院农业经济与信息研究所	1

1.3 高发文期刊 TOP10

2010—2019 年江西省农业科学院 SCI 高发文期刊 TOP10 见表 1-3。

表 1-3 2010—2019 年江西省农业科学院 SCI 高发文期刊 TOP10

排序	期刊名称	发文量（篇）	WOS 所有数据库总被引频次	WOS 核心库被引频次	期刊影响因子（最近年度）
1	PLOS ONE	12	98	90	2.74（2019）
2	JOURNAL OF INTEGRATIVE AGRICULTURE	9	21	12	1.984（2019）
3	FOOD CHEMISTRY	9	53	46	6.306（2019）

（续表）

排序	期刊名称	发文量（篇）	WOS 所有数据库总被引频次	WOS 核心库被引频次	期刊影响因子（最近年度）
4	JOURNAL OF SOILS AND SEDIMENTS	7	67	48	2.763（2019）
5	FRONTIERS IN PLANT SCIENCE	6	17	14	4.402（2019）
6	PLANT BREEDING	5	17	11	1.662（2019）
7	PLANT AND SOIL	5	188	140	3.299（2019）
8	GENETICS AND MOLECULAR RESEARCH	5	11	10	0.764（2015）
9	INTERNATIONAL JOURNAL OF MOLECULAR SCIENCES	5	3	3	4.556（2019）
10	CROP SCIENCE	5	15	12	1.878（2019）

1.4 合作发文国家与地区 TOP10

2010—2019 年江西省农业科学院 SCI 合作发文国家与地区（合作发文 1 篇以上）TOP10 见表 1-4。

表 1-4　2010—2019 年江西省农业科学院 SCI 合作发文国家与地区 TOP10

排序	国家与地区	合作发文量（篇）	WOS 所有数据库总被引频次	WOS 核心库被引频次
1	美国	34	399	320
2	德国	9	26	25
3	巴基斯坦	4	40	36
4	荷兰	3	29	25
5	英格兰	3	17	15
6	丹麦	3	31	27
7	韩国	3	64	47
8	澳大利亚	2	7	7
9	苏格兰	2	1	1
10	法国	2	32	28

1.5 合作发文机构 TOP10

2010—2019 年江西省农业科学院 SCI 合作发文机构 TOP10 见表 1-5。

表1-5 2010—2019年江西省农业科学院SCI合作发文机构TOP10

排序	合作发文机构	发文量	WOS所有数据库总被引频次	WOS核心库被引频次
1	中国农业科学院	66	322	247
2	中国科学院	46	560	450
3	华中农业大学	41	296	247
4	江西农业大学	38	185	166
5	南京农业大学	32	210	157
6	江西师范大学	24	173	129
7	南昌大学	21	143	118
8	浙江大学	20	209	188
9	中国水稻研究所	15	101	75
10	中国科学院大学	11	8	7

1.6 高被引论文 TOP10

2010—2019年江西省农业科学院发表的SCI高被引论文TOP10见表1-6，江西省农业科学院以第一或通讯作者完成单位发表的SCI高被引论文TOP10见表1-7。

表1-6 2010—2019年江西省农业科学院SCI高被引论文TOP10

排序	标题	WOS所有数据库总被引频次	WOS核心库被引频次	作者机构	出版年份	期刊名称	期刊影响因子（最近年度）
1	The effects of mineral fertilizer and organic manure on soil microbial community and diversity	174	128	江西省农业科学院土壤肥料与资源环境研究所	2010	PLANT AND SOIL	3.299 (2019)
2	A novel method for amino starch preparation and its adsorption for Cu (II) and Cr (VI)	63	58	江西省农业科学院，江西省农业科学院土壤肥料与资源环境研究所	2010	JOURNAL OF HAZARDOUS MATERIALS	9.038 (2019)
3	Effects of organic amendments on soil carbon sequestration in paddy fields of subtropical China	56	40	江西省农业科学院，江西省农业科学院土壤肥料与资源环境研究所	2012	JOURNAL OF SOILS AND SEDIMENTS	2.763 (2019)

（续表）

排序	标题	WOS 所有数据库总被引频次	WOS 核心库被引频次	作者机构	出版年份	期刊名称	期刊影响因子（最近年度）
4	Overexpression of a homopeptide repeat-containing bHLH protein gene（OrbHLH001）from Dongxiang Wild Rice confers freezing and salt tolerance in transgenic Arabidopsis	52	39	江西省农业科学院，江西省农业科学院水稻研究所	2010	PLANT CELL REPORTS	3.825（2019）
5	Influence of ultrasonic treatment on the structure and emulsifying properties of peanut protein isolate	52	32	江西省农业科学院，江西省农业科学院农产品加工研究所	2014	FOOD AND BIOPRODUCTS PROCESSING	3.726（2019）
6	Allelic Analysis of Sheath Blight Resistance with Association Mapping in Rice	49	45	江西省农业科学院，江西省农业科学院水稻研究所	2012	PLOS ONE	2.74（2019）
7	Genotypic and phenotypic characterization of genetic differentiation and diversity in the USDA rice mini-core collection	47	42	江西省农业科学院，江西省农业科学院水稻研究所	2010	GENETICA	1.186（2019）
8	Effects of pyrolysis temperature and heating time on biochar obtained from the pyrolysis of straw and lignosulfonate	46	41	江西省农业科学院，江西省农业科学院土壤肥料与资源环境研究所	2015	BIORESOURCE TECHNOLOGY	7.539（2019）
9	Methane emissions from double-rice cropping system under conventional and no tillage in southeast China	43	32	江西省农业科学院土壤肥料与资源环境研究所	2011	SOIL & TILLAGE RESEARCH	4.601（2019）
10	Effects of long-term fertilization on corn productivity and its sustainability in an Ultisol of southern China	42	28	江西省农业科学院土壤肥料与资源环境研究所	2010	AGRICULTURE ECOSYSTEMS & ENVIRONMENT	4.241（2019）

表1-7　2010—2019年江西省农业科学院SCI高被引论文TOP10（第一或通讯作者完成单位）

排序	标题	WOS所有数据库总被引频次	WOS核心库被引频次	作者机构	出版年份	期刊名称	期刊影响因子（最近年度）
1	Metal concentrations invarious fish Organs of different fish species from Poyang Lake, China	34	29	江西省农业科学院，江西省农业科学院农产品质量安全与标准研究所	2014	ECOTOXICOLOGY AND ENVIRONMENTAL SAFETY	4.872 (2019)
2	Applicability of accelerated solvent extraction for synthetic colorants analysis in meat products with ultrahigh performance liquid chromatography-photodiode array detection	25	22	江西省农业科学院，江西省农业科学院农产品质量安全与标准研究所	2012	ANALYTICA CHIMICA ACTA	5.977 (2019)
3	Simultaneous determination of Se, trace elements and major elements in Se-rich rice by dynamic reaction cell inductively coupled plasma mass spectrometry (DRC-ICP-MS) after microwave digestion	20	16	江西省农业科学院，江西省农业科学院农产品质量安全与标准研究所	2014	FOOD CHEMISTRY	6.306 (2019)
4	The asparagus genome sheds light on the origin and evolution of a young Y chromosome	19	19	江西省农业科学院，江西省农业科学院蔬菜花卉研究所	2017	NATURE COMMUNICATIONS	12.121 (2019)
5	A novel feruloyl esterase from a soil metagenomic library with tannase activity	14	14	江西省农业科学院，江西省农业科学院农业微生物研究所	2013	JOURNAL OF MOLECULAR CATALYSIS B-ENZYMATIC	2.269 (2016)
6	Occurrence and spatial distributions of microcystins in Poyang Lake, the largest freshwater lake in China	14	14	江西省农业科学院，江西省农业科学院农产品质量安全与标准研究所	2015	ECOTOXICOLOGY	2.535 (2019)

（续表）

排序	标题	WOS 所有数据库总被引频次	WOS 核心库被引频次	作者机构	出版年份	期刊名称	期刊影响因子（最近年度）
7	Aptamer based fluorometric determination of kanamycin using double – stranded DNA and carbon nanotubes	13	13	江西省农业科学院，江西省农业科学院农产品质量安全与标准研究所	2017	MICROCHIMICA ACTA	6.232（2019）
8	Production, characterization and applications of tannase	12	10	江西省农业科学院，江西省农业科学院农业微生物研究所	2014	JOURNAL OF MOLECULAR CATALYSIS B–ENZYMATIC	2.269（2016）
9	One – Pot Solvothermal Synthesis and Adsorption Property of Pb（II）of Superparamagnetic Monodisperse $Fe_3O_4/$ Graphene Oxide Nanocomposite	12	11	江西省农业科学院，江西省农业科学院土壤肥料与资源环境研究所	2014	NANOSCIENCE AND NANOTECHNOLOGY LETTERS	1.128（2019）
10	Ultrasound–assisted emulsification–microextraction for the sensitive determination of ethyl carbamate in alcoholic beverages	11	11	江西省农业科学院，江西省农业科学院农产品质量安全与标准研究所	2013	ANALYTICAL AND BIOANALYTICAL CHEMISTRY	3.637（2019）

1.7 高频词 TOP20

2010—2019 年江西省农业科学院 SCI 发文高频词（作者关键词）TOP20 见表 1-8。

表 1-8 2010—2019 年江西省农业科学院 SCI 发文高频词（作者关键词）TOP20

排序	关键词（作者关键词）	频次	排序	关键词（作者关键词）	频次
1	rice	15	11	Glycation	5
2	Long-term fertilization	13	12	manure	5
3	Chilo suppressalis	7	13	Global warming	5
4	Dongxiang wild rice	7	14	Common wild rice	5
5	Paddy soil	6	15	QTL	5
6	grain yield	6	16	food security	4
7	Ovalbumin	6	17	Microcystins	4
8	quantitative trait locus	5	18	Poyang Lake	4
9	Persimmon tannin	5	19	Soil organic carbon	4
10	Cold tolerance	5	20	resistance	4

2 中文期刊论文分析

2010—2019 年，江西省农业科学院作者共发表北大中文核心期刊论文 971 篇，中国科学引文数据库（CSCD）期刊论文 655 篇。

2.1 发文量

2010—2019 年江西省农业科学院中文文献历年发文趋势（2010—2019 年）见下图。

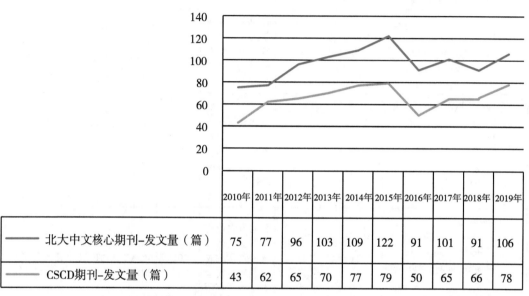

	2010年	2011年	2012年	2013年	2014年	2015年	2016年	2017年	2018年	2019年
北大中文核心期刊-发文量（篇）	75	77	96	103	109	122	91	101	91	106
CSCD期刊-发文量（篇）	43	62	65	70	77	79	50	65	66	78

图 江西省农业科学院中文文献历年发文趋势（2010—2019 年）

2.2 高发文研究所 TOP10

2010—2019 年江西省农业科学院北大中文核心期刊高发文研究所 TOP10 见表 2-1，2010—2019 年江西省农业科学院中国科学引文数据库（CSCD）期刊高发文研究所 TOP10 见表 2-2。

表 2-1 2010—2019 年江西省农业科学院北大中文核心期刊高发文研究所 TOP10　单位：篇

排序	研究所	发文量
1	江西省农业科学院土壤肥料与资源环境研究所	259
2	江西省农业科学院	133
3	江西省农业科学院水稻研究所	106
4	江西省农业科学院畜牧兽医研究所	93
5	江西省农业科学院植物保护研究所	86
6	江西省农业科学院蔬菜花卉研究所	65

（续表）

排序	研究所	发文量
7	江西省农业科学院作物研究所	62
8	江西省农业科学院农产品质量安全与标准研究所	55
9	江西省农业科学院农业工程研究所	45
10	江西省农业科学院农业经济与信息研究所	37
11	江西省农业科学院农产品加工研究所	34

注："江西省农业科学院"发文包括作者单位只标注为"江西省农业科学院"、院属实验室等。

表 2-2　2010—2019 年江西省农业科学院 CSCD 期刊高发文研究所 TOP10 单位：篇

排序	研究所	发文量
1	江西省农业科学院土壤肥料与资源环境研究所	157
2	江西省农业科学院植物保护研究所	91
3	江西省农业科学院水稻研究所	89
4	江西省农业科学院蔬菜花卉研究所	67
5	江西省农业科学院	60
6	江西省农业科学院畜牧兽医研究所	51
7	江西省农业科学院作物研究所	49
8	江西省农业科学院农产品质量安全与标准研究所	41
9	江西省农业科学院农业微生物研究所	28
10	江西省农业科学院农业经济与信息研究所	26
11	江西省农业科学院农产品加工研究所	23

注："江西省农业科学院"发文包括作者单位只标注为"江西省农业科学院"、院属实验室等。

2.3　高发文期刊 TOP10

2010—2019 年江西省农业科学院高发文北大中文核心期刊 TOP10 见表 2-3，2010—2019 年江西省农业科学院高发文 CSCD 期刊 TOP10 见表 2-4。

表 2-3　2010—2019 年江西省农业科学院高发文期刊（北大中文核心）TOP10 单位：篇

排序	期刊名称	发文量	排序	期刊名称	发文量
1	江西农业大学学报	101	6	安徽农业科学	22
2	杂交水稻	31	7	中国油料作物学报	20
3	植物营养与肥料学报	28	8	植物遗传资源学报	20
4	中国土壤与肥料	24	9	中国农学通报	19
5	中国农业科学	23	10	土壤	18

表 2-4　2010—2019 年江西省农业科学院高发文期刊（CSCD）TOP10　　单位：篇

排序	期刊名称	发文量	排序	期刊名称	发文量
1	江西农业大学学报	91	6	中国油料作物学报	20
2	杂交水稻	24	7	植物遗传资源学报	19
3	中国农学通报	23	8	南方农业学报	19
4	中国土壤与肥料	21	9	动物营养学报	18
5	植物营养与肥料学报	20	10	分子植物育种	18

2.4　合作发文机构 TOP10

2010—2019 年江西省农业科学院北大中文核心期刊合作发文机构 TOP10 见表 2-5，2010—2019 年江西省农业科学院 CSCD 期刊合作发文机构 TOP10 见表 2-6。

表 2-5　2010—2019 年江西省农业科学院北大中文核心期刊合作发文机构 TOP10　　单位：篇

排序	合作发文机构	发文量	排序	合作发文机构	发文量
1	江西农业大学	105	6	南京农业大学	24
2	中国农业科学院	77	7	南昌大学	21
3	中国科学院	59	8	江西师范大学	20
4	江西省红壤研究所	59	9	华南农业大学	20
5	华中农业大学	37	10	浙江省农业科学院	17

表 2-6　2010—2019 年江西省农业科学院 CSCD 期刊合作发文机构 TOP10　　单位：篇

排序	合作发文机构	发文量	排序	合作发文机构	发文量
1	江西农业大学	74	6	浙江省农业科学院	14
2	中国农业科学院	62	7	江西省超级水稻研究发展中心	12
3	中国科学院	23	8	湖南农业大学	12
4	华中农业大学	22	9	华南农业大学	11
5	南昌大学	16	10	沈阳农业大学	10

辽宁省农业科学院

1 英文期刊论文分析

分析数据来源于科学引文索引数据库（Web of Science，WOS）收录的文献类型为期刊论文（ARTICLE）、会议论文（PROCEEDINGS PAPER）和述评（REVIEW）的 Science Citation Index Expanded（SCIE）论文数据，数据时间范围为 2010—2019 年，共检索到辽宁省农业科学院作者发表的论文 226 篇。

1.1 发文量

2010—2019 年辽宁省农业科学院历年 SCI 发文与被引情况见表 1-1，辽宁省农业科学院英文文献历年发文趋势（2010—2019 年）见下图。

表 1-1　2010—2019 年辽宁省农业科学院历年 SCI 发文与被引情况

出版年	发文量（篇）	WOS 所有数据库总被引频次	WOS 核心库被引频次
2010 年	9	151	129
2011 年	9	88	71
2012 年	12	111	103
2013 年	18	237	206
2014 年	30	231	199
2015 年	28	113	96
2016 年	28	47	36
2017 年	32	72	62
2018 年	24	16	14
2019 年	36	12	12

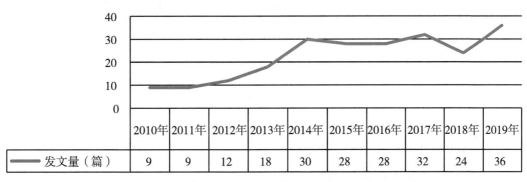

图　辽宁省农业科学院英文文献历年发文趋势（2010—2019 年）

1.2 高发文研究所 TOP10

2010—2019 年辽宁省农业科学院 SCI 高发文研究所 TOP10 见表 1-2。

表 1-2　2010—2019 年辽宁省农业科学院 SCI 高发文研究所 TOP10　　　单位：篇

排序	研究所	发文量
1	辽宁省农业科学院植物保护研究所	28
2	辽宁省农业科学院大连生物技术研究所	17
3	辽宁省农业科学院作物研究所	16
3	辽宁省农业科学院植物营养与环境资源研究所	16
4	辽宁省经济作物研究所	12
5	辽宁省农业科学院花卉研究所	11
5	辽宁省水稻研究所	11
6	辽宁省农业科学院耕作栽培研究所	10
7	辽宁省农业科学院蔬菜研究所	9
8	辽宁省农业科学院玉米研究所	8
9	辽宁省农业科学院食品与加工研究所	7
10	辽宁省农业科学院创新中心	4
10	辽宁省果树科学研究所	4

1.3 高发文期刊 TOP10

2010—2019 年辽宁省农业科学院 SCI 高发文期刊 TOP10 见表 1-3。

表 1-3　2010—2019 年辽宁省农业科学院 SCI 发文期刊 TOP10

排序	期刊名称	发文量（篇）	WOS 所有数据库总被引频次	WOS 核心库被引频次	期刊影响因子（最近年度）
1	PLOS ONE	15	101	87	2.74（2019）
2	SCIENTIA HORTICULTURAE	7	32	28	2.769（2019）
3	JOURNAL OF INTEGRATIVE AGRICULTURE	7	25	20	1.984（2019）
4	INTERNATIONAL JOURNAL OF AGRICULTURE AND BIOLOGY	6	7	7	0.822（2019）

（续表）

排序	期刊名称	发文量（篇）	WOS 所有数据库总被引频次	WOS 核心库被引频次	期刊影响因子（最近年度）
5	FISH & SHELLFISH IMMUNOLOGY	5	31	28	3.298（2018）
6	SCIENTIFIC REPORTS	5	9	8	3.998（2019）
7	GENETICS AND MOLECULAR RESEARCH	4	5	4	0.764（2015）
8	ARCHIVES OF AGRONOMY AND SOIL SCIENCE	3	2	2	2.135（2019）
9	PLANT AND SOIL	3	10	10	3.299（2019）
10	JOURNAL OF APPLIED ENTOMOLOGY	3	4	4	2.211（2019）

1.4 合作发文国家与地区 TOP10

2010—2019 年辽宁省农业科学院 SCI 合作发文国家与地区（合作发文 1 篇以上）TOP10 见表 1-4。

表 1-4 2010—2019 年辽宁省农业科学院 SCI 合作发文国家与地区 TOP10

排序	国家与地区	合作发文量（篇）	WOS 所有数据库总被引频次	WOS 核心库被引频次
1	美国	24	156	143
2	菲律宾	7	102	91
3	荷兰	6	12	8
4	澳大利亚	5	24	18
5	巴基斯坦	4	4	4
6	意大利	3	4	4
7	波兰	3	0	0
8	加拿大	3	66	62
9	新西兰	3	7	7
10	比利时	2	39	37

1.5 合作发文机构 TOP10

2010—2019 年辽宁省农业科学院 SCI 合作发文机构 TOP10 见表 1-5。

表 1-5　2010—2019 年辽宁省农业科学院 SCI 合作发文机构 TOP10

排序	合作发文机构	发文量	WOS 所有数据库总被引频次	WOS 核心库被引频次
1	沈阳农业大学	106	309	269
2	中国农科院	38	336	286
3	中国科学院	37	414	344
4	中国农业大学	21	168	149
5	中国科学院大学	7	15	14
6	大连理工大学	7	41	37
7	吉林省农业科学院	6	46	33
8	国际水稻研究所	6	91	82
9	田纳西大学	6	15	13
10	浙江大学	5	61	54

1.6　高被引论文 TOP10

2010—2019 年辽宁省农业科学院发表的 SCI 高被引论文 TOP10 见表 1-6，辽宁省农业科学院以第一或通讯作者完成单位发表的 SCI 高被引论文 TOP10 见表 1-7。

表 1-6　2010—2019 年辽宁省农业科学院 SCI 高被引论文 TOP10

排序	标题	WOS 所有数据库总被引频次	WOS 核心库被引频次	作者机构	出版年份	期刊名称	期刊影响因子（最近年度）
1	A haplotype map of genomic variations and genome-wide association studies of agronomic traits in foxtail millet (Setaria italica)	138	116	辽宁省农业科学院，辽宁省水土保持研究所	2013	NATURE GENETICS	27.603（2019）
2	Identification of QTLs for eight agronomically important traits using an ultra-high-density map based on SNPs generated from high-throughput sequencing in sorghum under contrasting photoperiods	64	60	辽宁省农业科学院，辽宁省农业科学院作物研究所	2012	JOURNAL OF EXPERIMENTAL BOTANY	5.908（2019）

（续表）

排序	标题	WOS 所有数据库总被引频次	WOS 核心库被引频次	作者机构	出版年份	期刊名称	期刊影响因子（最近年度）
3	Specific adaptation of Ustilaginoidea virens in occupying host florets revealed by comparative and functional genomics	48	45	辽宁省农业科学院，辽宁省农业科学院植物保护研究所	2014	NATURE COMMUNICATIONS	12.121（2019）
4	Willingness – to – accept and purchase genetically modified rice with high folate content in Shanxi Province, China	39	37	辽宁省农业科学院，辽宁省农村经济研究所	2010	APPETITE	3.608（2019）
5	In Vitro Sensitivity of Plasmodium falciparum Clinical Isolates from the China – Myanmar Border Area to Quinine and Association with Polymorphism in the Na+/H+ Exchanger	36	35	辽宁省农业科学院，辽宁省农业科学院大连生物技术研究所	2010	ANTIMICROBIAL AGENTS AND CHEMOTHERAPY	4.904（2019）
6	Yield performances of japonica introgression lines selected for drought tolerance in a BC breeding programme	32	29	辽宁省农业科学院	2010	PLANT BREEDING	1.662（2019）
7	Carbon and nitrogen pools in different aggregates of a Chinese Mollisol as influenced by long-term fertilization	32	22	辽宁省水稻研究所	2010	JOURNAL OF SOILS AND SEDIMENTS	2.763（2019）
8	Distribution of Soil Organic Carbon Fractions Along the Altitudinal Gradient in Changbai Mountain, China	32	21	辽宁省农业科学院，辽宁省农业科学院蔬菜研究所	2011	PEDOSPHERE	3.736（2019）
9	Infection processes of Ustilaginoidea virens during artificial inoculation of rice panicles	29	23	辽宁省农业科学院，辽宁省农业科学院植物保护研究所	2014	EUROPEAN JOURNAL OF PLANT PATHOLOGY	1.582（2019）

（续表）

排序	标题	WOS 所有数据库总被引频次	WOS 核心库被引频次	作者机构	出版年份	期刊名称	期刊影响因子（最近年度）
10	Arabidopsis AtSUC2 and AtSUC4, encoding sucrose transporters, are required for abiotic stress tolerance in an ABA-dependent pathway	26	22	辽宁省农业科学院，辽宁省农业科学院玉米研究所	2015	PHYSIOLOGIA PLANTARUM	4.148（2019）

表 1-7　2010—2019 年辽宁省农业科学院 SCI 高被引论文 TOP10（第一或通讯作者完成单位）

排序	标题	WOS 所有数据库总被引频次	WOS 核心库被引频次	作者机构	出版年份	期刊名称	期刊影响因子（最近年度）
1	Plastic Film Mulching for Water-Efficient Agricultural Applications and Degradable Films Materials Development Research	13	11	辽宁省农业科学院	2015	MATERIALS AND MANUFACTURING PROCESSES	3.046（2019）
2	Comparative Transcriptome Analysis of Climacteric Fruit of Chinese Pear (Pyrus ussuriensis) Reveals New Insights into Fruit Ripening	12	11	辽宁省农业科学院，辽宁省果树科学研究所	2014	PLOS ONE	2.74（2019）
3	Differentially Expressed Genes in Resistant and Susceptible Common Bean (Phaseolus vulgaris L.) Genotypes inResponse to Fusarium oxysporum f. sp phaseoli	11	9	辽宁省农业科学院，辽宁省经济作物研究所	2015	PLOS ONE	2.74（2019）
4	Ecogeographic analysis of pea collection sites from China to determine potential sites with abiotic stresses	9	7	辽宁省农业科学院，辽宁省经济作物研究所	2013	GENETIC RESOURCES AND CROP EVOLUTION	1.071（2019）

（续表）

排序	标题	WOS 所有数据库总被引频次	WOS 核心库被引频次	作者机构	出版年份	期刊名称	期刊影响因子（最近年度）
5	How root traits would be affected by soybean yield improvement? An examination of historical cultivars grafted with record-yield cultivar scion	9	9	辽宁省农业科学院，辽宁省经济作物研究所	2019	PLANT AND SOIL	3.299 (2019)
6	Mixing trees and crops increases land and water use efficiencies in a semi-arid area	8	4	辽宁省农业科学院，辽宁省农业科学院耕作栽培研究所	2016	AGRICULTURAL WATER MANAGEMENT	4.021 (2019)
7	Isolation of resistance gene analogs from grapevine resistant to downy mildew	7	7	辽宁省农业科学院，辽宁省农业科学院植物保护研究所	2013	SCIENTIA HORTICULTURAE	2.769 (2019)
8	Seasonal occurrence of Aphis glycines and physiological responses of soybean plants to its feeding	7	7	辽宁省农业科学院，辽宁省农业科学院植物保护研究所，辽宁省农业科学院花卉研究所	2014	INSECT SCIENCE	2.791 (2019)
9	Seed Priming with Polyethylene Glycol Induces Physiological Changes in Sorghum (Sorghum bicolor L. Moench) Seedlings under Suboptimal Soil Moisture Environments	7	7	辽宁省农业科学院，辽宁省农业科学院创新中心	2015	PLOS ONE	2.74 (2019)
10	Dietary supplement of fructooligosaccharides and Bacillus subtilis enhances the growth rate and disease resistance of the sea cucumber Apostichopus japonicus (Selenka)	6	6	辽宁省农业科学院，辽宁省农业科学院大连生物技术研究所	2012	AQUACULTURE RESEARCH	1.748 (2019)

1.7 高频词 TOP20

2010—2019 年辽宁省农业科学院 SCI 发文高频词（作者关键词）TOP20 见表 1-8。

表1-8 2010—2019年辽宁省农业科学院SCI发文高频词（作者关键词）TOP20

排序	关键词（作者关键词）	频次	排序	关键词（作者关键词）	频次
1	genetic diversity	8	11	Tomato	4
2	Maize	6	12	Soil organic carbon	4
3	Apostichopus japonicus	6	13	Nitrogen	3
4	Molecular marker	5	14	Yield	3
5	rice	5	15	Drought stress	3
6	Cucumis sativus	4	16	Ustilaginoidea virens	3
7	Copper	4	17	Risk assessment	3
8	soybean	4	18	Grafting	3
9	grain yield	4	19	Metabolism	3
10	Photosynthesis	4	20	Legume	3

2 中文期刊论文分析

2010—2019年，辽宁省农业科学院作者共发表北大中文核心期刊论文1872篇，中国科学引文数据库（CSCD）期刊论文1066篇。

2.1 发文量

2010—2019年辽宁省农业科学院中文文献历年发文趋势（2010—2019年）见下图。

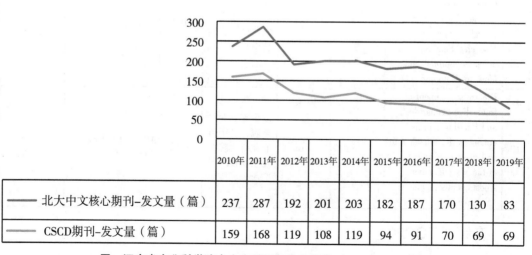

	2010年	2011年	2012年	2013年	2014年	2015年	2016年	2017年	2018年	2019年
北大中文核心期刊-发文量（篇）	237	287	192	201	203	182	187	170	130	83
CSCD期刊-发文量（篇）	159	168	119	108	119	94	91	70	69	69

图 辽宁省农业科学院中文文献历年发文趋势（2010—2019年）

2.2 高发文研究所 TOP10

2010—2019 年辽宁省农业科学院北大中文核心期刊高发文研究所 TOP10 见表 2-1，2010—2019 年辽宁省农业科学院中国科学引文数据库（CSCD）期刊高发文研究所 TOP10 见表 2-2。

表 2-1　2010—2019 年辽宁省农业科学院北大中文核心期刊高发文研究所 TOP10　单位：篇

排序	研究所	发文量
1	辽宁省果树科学研究所	292
2	辽宁省农业科学院	226
3	辽宁省农业科学院植物保护研究所	163
4	辽宁省农业科学院植物营养与环境资源研究所	119
5	辽宁省风沙地改良利用研究所	102
6	辽宁省农业科学院玉米研究所	81
7	辽宁省蚕业科学研究所	78
8	辽宁省农业科学院创新中心	76
9	辽宁省经济作物研究所	74
9	辽宁省农业科学院食品与加工研究所	74
10	辽宁省农村经济研究所	71
11	辽宁省农业科学院蔬菜研究所	70

注："辽宁省农业科学院"发文包括作者单位只标注为"辽宁省农业科学院"、院属实验室等。

表 2-2　2010—2019 年辽宁省农业科学院 CSCD 期刊高发文研究所 TOP10　单位：篇

排序	研究所	发文量
1	辽宁省果树科学研究所	136
2	辽宁省农业科学院植物保护研究所	124
3	辽宁省农业科学院	110
4	辽宁省农业科学院植物营养与环境资源研究所	88
5	辽宁省蚕业科学研究所	79
6	辽宁省微生物科学研究院	69
7	辽宁省农业科学院创新中心	58
8	辽宁省农业科学院玉米研究所	54
9	辽宁省农业科学院大连生物技术研究所	42
10	辽宁省农业科学院作物研究所	40
10	辽宁省农业科学院耕作栽培研究所	40
10	辽宁省风沙地改良利用研究所	40

注："辽宁省农业科学院"发文包括作者单位只标注为"辽宁省农业科学院"、院属实验室等。

2.3 高发文期刊 TOP10

2010—2019年辽宁省农业科学院高发文北大中文核心期刊TOP10见表2-3，2010—2019年辽宁省农业科学院高发文CSCD期刊TOP10见表2-4。

表2-3 2010—2019年辽宁省农业科学院高发文期刊（北大中文核心）TOP10　单位：篇

排序	期刊名称	发文量	排序	期刊名称	发文量
1	北方园艺	208	6	玉米科学	67
2	农业经济	144	7	安徽农业科学	61
3	江苏农业科学	113	8	中国果树	53
4	沈阳农业大学学报	95	9	果树学报	49
5	蚕业科学	90	10	作物杂志	46

表2-4 2010—2019年辽宁省农业科学院高发文期刊（CSCD）TOP10　单位：篇

排序	期刊名称	发文量	排序	期刊名称	发文量
1	蚕业科学	94	6	辽宁农业科学	44
2	沈阳农业大学学报	87	7	大豆科学	36
3	玉米科学	69	8	中国农学通报	28
4	微生物学杂志	64	9	江苏农业科学	27
5	果树学报	44	10	中国农业科学	27

2.4 合作发文机构 TOP10

2010—2019年辽宁省农业科学院北大中文核心期刊合作发文机构TOP10见表2-5，2010—2019年辽宁省农业科学院CSCD期刊合作发文机构TOP10见表2-6。

表2-5 2010—2019年辽宁省农业科学院北大中文核心期刊合作发文机构TOP10　单位：篇

排序	合作发文机构	发文量	排序	合作发文机构	发文量
1	沈阳农业大学	414	6	吉林农业大学	15
2	中国农业科学院	75	7	沈阳师范大学	13
3	中国科学院	27	8	黑龙江省农业科学院	13
4	辽宁工程技术大学	23	9	渤海大学	10
5	中国农业大学	17	10	辽宁农业职业技术学院	9

表 2-6 2010—2019 年辽宁省农业科学院 CSCD 期刊合作发文机构 TOP10　　　　　单位：篇

排序	合作发文机构	发文量	排序	合作发文机构	发文量
1	沈阳农业大学	312	6	黑龙江省农业科学院	12
2	中国农业科学院	38	7	辽宁大学生命科学院	8
3	中国科学院	28	8	吉林农业大学	7
4	辽宁工程技术大学	21	9	南京农业大学	7
5	中国农业大学	14	10	渤海大学	5

内蒙古农牧业科学院

1 英文期刊论文分析

分析数据来源于科学引文索引数据库（Web of Science，WOS）收录的文献类型为期刊论文（ARTICLE）、会议论文（PROCEEDINGS PAPER）和述评（REVIEW）的 Science Citation Index Expanded（SCIE）论文数据，数据时间范围为 2010—2019 年，共检索到内蒙古农牧业科学院作者发表的论文 139 篇。

1.1 发文量

2010—2019 年内蒙古农牧业科学院历年 SCI 发文与被引情况见表 1-1，内蒙古农牧业科学院英文文献历年发文趋势（2010—2019 年）见下图。

表 1-1　2010—2019 年内蒙古农牧业科学院历年 SCI 发文与被引情况

出版年	发文量（篇）	WOS 所有数据库总被引频次	WOS 核心库被引频次
2010 年	0	0	0
2011 年	2	2	2
2012 年	4	34	28
2013 年	9	92	72
2014 年	16	79	71
2015 年	15	52	45
2016 年	25	72	64
2017 年	17	46	39
2018 年	24	47	45
2019 年	27	3	3

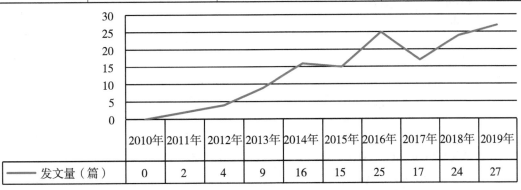

图　内蒙古农牧业科学院英文文献历年发文趋势（2010—2019 年）

1.2 高发文研究所 TOP10

2010—2019年内蒙古农牧业科学院SCI高发文研究所TOP10见表1-2。

表1-2　2010—2019年内蒙古农牧业科学院SCI高发文研究所TOP10　　　　单位：篇

排序	研究所	发文量
1	内蒙古农牧业科学院动物营养与饲料研究所	22
2	中国科学院内蒙古草业研究中心	21
3	内蒙古农牧业科学院生物技术研究中心	9
4	内蒙古农牧业科学院资源环境与检测技术研究所	8
5	内蒙古农牧业科学院植物保护研究所	3
5	内蒙古农牧业科学院农牧业经济与信息研究所	3
5	内蒙古农牧业科学院兽医研究所	3
6	内蒙古农牧业科学院赤峰分院	2
6	内蒙古农牧业科学院草原研究所	2

注：全部发文研究所数量不足10个。

1.3 高发文期刊 TOP10

2010—2019年内蒙古农牧业科学院SCI高发文期刊TOP10见表1-3。

表1-3　2010—2019年内蒙古农牧业科学院SCI高发文期刊TOP10

排序	期刊名称	发文量（篇）	WOS所有数据库总被引频次	WOS核心库被引频次	期刊影响因子（最近年度）
1	JOURNAL OF DAIRY SCIENCE	6	12	12	3.333（2019）
2	JOURNAL OF INTEGRATIVE AGRICULTURE	5	9	7	1.984（2019）
3	PLOS ONE	5	6	6	2.74（2019）
4	GENETICS AND MOLECULAR RESEARCH	5	5	4	0.764（2015）
5	SCIENTIFIC REPORTS	4	6	6	3.998（2019）
6	BMC GENOMICS	3	44	35	3.594（2019）
7	MOLECULAR BIOLOGY REPORTS	3	32	22	1.402（2019）
8	FIELD CROPS RESEARCH	3	11	9	4.308（2019）
9	FRONTIERS IN PLANT SCIENCE	3	6	6	4.402（2019）

（续表）

排序	期刊名称	发文量（篇）	WOS 所有数据库总被引频次	WOS 核心库被引频次	期刊影响因子（最近年度）
10	JOURNAL OF THEORETICAL BIOLOGY	3	3	3	2.327（2019）

1.4 合作发文国家与地区 TOP10

2010—2019 年内蒙古农牧业科学院 SCI 合作发文国家与地区（合作发文 1 篇以上）TOP10 见表 1-4。

表 1-4 2010—2019 年内蒙古农牧业科学院 SCI 合作发文国家与地区 TOP10

排序	国家与地区	合作发文量（篇）	WOS 所有数据库总被引频次	WOS 核心库被引频次
1	美国	21	58	53
2	加拿大	10	73	66
3	澳大利亚	6	16	14
4	日本	5	25	23
5	荷兰	4	9	7
6	苏格兰	3	21	19
7	德国	2	2	2
8	波兰	2	19	17
9	英格兰	1	18	16
10	新西兰	1	9	8

1.5 合作发文机构 TOP10

2010—2019 年内蒙古农牧业科学院 SCI 合作发文机构 TOP10 见表 1-5。

表 1-5 2010—2019 年内蒙古农牧业科学院 SCI 合作发文机构 TOP10

排序	合作发文机构	发文量（篇）	WOS 所有数据库总被引频次	WOS 核心库被引频次
1	内蒙古农业大学	38	56	51
2	内蒙古大学	20	34	30

（续表）

排序	合作发文机构	发文量（篇）	WOS 所有数据库总被引频次	WOS 核心库被引频次
3	中国农业大学	19	71	62
4	中国农业科学院	18	67	55
5	中华人民共和国农业农村部	10	25	21
6	中国科学院大学	9	12	10
7	沈阳农业大学	8	11	10
8	美国伊利诺伊大学	7	14	14
9	加拿大农业与农产食品部	6	49	44
10	澳大利亚西澳大学	5	16	14

1.6 高被引论文 TOP10

2010—2019 年内蒙古农牧业科学院发表的 SCI 高被引论文 TOP10 见表 1-6，内蒙古农牧业科学院以第一或通讯作者完成单位发表的 SCI 高被引论文 TOP10 见表 1-7。

表 1-6 2010—2019 年内蒙古农牧业科学院 SCI 高被引论文 TOP10

排序	标题	WOS 所有数据库总被引频次	WOS 核心库被引频次	作者机构	出版年份	期刊名称	期刊影响因子（最近年度）
1	Analysis of copy number variations in the sheep genome using 50K SNP BeadChip array	35	28	内蒙古农牧业科学院动物营养与饲料研究所	2013	BMC GENOMICS	3.594（2019）
2	Potential and challenges of tannins as an alternative to in-feed antibiotics for farm animal production	29	27	内蒙古农牧业科学院兽医研究所	2018	ANIMAL NUTRITION	4.492（2019）
3	Cloning, characterisation and expression profiling of the cDNA encoding the ryanodine receptor in diamondback moth, Plutella xylostella（L.）（Lepidoptera: Plutellidae）	24	21	中国科学院内蒙古草业研究中心	2012	PEST MANAGEMENT SCIENCE	3.75（2019）

排序	标题	WOS 所有数据库总被引频次	WOS 核心库被引频次	作者机构	出版年份	期刊名称	期刊影响因子（最近年度）
4	Leptosphaeria spp., phoma stem canker and potential spread of L. maculans on oilseed rape crops in China	18	16	内蒙古农牧业科学院	2014	PLANT PATHOLOGY	2.169（2019）
5	MODIS normalized difference vegetation index（NDVI）and vegetation phenology dynamics in the Inner Mongolia grassland	17	15	内蒙古农牧业科学院生物技术研究中心	2015	SOLID EARTH	2.921（2019）
6	Cloning and characterization of dehydrin gene from Ammopiptanthus mongolicus	14	7	内蒙古农牧业科学院	2013	MOLECULAR BIOLOGY REPORTS	1.402（2019）
7	Spatial variations and distributions of phosphorus and nitrogen in bottom sediments from a typical north-temperate lake, China	14	11	内蒙古农牧业科学院资源环境与检测技术研究所	2014	ENVIRONMENTAL EARTH SCIENCES	2.18（2019）
8	The effect of myostatin silencing by lentiviral-mediated RNA interference on goat fetal fibroblasts	13	11	内蒙古农牧业科学院动物营养与饲料研究所	2013	MOLECULAR BIOLOGY REPORTS	1.402（2019）
9	Land use/cover change and regional climate change in an arid grassland ecosystem of Inner Mongolia, China	13	11	中国科学院内蒙古草业研究中心，内蒙古农牧业科学院	2017	ECOLOGICAL MODELLING	2.497（2019）
10	Spatial and seasonal variations of pesticide contamination in agricultural soils and crops sample from an intensive horticulture area of Hohhot, North-West China	11	11	内蒙古农牧业科学院资源环境与检测技术研究所	2013	ENVIRONMENTAL MONITORING AND ASSESSMENT	1.903（2019）

表 1-7　2010—2019 年内蒙古农牧业科学院 SCI 高被引论文 TOP10（第一或通讯作者完成单位）

排序	标题	WOS 所有数据库总被引频次	WOS 核心库被引频次	作者机构	出版年份	期刊名称	期刊影响因子（最近年度）
1	Cloning and characterization of dehydrin gene from Ammopiptanthus mongolicus	14	7	内蒙古农牧业科学院	2013	MOLECULAR BIOLOGY REPORTS	1.402 (2019)
2	Identification of differentially expressed genes in Mongolian sheep ovaries by suppression subtractive hybridization	4	2	内蒙古农牧业科学院，中国科学院内蒙古草业研究中心	2012	ANIMAL REPRODUCTION SCIENCE	1.66 (2019)
3	Nuclear factor erythroid 2-related factor 2 antioxidant response element pathways protect bovine mammary epithelial cells against H2O2-induced oxidative damage in vitro	4	4	内蒙古农牧业科学院动物营养与饲料研究所	2018	JOURNAL OF DAIRY SCIENCE	3.333 (2019)
4	Adaptive Evolution of the STRA6 Genes in Mammalian	3	3	中国科学院内蒙古草业研究中心，内蒙古农牧业科学院动物营养与饲料研究所	2014	PLOS ONE	2.74 (2019)
5	Hair follicle transcriptome profiles during the transition from anagen to catagen in Cashmere goat (Capra hircus)	3	3	中国科学院内蒙古草业研究中心，内蒙古农牧业科学院动物营养与饲料研究所	2015	GENETICS AND MOLECULAR RESEARCH	0.764 (2015)
6	Reverse Transcription Cross-Priming Amplification - Nucleic Acid Test Strip for Rapid Detection of Porcine Epidemic Diarrhea Virus	3	3	内蒙古农牧业科学院兽医研究所	2016	SCIENTIFIC REPORTS	3.998 (2019)

（续表）

排序	标题	WOS 所有数据库总被引频次	WOS 核心库被引频次	作者机构	出版年份	期刊名称	期刊影响因子（最近年度）
7	Nuclear factor erythroid 2-related factor 2-antioxidant activation through the action of ataxia telangiectasia-mutated serine/threonine kinase is essential to counteract oxidative stress in bovine mammary epithelial cells	3	3	内蒙古农牧业科学院动物营养与饲料研究所	2018	JOURNAL OF DAIRY SCIENCE	3.333 (2019)
8	Adaptive Evolution of Hoxc13 Genes in the Origin and Diversification of the Vertebrate Integument	2	2	中国科学院内蒙古草业研究中心，内蒙古农牧业科学院	2013	JOURNAL OF EXPERIMENTAL ZOOLOGY PART B-MOLECULAR AND DEVELOPMENTAL EVOLUTION	1.897 (2019)
9	Use of the N-alkanes to Estimate Intake, Apparent Digestibility and Diet Composition in Sheep Grazing on Stipa breviflora Desert Steppe	2	2	内蒙古农牧业科学院动物营养与饲料研究所，中国科学院内蒙古草业研究中心	2014	JOURNAL OF INTEGRATIVE AGRICULTURE	1.984 (2019)
10	Skin transcriptome reveals the dynamic changes in the Wnt pathway during integument morphogenesis of chick embryos	2	2	内蒙古农牧业科学院动物营养与饲料研究所，中国科学院内蒙古草业研究中心	2018	PLOS ONE	2.74 (2019)

1.7 高频词 TOP20

2010—2019 年内蒙古农牧业科学院 SCI 发文高频词（作者关键词）TOP20 见表 1-8。

表 1-8 2010—2019 年内蒙古农牧业科学院 SCI 发文高频词（作者关键词）TOP20

排序	关键词（作者关键词）	频次	排序	关键词（作者关键词）	频次
1	Cashmere goat	6	3	RNA-Seq	5
2	oxidative stress	6	4	Climate change	4

（续表）

排序	关键词（作者关键词）	频次	排序	关键词（作者关键词）	频次
5	lactation	4	13	Potato	3
6	wheat	4	14	Optimal matched segments	3
7	Introns	4	15	Hair follicle	3
8	Genetic diversity	4	16	drought stress	3
9	ISSR	3	17	Climate	2
10	Gene expression	3	18	Western blot	2
11	fermentation quality	3	19	Sheep grazing	2
12	Polymorphism	3	20	Vegetation transition	2

2 中文期刊论文分析

2010—2019年，内蒙古农牧业科学院作者共发表北大中文核心期刊论文860篇，中国科学引文数据库（CSCD）期刊论文448篇。

2.1 发文量

2010—2019年内蒙古农牧业科学院中文文献历年发文趋势（2010—2019年）见下图。

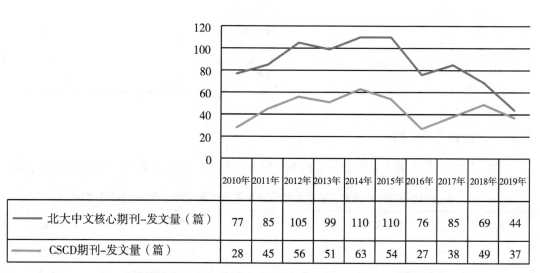

	2010年	2011年	2012年	2013年	2014年	2015年	2016年	2017年	2018年	2019年
北大中文核心期刊-发文量（篇）	77	85	105	99	110	110	76	85	69	44
CSCD期刊-发文量（篇）	28	45	56	51	63	54	27	38	49	37

图 内蒙古农牧业科学院中文文献历年发文趋势（2010—2019年）

2.2 高发文研究所 TOP10

2010—2019 年内蒙古农牧业科学院北大中文核心期刊高发文研究所 TOP10 见表 2-1，2010—2019 年内蒙古农牧业科学院中国科学引文数据库（CSCD）期刊高发文研究所 TOP10 见表 2-2。

表 2-1 2010—2019 年内蒙古农牧业科学院北大中文核心期刊高发文研究所 TOP10　单位：篇

排序	研究所	发文量
1	内蒙古农牧业科学院	257
2	内蒙古农牧业科学院赤峰分院	255
3	内蒙古农牧业科学院动物营养与饲料研究所	109
4	内蒙古农牧业科学院资源环境与检测技术研究所	67
5	中国科学院内蒙古草业研究中心	44
6	巴彦淖尔市农牧业科学研究院	37
7	内蒙古农牧业科学院植物保护研究所	27
8	内蒙古农牧业科学院蔬菜研究所	25
9	内蒙古农牧业科学院畜牧研究所	13
10	内蒙古农牧业科学院兽医研究所	11
11	内蒙古农牧业科学院特色作物研究所	9

注："内蒙古农牧业科学院"发文包括作者单位只标注为"内蒙古农牧业科学院"、院属实验室等。

表 2-2 2010—2019 年内蒙古农牧业科学院 CSCD 期刊高发文研究所 TOP10　单位：篇

排序	研究所	发文量
1	内蒙古农牧业科学院	158
2	内蒙古农牧业科学院赤峰分院	69
3	内蒙古农牧业科学院动物营养与饲料研究所	57
4	内蒙古农牧业科学院资源环境与检测技术研究所	54
5	内蒙古农牧业科学院植物保护研究所	28
6	中国科学院内蒙古草业研究中心	24
7	巴彦淖尔市农牧业科学研究院	16
8	内蒙古农牧业科学院蔬菜研究所	13

（续表）

排序	研究所	发文量
9	内蒙古农牧业科学院作物育种与栽培研究所	9
10	内蒙古农牧业科学院生物技术研究中心	6
11	内蒙古农牧业科学院特色作物研究所	5
11	内蒙古农牧业科学院生物技术研究中心	5

注："内蒙古农牧业科学院"发文包括作者单位只标注为"内蒙古农牧业科学院"、院属实验室等。

2.3 高发文期刊 TOP10

2010—2019 年内蒙古农牧业科学院高发文北大中文核心期刊 TOP10 见表 2-3，2010—2019 年内蒙古农牧业科学院高发文 CSCD 期刊 TOP10 见表 246。

表 2-3　2010—2019 年内蒙古农牧业科学院高发文期刊（北大中文核心）TOP10　　单位：篇

排序	期刊名称	发文量	排序	期刊名称	发文量
1	华北农学报	66	6	饲料研究	33
2	动物营养学报	63	7	作物杂志	27
3	黑龙江畜牧兽医	61	8	北方园艺	26
4	饲料工业	52	9	中国畜牧兽医	26
5	种子	38	10	内蒙古农业大学学报（自然科学版）	23

表 2-4　2010—2019 年内蒙古农牧业科学院高发文期刊（CSCD）TOP10　　单位：篇

排序	期刊名称	发文量	排序	期刊名称	发文量
1	华北农学报	66	6	种子	13
2	动物营养学报	66	7	中国油料作物学报	11
3	作物杂志	16	8	农业工程学报	10
4	中国草地学报	15	9	中国农学通报	9
5	草业科学	15	10	中国农业科学	8

2.4 合作发文机构 TOP10

2010—2019 年内蒙古农牧业科学院北大中文核心期刊合作发文机构 TOP10 见表 2-5，2010—2019 年内蒙古农牧业科学院 CSCD 期刊合作发文机构 TOP10 见表 2-6。

表 2-5　2010—2019 年内蒙古农牧业科学院北大中文核心期刊合作发文机构 TOP10 单位：篇

排序	合作发文机构	发文量	排序	合作发文机构	发文量
1	内蒙古农业大学	297	6	内蒙古民族大学	18
2	中国农业科学院	53	7	内蒙古自治区赤峰市农牧科学研究院	15
3	中国科学院	45	8	内蒙古巴彦淖尔市农牧业科学研究院	12
4	内蒙古大学	43	9	内蒙古师范大学	10
5	中国农业大学	37	10	呼和浩特民族学院	8

表 2-6　2010—2019 年内蒙古农牧业科学院 CSCD 期刊合作发文机构 TOP10　　单位：篇

排序	合作发文机构	发文量	排序	合作发文机构	发文量
1	内蒙古农业大学	166	6	内蒙古民族大学	16
2	中国农业科学院	40	7	内蒙古师范大学	7
3	内蒙古大学	33	8	内蒙古医科大学	7
4	中国科学院	31	9	西北农林科技大学	6
5	中国农业大学	26	10	呼和浩特市种子管理站	5

宁夏农林科学院

1 英文期刊论文分析

分析数据来源于科学引文索引数据库（Web of Science，WOS）收录的文献类型为期刊论文（ARTICLE）、会议论文（PROCEEDINGS PAPER）和述评（REVIEW）的 Science Citation Index Expanded（SCIE）论文数据，数据时间范围为 2010—2019 年，共检索到宁夏农林科学院作者发表的论文 100 篇。

1.1 发文量

2010—2019 年宁夏农林科学院历年 SCI 发文与被引情况见表 1-1，宁夏农林科学院英文文献历年发文趋势（2010—2019 年）见下图。

表 1-1 2010—2019 年宁夏农林科学院历年 SCI 发文与被引情况

出版年	发文量（篇）	WOS 所有数据库总被引频次	WOS 核心库被引频次
2010 年	3	48	37
2011 年	1	0	0
2012 年	3	51	29
2013 年	3	14	12
2014 年	9	63	51
2015 年	8	78	60
2016 年	14	40	34
2017 年	18	74	60
2018 年	14	4	4
2019 年	27	13	13

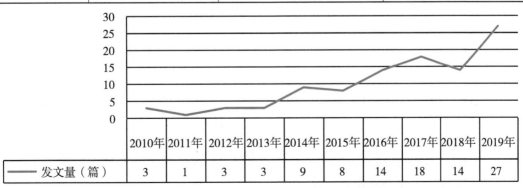

图 宁夏农林科学院英文文献历年发文趋势（2010—2019 年）

1.2 高发文研究所 TOP10

2010—2019年宁夏农林科学院SCI高发文研究所TOP10见表1-2。

表1-2 2010—2019年宁夏农林科学院SCI高发文研究所TOP10 单位：篇

排序	研究所	发文量
1	宁夏农林科学院农作物研究所	19
2	宁夏农林科学院荒漠化治理研究所	14
3	宁夏农林科学院农业资源与环境研究所	11
3	宁夏农林科学院农业生物技术研究中心	11
4	宁夏农林科学院枸杞工程技术研究所	10
5	宁夏农林科学院动物科学研究所	8
6	宁夏农林科学院植物保护研究所	6
7	宁夏农林科学院种质资源研究所	2
8	宁夏农林科学院农业经济与信息技术研究所	1
8	宁夏农林科学院固原分院	1

1.3 高发文期刊 TOP10

2010—2019年宁夏农林科学院SCI高发文期刊TOP10见表1-3。

表1-3 2010—2019年宁夏农林科学院SCI高发文期刊TOP10

排序	期刊名称	发文量（篇）	WOS所有数据库总被引频次	WOS核心库被引频次	期刊影响因子（最近年度）
1	SCIENTIFIC REPORTS	8	28	26	3.998（2019）
2	PLOS ONE	5	35	26	2.74（2019）
3	FRONTIERS IN PLANT SCIENCE	4	3	3	4.402（2019）
4	MOLECULAR BIOLOGY AND EVOLUTION	3	32	27	11.062（2019）
5	FIELD CROPS RESEARCH	2	34	17	4.308（2019）
6	JOURNAL OF ENVIRONMENTAL QUALITY	2	26	19	2.142（2019）

（续表）

排序	期刊名称	发文量（篇）	WOS 所有数据库总被引频次	WOS 核心库被引频次	期刊影响因子（最近年度）
7	CATENA	2	8	8	4.333（2019）
8	CROP & PASTURE SCIENCE	2	5	5	1.57（2019）
9	ARCHIVES OF AGRONOMY AND SOIL SCIENCE	2	4	2	2.135（2019）
10	MOLECULES	2	2	2	3.267（2019）

1.4 合作发文国家与地区 TOP10

2010—2019 年宁夏农林科学院 SCI 合作发文国家与地区（合作发文 1 篇以上）TOP10 见表 1-4。

表 1-4 2010—2019 年宁夏农林科学院 SCI 合作发文国家与地区 TOP10

排序	国家与地区	合作发文量（篇）	WOS 所有数据库总被引频次	WOS 核心库被引频次
1	加拿大	5	14	8
2	澳大利亚	5	31	23
3	巴基斯坦	5	28	23
4	美国	4	24	17
5	肯尼亚	3	32	27
6	芬兰	3	39	32
7	韩国	2	10	6
8	孟加拉国	2	2	2
9	日本	2	9	7
10	北爱尔兰	1	25	12

1.5 合作发文机构 TOP10

2010—2019 年宁夏农林科学院 SCI 合作发文机构 TOP10 见表 1-5。

表 1-5 2010—2019 年宁夏农林科学院 SCI 合作发文机构 TOP10

排序	合作发文机构	发文量	WOS 所有数据库总被引频次	WOS 核心库被引频次
1	中国农业科学院	28	110	85

（续表）

排序	合作发文机构	发文量	WOS 所有数据库总被引频次	WOS 核心库被引频次
2	西北农林科技大学	21	31	27
3	中国科学院	19	139	117
4	中国农业大学	10	67	42
5	宁夏医科大学	8	43	36
6	南京农业大学	7	55	44
7	中国科学院大学	7	41	34
8	甘肃农业大学	5	42	33
9	云南农业大学	5	46	39
10	宁夏大学	5	24	19

1.6 高被引论文 TOP10

2010—2019 年宁夏农林科学院发表的 SCI 高被引论文 TOP10 见表 1-6，宁夏农林科学院以第一或通讯作者完成单位发表的 SCI 高被引论文 TOP10 见表 1-7。

表 1-6 2010—2019 年宁夏农林科学院 SCI 高被引论文 TOP10

排序	标题	WOS 所有数据库总被引频次	WOS 核心库被引频次	作者机构	出版年份	期刊名称	期刊影响因子（最近年度）
1	Modeling Nitrate Leaching and Optimizing Water and Nitrogen Management under Irrigated Maize in Desert Oases in Northwestern China	26	19	宁夏农林科学院农业生物技术研究中心	2010	JOURNAL OF ENVIRONMENTAL QUALITY	2.142 (2019)
2	Maize/faba bean intercropping with rhizobia inoculation enhances productivity and recovery of fertilizer P in a reclaimed desert soil	25	12	宁夏农林科学院农业资源与环境研究所，宁夏农林科学院农作物研究所	2012	FIELD CROPS RESEARCH	4.308 (2019)
3	Changes in sugars and organic acids in wolfberry (Lycium barbarum L.) fruit during development and maturation	22	15	宁夏农林科学院枸杞工程技术研究所，宁夏农林科学院荒漠化治理研究所	2015	FOOD CHEMISTRY	6.306 (2019)

（续表）

排序	标题	WOS 所有数据库总被引频次	WOS 核心库被引频次	作者机构	出版年份	期刊名称	期刊影响因子（最近年度）
4	Lycium barbarum polysaccharides as an adjuvant for recombinant vaccine through enhancement of humoral immunity by activating Tfh cells	21	17	宁夏农林科学院	2014	VETERINARY IMMUNOLOGY AND IMMUNOP-ATHOLOGY	1.713（2019）
5	Mitogenomic Meta-Analysis Identifies Two Phases of Migration in the History of Eastern Eurasian Sheep	21	17	宁夏农林科学院动物科学研究所	2015	MOLECULAR BIOLOGY AND EVOLUTION	11.062（2019）
6	Combinational transformation of three wheat genes encoding fructan biosynthesis enzymes confers increased fructan content and tolerance to abiotic stresses in tobacco	18	13	宁夏农林科学院农作物研究所	2012	PLANT CELL REPORTS	3.825（2019）
7	Relationship between Carbon Isotope Discrimination, Mineral Content and Gas Exchange Parameters in Vegetative Organs of Wheat Grown under Three Different Water Regimes	17	13	宁夏农林科学院农业生物技术研究中心	2010	JOURNAL OF AGRONOMY AND CROP SCIENCE	3.057（2019）
8	Transcriptome Profiling of the Potato (Solanum tuberosum L.) Plant under Drought Stress and Water-Stimulus Conditions	16	13	宁夏农林科学院农业生物技术研究中心，宁夏农林科学院固原分院	2015	PLOS ONE	2.74（2019）
9	Large - scale prediction of microRNA - disease associations by combinatorial prioritization algorithm	14	14	宁夏农林科学院农业生物技术研究中心	2017	SCIENTIFIC REPORTS	3.998（2019）

（续表）

排序	标题	WOS 所有数据库总被引频次	WOS 核心库被引频次	作者机构	出版年份	期刊名称	期刊影响因子（最近年度）
10	Epistatic Association Mapping for Alkaline and Salinity Tolerance Traits in the Soybean Germination Stage	13	10	宁夏农林科学院农作物研究所	2014	PLOS ONE	2.74（2019）

表 1-7　2010—2019 年宁夏农林科学院 SCI 高被引论文 TOP10（第一或通讯作者完成单位）

排序	标题	WOS 所有数据库总被引频次	WOS 核心库被引频次	作者机构	出版年份	期刊名称	期刊影响因子（最近年度）
1	Transcriptome Profiling of the Potato（Solanum tuberosum L.）Plant under Drought Stress and Water-Stimulus Conditions	16	13	宁夏农林科学院农业生物技术研究中心，宁夏农林科学院固原分院	2015	PLOS ONE	2.74（2019）
2	Large-scale prediction of microRNA-disease associations by combinatorial prioritization algorithm	14	14	宁夏农林科学院农业生物技术研究中心	2017	SCIENTIFIC REPORTS	3.998（2019）
3	Greenhouse tomato-cucumber yield and soil N leaching as affected by reducing N rate and adding manure: a case study in the Yellow River Irrigation Region China	8	4	宁夏农林科学院农业资源与环境研究所	2012	NUTRIENT CYCLING IN AGROECOSYSTEMS	2.45（2019）
4	Effect of silicon on seed germination and the physiological characteristics of Glycyrrhiza uralensis under different levels of salinity	5	4	宁夏农林科学院荒漠化治理研究所	2015	JOURNAL OF HORTICULTURAL SCIENCE & BIOTECHNOLOGY	1.16（2019）

（续表）

排序	标题	WOS 所有数据库总被引频次	WOS 核心库被引频次	作者机构	出版年份	期刊名称	期刊影响因子（最近年度）
5	Mass trapping of apple leafminer, Phyllonorycter ringoniella with sex pheromone traps in apple orchards	5	3	宁夏农林科学院种质资源研究所	2017	JOURNAL OF ASIA-PACIFIC ENTOMOLOGY	1.101（2019）
6	The mitochondrial genome of the wolfberry fruit fly, Neoceratitis asiatica（Becker）（Diptera：Tephritidae）and the phylogeny of Neoceratitis Hendel genus	2	2	宁夏农林科学院植物保护研究所	2017	SCIENTIFIC REPORTS	3.998（2019）
7	LbCML38 and LbRH52, two reference genes derived from RNASeq data suitable for assessing gene expression in Lycium barbarum L.	2	1	宁夏农林科学院农业生物技术研究中心	2016	SCIENTIFIC REPORTS	3.998（2019）
8	Genome-wide detection of copy number variation in Chinese indigenous sheep using an ovine high-density 600 K SNP array	2	1	宁夏农林科学院动物科学研究所	2017	SCIENTIFIC REPORTS	3.998（2019）
9	Genome-Wide Runs of Homozygosity, Effective Population Size, and Detection of Positive Selection Signatures in Six Chinese Goat Breeds	1	1	宁夏农林科学院动物科学研究所	2019	GENES	3.759（2019）
10	Impact of Nitrogen Fertilizer Levels on Metabolite Profiling of the Lycium barbarum L. Fruit	1	1	宁夏农林科学院枸杞工程技术研究所	2019	MOLECULES	3.267（2019）

1.7　高频词 TOP20

2010—2019 年宁夏农林科学院 SCI 发文高频词（作者关键词）TOP20 见表 1-8。

表1-8　2010—2019年宁夏农林科学院SCI发文高频词（作者关键词）TOP20

排序	关键词（作者关键词）	频次	排序	关键词（作者关键词）	频次
1	Irrigation	4	11	Ovis aries	2
2	SNP	3	12	Simulated rainfall	2
3	Glycyrrhiza uralensis	3	13	drought	2
4	soil erosion	3	14	salt tolerance	2
5	Silicon	3	15	Antioxidant enzymes	2
6	Genetic map	2	16	carbon isotope discrimination	2
7	Quality	2	17	photosynthesis	2
8	Lycium barbarum L	2	18	ABA	2
9	drought tolerance	2	19	Maize	2
10	Osmotic adjustment	2	20	Wheat	2

2　中文期刊论文分析

2010—2019年，宁夏农林科学院作者共发表北大中文核心期刊论文1 615篇，中国科学引文数据库（CSCD）期刊论文774篇。

2.1　发文量

2010—2019年宁夏农林科学院中文文献历年发文趋势（2010—2019年）见下图。

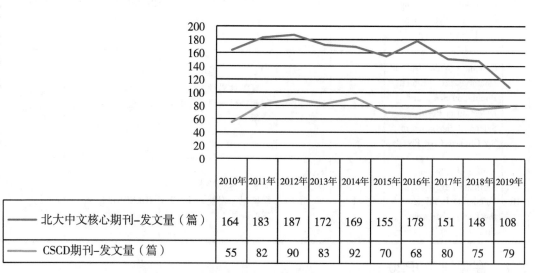

	2010年	2011年	2012年	2013年	2014年	2015年	2016年	2017年	2018年	2019年
北大中文核心期刊-发文量（篇）	164	183	187	172	169	155	178	151	148	108
CSCD期刊-发文量（篇）	55	82	90	83	92	70	68	80	75	79

图　宁夏农林科学院中文文献历年发文趋势（2010—2019年）

2.2 高发文研究所 TOP10

2010—2019 年宁夏农林科学院北大中文核心期刊高发文研究所 TOP10 见表 2-1，2010—2019 年宁夏农林科学院中国科学引文数据库（CSCD）期刊高发文研究所 TOP10 见表 2-2。

表 2-1　2010—2019 年宁夏农林科学院北大中文核心期刊高发文研究所 TOP10　　单位：篇

排序	研究所	发文量
1	宁夏农林科学院种质资源研究所	248
2	宁夏农林科学院农业资源与环境研究所	230
3	宁夏农林科学院植物保护研究所	204
4	宁夏农林科学院动物科学研究所	188
5	宁夏农林科学院农业生物技术研究中心	173
6	宁夏农林科学院农作物研究所	171
7	宁夏农林科学院荒漠化治理研究所	149
8	宁夏农林科学院枸杞工程技术研究所	125
9	宁夏农林科学院质量标准与检测技术研究所	75
10	宁夏农林科学院固原分院	63

表 2-2　2010—2019 年宁夏农林科学院 CSCD 期刊高发文研究所 TOP10　　单位：篇

排序	研究所	发文量
1	宁夏农林科学院农业资源与环境研究所	128
2	宁夏农林科学院荒漠化治理研究所	124
3	宁夏农林科学院农业生物技术研究中心	123
4	宁夏农林科学院农作物研究所	114
5	宁夏农林科学院植物保护研究所	112
6	宁夏农林科学院种质资源研究所	65
6	宁夏农林科学院枸杞工程技术研究所	65
7	宁夏农林科学院固原分院	30
7	宁夏农林科学院质量标准与检测技术研究所	30
8	宁夏农林科学院	14
9	宁夏农林科学院农业经济与信息技术研究所	12
10	宁夏农林科学院动物科学研究所	10

注："宁夏农林科学院"发文包括作者单位只标注为"宁夏农林科学院"、院属实验室等。

2.3 高发文期刊 TOP10

2010—2019 年宁夏农林科学院高发文北大中文核心期刊 TOP10 见表 2-3，2010—2019 年宁夏农林科学院高发文 CSCD 期刊 TOP10 见表 2-4。

表 2-3 2010—2019 年宁夏农林科学院高发文期刊（北大中文核心）TOP10 单位：篇

排序	期刊名称	发文量	排序	期刊名称	发文量
1	北方园艺	235	6	中国农学通报	52
2	黑龙江畜牧兽医	144	7	种子	39
3	西北农业学报	98	8	水土保持研究	32
4	安徽农业科学	94	9	节水灌溉	29
5	江苏农业科学	92	10	干旱地区农业研究	27

表 2-4 2010—2019 年宁夏农林科学院高发文期刊（CSCD）TOP10 单位：篇

排序	期刊名称	发文量	排序	期刊名称	发文量
1	西北农业学报	94	6	干旱地区农业研究	26
2	中国农学通报	49	7	西北植物学报	21
3	水土保持研究	31	8	农药	19
4	分子植物育种	29	9	水土保持通报	17
5	麦类作物学报	26	10	植物遗传资源学报	17

2.4 合作发文机构 TOP10

2010—2019 年宁夏农林科学院北大中文核心期刊合作发文机构 TOP10 见表 2-5，2010—2019 年中国宁夏农林科学院 CSCD 期刊合作发文机构 TOP10 见表 2-6。

表 2-5 2010—2019 年宁夏农林科学院北大中文核心期刊合作发文机构 TOP10 单位：篇

排序	合作发文机构	发文量	排序	合作发文机构	发文量
1	宁夏大学	246	6	北方民族大学	21
2	中国农业科学院	86	7	宁夏医科大学	18
3	西北农林科技大学	63	8	国家农业智能装备工程技术研究中心	18
4	中国农业大学	25	9	中国科学院	18
5	宁夏畜牧工作站	22	10	南京农业大学	14

表 2-6　2010—2019 年宁夏农林科学院 CSCD 期刊合作发文机构 TOP10　　单位：篇

排序	合作发文机构	发文量	排序	合作发文机构	发文量
1	宁夏大学	148	6	宁夏医科大学	14
2	中国农业科学院	76	7	国家农业智能装备工程技术研究中心	14
3	西北农林科技大学	56	8	南京农业大学	12
4	中国农业大学	20	9	宁夏草原工作站	11
5	中国科学院	19	10	中国林业科学研究院森林生态环境与保护研究所	11

山东省农业科学院

1 英文期刊论文分析

分析数据来源于科学引文索引数据库（Web of Science，WOS）收录的文献类型为期刊论文（ARTICLE）、会议论文（PROCEEDINGS PAPER）和述评（REVIEW）的 Science Citation Index Expanded（SCIE）论文数据，数据时间范围为 2010—2019 年，共检索到山东省农业科学院作者发表的论文 1 634 篇。

1.1 发文量

2010—2019 年山东省农业科学院历年 SCI 发文与被引情况见表 1-1，山东省农业科学院英文文献历年发文趋势（2010—2019 年）见下图。

表 1-1　2010—2019 年山东省农业科学院 SCI 历年发文与被引情况

出版年	发文量（篇）	WOS 所有数据库总被引频次	WOS 核心库被引频次
2010 年	80	1 627	1 265
2011 年	115	2 567	2 091
2012 年	129	2 970	2 664
2013 年	144	1 409	1 215
2014 年	146	1 368	1 205
2015 年	155	896	797
2016 年	202	638	580
2017 年	175	750	690
2018 年	226	263	244
2019 年	262	41	41

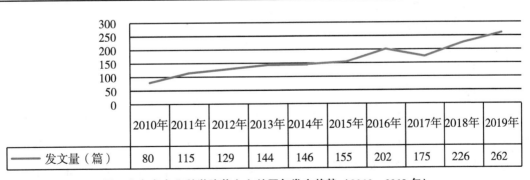

图　山东省农业科学院英文文献历年发文趋势（2010—2019 年）

1.2 高发文研究所 TOP10

2010—2019年山东省农业科学院SCI高发文研究所TOP10见表1-2。

表1-2 2010—2019年山东省农业科学院SCI高发文研究所TOP10 单位：篇

排序	研究所	发文量
1	山东省农业科学院作物研究所	250
2	山东省农业科学院生物技术研究中心	187
3	山东省农业科学院畜牧兽医研究所	171
4	山东省果树研究所	155
5	山东省农业科学院农产品研究所	125
6	山东棉花研究中心	115
7	山东省农业科学院奶牛研究中心	111
8	山东省农业科学院植物保护研究所	94
9	山东省水稻研究所	80
10	山东省农业科学院农业质量标准与检测技术研究所	75

1.3 高发文期刊 TOP10

2010—2019年山东省农业科学院SCI高发文期刊TOP10见表1-3。

表1-3 2010—2019年山东省农业科学院SCI高发文期刊TOP10

排序	期刊名称	发文量（篇）	WOS所有数据库总被引频次	WOS核心库被引频次	期刊影响因子（最近年度）
1	PLOS ONE	78	625	538	2.74（2019）
2	SCIENTIFIC REPORTS	45	135	128	3.998（2019）
3	FRONTIERS IN PLANT SCIENCE	37	138	125	4.402（2019）
4	FIELD CROPS RESEARCH	28	358	271	4.308（2019）
5	BMC GENOMICS	28	275	255	3.594（2019）
6	INTERNATIONAL JOURNAL OF MOLECULAR SCIENCES	28	51	48	4.556（2019）
7	BMC PLANT BIOLOGY	20	357	293	3.497（2019）
8	MOLECULAR BIOLOGY REPORTS	20	188	174	1.402（2019）
9	VETERINARY MICROBIOLOGY	17	96	87	3.03（2019）
10	RUSSIAN JOURNAL OF PLANT PHYSIOLOGY	16	48	40	1.198（2019）

1.4 合作发文国家与地区 TOP10

2010—2019 年山东省农业科学院 SCI 合作发文国家与地区（合作发文 1 篇以上）TOP10 见表 1-4。

表 1-4 2010—2019 年山东省农业科学院 SCI 合作发文国家与地区 TOP10

排序	国家与地区	合作发文量（篇）	WOS 所有数据库总被引频次	WOS 核心库被引频次
1	美国	186	3 622	3 318
2	澳大利亚	27	357	319
3	新西兰	23	818	736
4	日本	21	1 490	1426
5	加拿大	18	75	68
6	印度	17	2 079	1 950
7	德国	15	1 286	1 245
8	法国	13	1 393	1 340
9	埃及	12	117	103
10	墨西哥	10	73	53

1.5 合作发文机构 TOP10

2010—2019 年山东省农业科学院 SCI 合作发文机构 TOP10 见表 1-5。

表 1-5 2010—2019 年山东省农业科学院 SCI 合作发文机构 TOP10

排序	合作发文机构	发文量（篇）	WOS 所有数据库总被引频次	WOS 核心库被引频次
1	山东农业大学	245	1601	1 342
2	山东师范大学	168	767	690
3	中国农业科学院	164	3 480	3 074
4	山东大学	146	852	765
5	中国农业大学	114	2 068	1 906
6	中国科学院	110	2 021	1 844
7	南京农业大学	61	416	366
8	青岛农业大学	59	1 622	1 513
9	西北农林科技大学	31	89	75
10	浙江大学	29	160	139

1.6 高被引论文 TOP10

2010—2019年山东省农业科学院发表的 SCI 高被引论文 TOP10 见表1-6，山东省农业科学院以第一或通讯作者完成单位发表的 SCI 高被引论文 TOP10 见表1-7。

表1-6 2010—2019年山东省农业科学院 SCI 高被引论文 TOP10

排序	标题	WOS 所有数据库总被引频次	WOS 核心库被引频次	作者机构	出版年份	期刊名称	期刊影响因子（最近年度）
1	The tomato genome sequence provides insights into fleshy fruit evolution	1123	1089	山东省农业科学院生物技术研究中心，山东省农业科学院蔬菜花卉研究所	2012	NATURE	42.778 (2019)
2	Genome sequence and analysis of the tuber crop potato	705	628	山东省农业科学院生物技术研究中心	2011	NATURE	42.778 (2019)
3	Solexa Sequencing of Novel and Differentially Expressed microRNAs in Testicular and Ovarian Tissues in Holstein Cattle	214	91	山东省农业科学院奶牛研究中心	2011	INTERNATIONAL JOURNAL OF BIOLOGICAL SCIENCES	4.858 (2019)
4	Deep sequencing identifies novel and conserved microRNAs in peanuts (Arachis hypogaea L.)	185	149	山东省农业科学院生物技术研究中心	2010	BMC PLANT BIOLOGY	3.497 (2019)
5	Invasion biology of spotted wing Drosophila (Drosophila suzukii): a global perspective and future priorities	148	142	山东省农业科学院植物保护研究所	2015	JOURNAL OF PEST SCIENCE	4.578 (2019)
6	Further Spread of and Domination by Bemisia tabaci (Hemiptera: Aleyrodidae) BiotypeQ on Field Crops in China	118	73	山东省农业科学院生物技术研究中心	2011	JOURNAL OF ECONOMICENTO-MOLOGY	1.938 (2019)
7	Change in the Biotype Composition of Bemisia tabaci in Shandong Province of China From 2005 to 2008	115	90	山东省农业科学院生物技术研究中心	2010	ENVIRONMENTAL ENTOMOLOGY	1.586 (2019)

（续表）

排序	标题	WOS 所有数据库总被引频次	WOS 核心库被引频次	作者机构	出版年份	期刊名称	期刊影响因子（最近年度）
8	Rapid Spread of Tomato Yellow Leaf Curl Virus in China Is Aided Differentially by Two Invasive Whiteflies	105	82	山东省农业科学院生物技术研究中心	2012	PLOS ONE	2. 74（2019）
9	The effect of graphite oxide on the thermoelectric properties of polyaniline	91	89	山东省农业科学院植物保护研究所	2012	CARBON	8. 821（2019）
10	The genome sequences of Arachis duranensis and Arachis ipaensis, the diploid ancestors of cultivated peanut	87	83	山东省农业科学院生物技术研究中心	2016	NATURE GENETICS	27. 603（2019）

表1-7　2010—2019年山东省农业科学院SCI高被引论文TOP10（第一或通讯作者完成单位）

排序	标题	WOS 所有数据库总被引频次	WOS 核心库被引频次	作者机构	出版年份	期刊名称	期刊影响因子（最近年度）
1	Solexa Sequencing of Novel and Differentially Expressed MicroRNAs in Testicular and Ovarian Tissues in Holstein Cattle	214	91	山东省农业科学院奶牛研究中心	2011	INTERNATIONAL JOURNAL OF BIOLOGICAL SCIENCES	4. 858（2019）
2	Deep sequencing identifies novel and conserved microRNAs inpeanuts（Arachis hypogaea L.）	185	149	山东省农业科学院生物技术研究中心	2010	BMC PLANT BIOLOGY	3. 497（2019）
3	Change in the Biotype Composition of Bemisia tabaci in Shandong Province of China From 2005 to 2008	115	90	山东省农业科学院生物技术研究中心	2010	ENVIRONMENTAL ENTOMOLOGY	1. 586（2019）

（续表）

排序	标题	WOS所有数据库总被引频次	WOS核心库被引频次	作者机构	出版年份	期刊名称	期刊影响因子（最近年度）
4	Transcriptome analysis of the roots at early and late seedling stages using Illumina paired-end sequencing and development of EST-SSR markers in radish	71	57	山东省农业科学院蔬菜花卉研究所	2012	PLANT CELL REPORTS	3.825 (2019)
5	Effects of plant density and nitrogen and potassium fertilization on cotton yield and uptake of major nutrients in two fields with varying fertility	70	45	山东棉花研究中心	2010	FIELD CROPS RESEARCH	4.308 (2019)
6	Nitrogen rate and plant density effects on yield and late-season leaf senescence of cotton raised on a saline field	59	49	山东棉花研究中心	2012	FIELD CROPS RESEARCH	4.308 (2019)
7	The siderophore-producing bacterium, Bacillus subtilis CAS15, has a biocontrol effect on Fusarium wilt and promotes the growth of pepper	58	49	山东省果树研究所	2011	EUROPEAN JOURNAL OF SOIL BIOLOGY	2.285 (2019)
8	Phytochromes Regulate SA and JA Signaling Pathways in Rice and Are Required for Developmentally Controlled Resistance to Magnaporthe grisea	55	44	山东省农业科学院生物技术研究中心	2011	MOLECULAR PLANT	12.084 (2019)
9	Intensive cotton farming technologies in China: Achievements, challenges and countermeasures	54	38	山东棉花研究中心	2014	FIELD CROPS RESEARCH	4.308 (2019)
10	Analysis of Heavy Metal Sources for Vegetable Soils from Shandong Province, China	52	40	山东省农业科学院农业资源与环境研究所	2011	AGRICULTURAL SCIENCES IN CHINA	0.82 (2013)

1.7 高频词 TOP20

2010—2019 年山东省农业科学院 SCI 发文高频词（作者关键词）TOP20 见表 1-8。

表 1-8 2010—2019 年山东省农业科学院 SCI 发文高频词（作者关键词）TOP20

排序	关键词（作者关键词）	频次	排序	关键词（作者关键词）	频次
1	Cotton	37	11	apoptosis	16
2	peanut	32	12	bovine	15
3	Wheat	27	13	Photosynthesis	14
4	gene expression	27	14	Oryza sativa	14
5	Rice	26	15	Phylogenetic analysis	14
6	Maize	26	16	China	14
7	Transcriptome	23	17	Haplotype	14
8	Mastitis	22	18	Expression analysis	14
9	Yield	21	19	Chinese cabbage	13
10	salt stress	19	20	RNA-Seq	13

2 中文期刊论文分析

2010—2019 年，山东省农业科学院作者共发表北大中文核心期刊论文 3 551 篇，中国科学引文数据库（CSCD）期刊论文 2 294 篇。

2.1 发文量

2010—2019 年山东省农业科学院中文文献历年发文趋势（2010—2019 年）见下图。

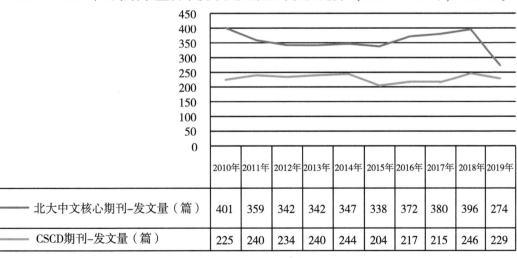

	2010年	2011年	2012年	2013年	2014年	2015年	2016年	2017年	2018年	2019年
北大中文核心期刊-发文量（篇）	401	359	342	342	347	338	372	380	396	274
CSCD期刊-发文量（篇）	225	240	234	240	244	204	217	215	246	229

图 山东省农业科学院中文文献历年发文趋势（2010—2019 年）

2.2 高发文研究所 TOP10

2010—2019 年山东省农业科学院北大中文核心期刊高发文研究所 TOP10 见表 2-1，2010—2019 年山东省农业科学院中国科学引文数据库（CSCD）期刊高发文研究所 TOP10 见表 2-2。

表 2-1 2010—2019 年山东省农业科学院北大中文核心期刊高发文研究所 TOP10 单位：篇

排序	研究所	发文量
1	山东省果树研究所	530
2	山东省农业科学院畜牧兽医研究所	343
3	山东省花生研究所	316
4	山东省农业科学院植物保护研究所	304
5	山东省农业科学院农产品研究所	261
6	山东省农业科学院生物技术研究中心	208
7	山东省农业科学院作物研究所	198
8	山东省农业科学院农业资源与环境研究所	194
9	山东省农业科学院家禽研究所	185
10	山东省农业科学院蔬菜花卉研究所	160

表 2-2 2010—2019 年山东省农业科学院 CSCD 期刊高发文研究所 TOP10 单位：篇

排序	研究所	发文量
1	山东省果树研究所	339
2	山东省农业科学院植物保护研究所	263
3	山东省花生研究所	213
4	山东省农业科学院畜牧兽医研究所	183
5	山东省农业科学院生物技术研究中心	176
6	山东省农业科学院作物研究所	175
7	山东省农业科学院农业资源与环境研究所	145
8	山东省农业科学院农产品研究所	119
9	山东省农业科学院蔬菜花卉研究所	99
10	山东省农业科学院农业质量标准与检测技术研究所	95

2.3 高发文期刊 TOP10

2010—2019 年山东省农业科学院高发文北大中文核心期刊 TOP10 见表 2-3，2010—2019 年山东省农业科学院高发文 CSCD 期刊 TOP10 见表 2-4。

表 2-3 2010—2019 年山东省农业科学院高发文期刊（北大中文核心）TOP10　　单位：篇

排序	期刊名称	发文量	排序	期刊名称	发文量
1	中国农学通报	108	6	花生学报	84
2	核农学报	106	7	果树学报	76
3	北方园艺	91	8	江苏农业科学	68
4	安徽农业科学	90	9	农药	66
5	中国农业科学	88	10	华北农学报	63

表 2-4 2010—2019 年山东省农业科学院高发文期刊（CSCD）TOP10　　单位：篇

排序	期刊名称	发文量	排序	期刊名称	发文量
1	核农学报	106	6	植物遗传资源学报	54
2	中国农业科学	101	7	植物保护学报	53
3	中国农学通报	88	8	中国兽医学报	51
4	果树学报	57	9	中国油料作物学报	50
5	作物学报	55	10	园艺学报	50

2.4　合作发文机构 TOP10

2010—2019 年山东省农业科学院北大中文核心期刊合作发文机构 TOP10 见表 2-5，2010—2019 年山东省农业科学院 CSCD 期刊合作发文机构 TOP10 见表 2-6。

表 2-5 2010—2019 年山东省农业科学院北大中文核心期刊合作发文机构 TOP10　　单位：篇

排序	合作发文机构	发文量	排序	合作发文机构	发文量
1	山东农业大学	440	6	山东大学	53
2	青岛农业大学	206	7	中国科学院	46
3	中国农业科学院	135	8	沈阳农业大学	42
4	中国农业大学	92	9	吉林农业大学	41
5	山东师范大学	83	10	齐鲁工业大学	40

表 2-6 2010—2019 年山东省农业科学院 CSCD 期刊合作发文机构 TOP10　　单位：篇

排序	合作发文机构	发文量	排序	合作发文机构	发文量
1	山东农业大学	356	6	中国科学院	43
2	青岛农业大学	134	7	湖南农业大学	38
3	中国农业科学院	107	8	沈阳农业大学	35
4	山东师范大学	63	9	吉林农业大学	28
5	中国农业大学	61	10	南京农业大学	28

上海市农业科学院

1　英文期刊论文分析

分析数据来源于科学引文索引数据库（Web of Science，WOS）收录的文献类型为期刊论文（ARTICLE）、会议论文（PROCEEDINGS PAPER）和述评（REVIEW）的 Science Citation Index Expanded（SCIE）论文数据，数据时间范围为 2010—2019 年，共检索到上海市农业科学院作者发表的论文 1 073 篇。

1.1　发文量

2010—2019 年上海市农业科学院历年 SCI 发文与被引情况见表 1-1，上海市农业科学院英文文献历年发文趋势（2010—2019 年）见下图。

表 1-1　2010—2019 年上海市农业科学院历年 SCI 发文与被引情况

出版年	发文量（篇）	WOS 所有数据库总被引频次	WOS 核心库被引频次
2010 年	56	958	781
2011 年	66	800	656
2012 年	72	803	680
2013 年	70	707	590
2014 年	78	741	635
2015 年	102	680	577
2016 年	132	384	341
2017 年	112	365	340
2018 年	172	120	109
2019 年	213	32	30

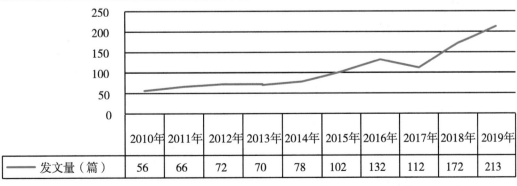

图　上海市农业科学院英文文献历年发文趋势（2010—2019 年）

1.2 高发文研究所 TOP10

2010—2019 年上海市农业科学院 SCI 高发文研究所 TOP10 见表 1-2。

表 1-2 2010—2019 年上海市农业科学院 SCI 高发文研究所 TOP10　　　　单位：篇

排序	研究所	发文量
1	上海市农业科学院生物技术研究所	191
2	上海市农业科学院食用菌研究所	171
3	上海市农业科学院畜牧兽医研究所	150
4	上海市农业科学院生态环境保护研究所	131
5	上海市农业科学院农产品质量标准与检测技术研究所	101
6	上海市农业生物基因中心	90
7	上海市农业科学院设施园艺研究所	56
8	上海市农业科学院林木果树研究所	48
9	上海市农业科学院作物育种栽培研究所	28
10	上海市农业科学院农业科技信息研究所	19

1.3 高发文期刊 TOP10

2010—2019 年上海市农业科学院 SCI 高发文期刊 TOP10 见表 1-3。

表 1-3 2010—2019 年上海市农业科学院 SCI 高发文期刊 TOP10

排序	期刊名称	发文量（篇）	WOS 所有数据库总被引频次	WOS 核心库被引频次	期刊影响因子（最近年度）
1	PLOS ONE	38	312	267	2.74（2019）
2	SCIENTIFIC REPORTS	36	61	58	3.998（2019）
3	INTERNATIONAL JOURNAL OF MEDICINAL MUSHROOMS	34	104	87	1.423（2018）
4	MOLECULAR BIOLOGY REPORTS	27	349	276	1.402（2019）
5	MOLECULES	17	3	3	3.267（2019）
6	SCIENTIA HORTICULTURAE	16	67	47	2.769（2019）
7	ECOLOGICAL ENGINEERING	15	128	107	3.512（2019）
8	ACTA PHYSIOLOGIAE PLANTARUM	14	94	73	1.76（2019）

（续表）

排序	期刊名称	发文量（篇）	WOS所有数据库总被引频次	WOS核心库被引频次	期刊影响因子（最近年度）
9	JOURNAL OF AGRICULTURAL AND FOOD CHEMISTRY	14	117	98	4.192（2019）
10	FOOD CHEMISTRY	14	78	55	6.306（2019）

1.4 合作发文国家与地区 TOP10

2010—2019年上海市农业科学院SCI合作发文国家与地区（合作发文1篇以上）TOP10见表1-4。

表1-4 2010—2019年上海市农业科学院SCI合作发文国家与地区 TOP10

排序	国家与地区	合作发文量（篇）	WOS所有数据库总被引频次	WOS核心库被引频次
1	比利时	102	513	491
2	美国	88	539	469
3	加拿大	24	294	235
4	日本	23	182	155
5	德国	17	105	90
6	澳大利亚	17	89	79
7	英格兰	15	156	151
8	丹麦	5	3	3
9	荷兰	5	38	35
10	巴基斯坦	4	8	5

1.5 合作发文机构 TOP10

2010—2019年上海市农业科学院SCI合作发文机构TOP10见表1-5。

表1-5 2010—2019年上海市农业科学院SCI合作发文机构 TOP10

排序	合作发文机构	发文量（篇）	WOS所有数据库总被引频次	WOS核心库被引频次
1	南京农业大学	118	769	644

（续表）

排序	合作发文机构	发文量（篇）	WOS 所有数据库总被引频次	WOS 核心库被引频次
2	中国农业科学院	102	242	224
3	上海交通大学	82	602	536
4	比利时列日大学	76	135	132
5	中文学术期刊	66	439	363
6	浙江大学	50	267	225
7	中国农业大学	43	222	191
8	复旦大学	40	198	173
9	扬州大学	37	453	365
10	上海海洋大学	30	110	99

1.6 高被引论文 TOP10

2010—2019 年上海市农业科学院发表的 SCI 高被引论文 TOP10 见表 1-6，上海市农业科学院以第一或通讯作者完成单位发表的 SCI 高被引论文 TOP10 见表 1-7。

表 1-6 2010—2019 年上海市农业科学院 SCI 高被引论文 TOP10

排序	标题	WOS 所有数据库总被引频次	WOS 核心库被引频次	作者机构	出版年份	期刊名称	期刊影响因子（最近年度）
1	AtCPK6, a functionally redundant and positive regulator involved in salt/drought stress tolerance in Arabidopsis	91	79	上海市农业科学院生物技术研究所	2010 年	PLANTA	3.39 (2019)
2	Multiplex Lateral Flow Immunoassay for Mycotoxin Determination	72	70	上海市农业科学院	2014 年	ANALYTICAL CHEMISTRY	6.785 (2019)
3	Variation in NRT1.1B contributes to nitrate-use divergence between rice subspecies	67	45	上海市农业科学院作物育种栽培研究所	2015 年	NATURE GENETICS	27.603 (2019)

（续表）

排序	标题	WOS所有数据库总被引频次	WOS核心库被引频次	作者机构	出版年份	期刊名称	期刊影响因子（最近年度）
4	Drought-responsive mechanisms in rice genotypes with contrasting drought tolerance during reproductive stage	65	58	上海市农业科学院	2012年	JOURNAL OF PLANT PHYSIOLOGY	3.013（2019）
5	Discovery and expression profile analysis of AP2/ERF family genes from Triticum aestivum	62	48	上海市农业科学院	2011年	MOLECULAR BIOLOGY REPORTS	1.402（2019）
6	Effects of Osthole on Migration and Invasion in Breast Cancer Cells	61	55	上海市农业科学院食用菌研究所	2010年	BIOSCIENCE BIOTECHNOLOGY AND BIOCHEMISTRY	1.516（2019）
7	Sequencing and Comparative Analysis of the Straw Mushroom （Volvariella volvacea） Genome	56	41	上海市农业科学院食用菌研究所	2013年	PLOSONE	2.74（2019）
8	A direct assessment of mycotoxin biomarkers in human urine samples by liquid chromatography tandem mass spectrometry	53	53	上海市农业科学院农产品质量标准与检测技术研究所	2012年	ANALYTICA CHIMICA ACTA	5.977（2019）
9	The transcription factor Bcl11b is specifically expressed in group 2 innate lymphoid cells and is essential for their development	53	51	上海市农业科学院畜牧兽医研究所	2015年	JOURNAL OF EXPERIMENTAL MEDICINE	11.743（2019）
10	Novel multiplex fluorescent immunoassays based on quantum dot nanolabels for mycotoxins determination	52	48	上海市农业科学院农产品质量标准与检测技术研究所	2014年	BIOSENSORS & BIOELECTRONICS	10.257（2019）

表 1-7　2010—2019 年上海市农业科学院 SCI 高被引论文 TOP10（第一或通讯作者完成单位）

排序	标题	WOS 所有数据库总被引频次	WOS 核心库被引频次	作者机构	出版年份	期刊名称	期刊影响因子（最近年度）
1	AtCPK6, a functionally redundant and positive regulator involved in salt/drought stress tolerance in Arabidopsis	91	79	上海市农业科学院生物技术研究所	2010	PLANTA	3.39 (2019)
2	Multiplex Lateral Flow Immunoassay for Mycotoxin Determination	72	70	上海市农业科学院	2014	ANALYTICAL CHEMISTRY	6.785 (2019)
3	Discovery and expression profile analysis of AP2/ERF family genes from Triticum aestivum	62	48	上海市农业科学院	2011	MOLECULAR BIOLOGY REPORTS	1.402 (2019)
4	OsNAC52, a rice NAC transcription factor, potentially responds to ABA and confers drought tolerance in transgenic plants	44	38	上海市农业科学院生物技术研究所	2010	PLANT CELL TISSUE AND ORGAN CULTURE	2.196 (2019)
5	Forced expression of Mdmyb10, a myb transcription factor gene from apple, enhances tolerance to osmotic stress in transgenic Arabidopsis	43	32	上海市农业科学院生物技术研究所	2011	MOLECULAR BIOLOGY REPORTS	1.402 (2019)
6	Isolation, Phylogeny and Expression Patterns of AP2-Like Genes in Apple (Malus x domestica Borkh)	32	24	上海市农业科学院	2011	PLANT MOLECULAR BIOLOGY REPORTER	1.336 (2019)
7	Physicochemical characterization of a high molecular weight bioactive beta-D-glucan from the fruiting bodies of Ganoderma lucidum	31	27	上海市农业科学院食用菌研究所	2014	CARBOHYDRATE POLYMERS	7.182 (2019)

（续表）

排序	标题	WOS 所有数据库总被引频次	WOS 核心库被引频次	作者机构	出版年份	期刊名称	期刊影响因子（最近年度）
8	Exogenous nitric oxide protects against salt-induced oxidative stress in the leaves from two genotypes of tomato (Lycopersicom esculentum Mill.)	30	24	上海市农业科学院畜牧兽医研究所，上海市农业科学院设施园艺研究所	2011	ACTA PHYSIOLOGIAE PLANTARUM	1.76 (2019)
9	The myb transcription factor MdMYB6 suppresses anthocyanin biosynthesis in transgenic Arabidopsis	30	20	上海市农业科学院生物技术研究所	2011	PLANT CELL TISSUE AND ORGAN CULTURE	2.196 (2019)
10	Rapid and sensitive quantitation of zearalenone in food and feed by lateral flow immunoassay	29	26	上海市农业科学院农产品质量标准与检测技术研究所	2012	FOOD CONTROL	4.258 (2019)

1.7 高频词 TOP20

2010—2019 年上海市农业科学院 SCI 发文高频词（作者关键词）TOP20 见表 1-8。

表 1-8 2010—2019 年上海市农业科学院 SCI 发文高频词（作者关键词）TOP20

排序	关键词（作者关键词）	频次	排序	关键词（作者关键词）	频次
1	medicinal mushrooms	32	11	Lentinula edodes	13
2	Pichia pastoris	22	12	nucleopolyhedrovirus	13
3	rice	21	13	Purification	11
4	Gene expression	21	14	Phytoremediation	11
5	Ganoderma lucidum	21	15	RNA-seq	11
6	Polysaccharide	19	16	Transgenic Arabidopsis	11
7	Arabidopsis	18	17	Mycotoxin	10
8	apoptosis	15	18	mycotoxins	10
9	Transcription factor	14	19	Volvariella volvacea	10
10	Arabidopsis thaliana	13	20	LC-MS/MS	9

2 中文期刊论文分析

2010—2019年，上海市农业科学院作者共发表北大中文核心期刊论文2 085篇，中国科学引文数据库（CSCD）期刊论文1 898篇。

2.1 发文量

2010—2019年上海市农业科学院中文文献历年发文趋势（2010—2019年）见下图。

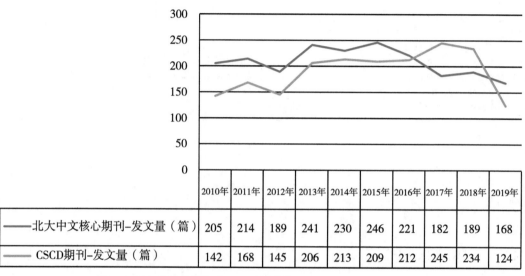

	2010年	2011年	2012年	2013年	2014年	2015年	2016年	2017年	2018年	2019年
北大中文核心期刊-发文量（篇）	205	214	189	241	230	246	221	182	189	168
CSCD期刊-发文量（篇）	142	168	145	206	213	209	212	245	234	124

图　上海市农业科学院中文文献历年发文趋势（2010—2019年）

2.2 高发文研究所TOP10

2010—2019年上海市农业科学院北大中文核心期刊高发文研究所TOP10见表2-1，2010—2019年上海市农业科学院中国科学引文数据库（CSCD）期刊高发文研究所TOP10见表2-2。

表 2-1　2010—2019 年上海市农业科学院北大中文核心期刊高发文研究所 TOP10　单位：篇

排序	研究所	发文量
1	上海市农业科学院食用菌研究所	497
2	上海市农业科学院生态环境保护研究所	493
3	上海市农业科学院林木果树研究所	413
4	上海市农业科学院设施园艺研究所	367
5	上海市农业科学院畜牧兽医研究所	228
6	上海市农业科学院生物技术研究所	211

（续表）

排序	研究所	发文量
7	上海市农业科学院	170
8	上海市农业科学院农产品质量标准与检测技术研究所	167
9	上海市农业科学院作物育种栽培研究所	155
10	上海市农业科学院农业科技信息研究所	137
11	上海市农业生物基因中心	91

注："上海市农业科学院"发文包括作者单位只标注为"上海市农业科学院"、院属实验室等。

表2-2　2010—2019年上海市农业科学院CSCD期刊高发文研究所TOP10　单位：篇

排序	研究所	发文量
1	上海市农业科学院食用菌研究所	385
2	上海市农业科学院生态环境保护研究所	267
3	上海市农业科学院设施园艺研究所	229
4	上海市农业科学院畜牧兽医研究所	188
5	上海市农业科学院作物育种栽培研究所	172
6	上海市农业科学院林木果树研究所	154
7	上海市农业科学院农产品质量标准与检测技术研究所	153
8	上海市农业科学院	141
9	上海市农业科学院生物技术研究所	131
10	上海市农业科学院农业科技信息研究所	105
11	上海市农业生物基因中心	98

注："上海市农业科学院"发文包括作者单位只标注为"上海市农业科学院"、院属实验室等。

2.3　高发文期刊TOP10

2010—2019年上海市农业科学院高发文北大中文核心期刊TOP10见表2-3，2010—2019年上海市农业科学院高发文CSCD期刊TOP10见表2-4。

表2-3　2010—2019年上海市农业科学院高发文期刊（北大中文核心）TOP10　单位：篇

排序	期刊名称	发文量	排序	期刊名称	发文量
1	上海农业学报	588	6	中国农学通报	43
2	食用菌学报	195	7	分子植物育种	37
3	菌物学报	70	8	食品科学	36
4	核农学报	54	9	中国家禽	32
5	植物生理学报	43	10	微生物学通报	31

表 2-4　2010—2019 年上海市农业科学院高发文期刊（CSCD）TOP10　　单位：篇

排序	期刊名称	发文量	排序	期刊名称	发文量
1	上海农业学报	767	7	植物生理学报	44
2	食用菌学报	114	8	食品科学	34
3	菌物学报	66	9	微生物学通报	31
4	分子植物育种	52	10	果树学报	28
5	核农学报	49	11	西北植物学报	28
6	中国农学通报	46			

2.4　合作发文机构 TOP10

2010—2019 年上海市农业科学院北大中文核心期刊合作发文机构 TOP10 见表 2-5，2010—2019 年上海市农业科学院 CSCD 期刊合作发文机构 TOP10 见表 2-6。

表 2-5　2010—2019 年上海市农业科学院北大中文核心期刊合作发文机构 TOP10　单位：篇

排序	合作发文机构	发文量	排序	合作发文机构	发文量
1	上海海洋大学	181	6	上海理工大学	30
2	南京农业大学	166	7	上海师范大学	29
3	上海交通大学	52	8	中国科学院	28
4	扬州大学	36	9	华中农业大学	22
5	上海市农业技术推广服务中心	33	10	华东理工大学	20

表 2-6　2010—2019 年上海市农业科学院 CSCD 期刊合作发文机构 TOP10　　单位：篇

排序	合作发文机构	发文量	排序	合作发文机构	发文量
1	上海海洋大学	165	6	中国科学院	24
2	南京农业大学	134	7	上海师范大学	23
3	上海市农业技术推广服务中心	35	8	扬州大学	21
4	上海交通大学	33	9	上海市浦东新区农业技术推广中心	20
5	上海理工大学	32	10	华中农业大学	19

四川省农业科学院

1 英文期刊论文分析

分析数据来源于科学引文索引数据库（Web of Science，WOS）收录的文献类型为期刊论文（ARTICLE）、会议论文（PROCEEDINGS PAPER）和述评（REVIEW）的 Science Citation Index Expanded（SCIE）论文数据，数据时间范围为 2010—2019 年，共检索到四川省农业科学院作者发表的论文 593 篇。

1.1 发文量

2010—2019 年四川省农业科学院历年 SCI 发文与被引情况见表 1-1，四川省农业科学院英文文献历年发文趋势（2010—2019 年）见下图。

表 1-1 2010—2019 年四川省农业科学院 SCI 历年发文与被引情况

出版年	发文量（篇）	WOS 所有数据库总被引频次	WOS 核心库被引频次
2010 年	14	129	98
2011 年	26	282	250
2012 年	29	577	496
2013 年	36	548	467
2014 年	40	622	552
2015 年	70	383	329
2016 年	91	227	196
2017 年	84	239	201
2018 年	92	120	115
2019 年	111	10	9

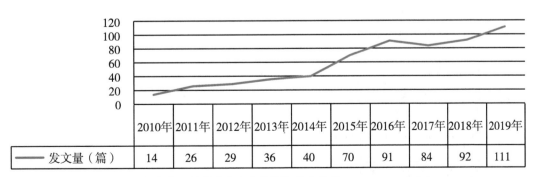

图 四川省农业科学院英文文献历年发文趋势（2010—2019 年）

1.2 高发文研究所 TOP10

2010—2019 年四川省农业科学院 SCI 高发文研究所 TOP10 见表 1-2。

表 1-2　2010—2019 年四川省农业科学院 SCI 高发文研究所 TOP10　　　单位：篇

排序	研究所	发文量
1	四川省农业科学院作物研究所	124
1	四川省农业科学院土壤肥料研究所	124
2	四川省农业科学院生物技术核技术研究所	76
3	四川省农业科学院植物保护研究所	54
4	四川省农业科学院水产研究所	46
5	四川省农业科学院园艺研究所	43
6	四川省农业科学院农产品加工研究所	30
7	四川省农业科学院水稻高粱研究所	29
8	四川省农业科学院分析测试中心、质量标准与检测技术研究所	28
9	四川省农业科学院经济作物研究所	20
10	四川省农业科学院蚕业研究所	8

1.3 高发文期刊 TOP10

2010—2019 年四川省农业科学院 SCI 高发文期刊 TOP10 见表 1-3。

表 1-3　2010—2019 年四川省农业科学院 SCI 高发文期刊 TOP10

排序	期刊名称	发文量（篇）	WOS 所有数据库总被引频次	WOS 核心库被引频次	期刊影响因子（最近年度）
1	PLOS ONE	22	112	91	2.74（2019）
2	SCIENTIFIC REPORTS	20	44	40	3.998（2019）
3	MITOCHONDRIAL DNA PART B-RESOURCES	14	1	1	0.885（2019）
4	FRONTIERS IN PLANT SCIENCE	13	25	25	4.402（2019）
5	INTERNATIONAL JOURNAL OF MOLECULAR SCIENCES	12	52	48	4.556（2019）
6	THEORETICAL AND APPLIED GENETICS	12	157	149	4.439（2019）
7	JOURNAL OF INTEGRATIVE AGRICULTURE	11	25	21	1.984（2019）

（续表）

排序	期刊名称	发文量（篇）	WOS 所有数据库总被引频次	WOS 核心库被引频次	期刊影响因子（最近年度）
8	MITOCHONDRIAL DNA PART A	10	6	5	1.073（2019）
9	INTERNATIONAL JOURNAL OF AGRICULTURE AND BIOLOGY	9	2	2	0.822（2019）
10	INTERNATIONAL JOURNAL OF BIOLOGICAL MACROMOLECULES	7	4	4	5.162（2019）

1.4 合作发文国家与地区 TOP10

2010—2019 年四川省农业科学院 SCI 合作发文国家与地区（合作发文 1 篇以上）TOP10 见表 1-4。

表1-4 2010—2019 年四川省农业科学院 SCI 合作发文国家与地区 TOP10

排序	国家与地区	合作发文量（篇）	WOS 所有数据库总被引频次	WOS 核心库被引频次
1	美国	47	608	557
2	澳大利亚	19	375	352
3	德国	11	93	86
4	墨西哥	9	111	107
5	加拿大	8	309	288
6	比利时	7	98	94
7	英格兰	7	478	434
8	法国	7	320	302
9	芬兰	7	21	19
10	新西兰	6	26	22

1.5 合作发文机构 TOP10

2010—2019 年四川省农业科学院 SCI 合作发文机构 TOP10 见表 1-5。

表1-5 2010—2019 年四川省农业科学院 SCI 合作发文机构 TOP10

排序	合作发文机构	发文量	WOS 所有数据库总被引频次	WOS 核心库被引频次
1	四川农业大学	157	551	457

（续表）

排序	合作发文机构	发文量	WOS 所有数据库 总被引频次	WOS 核心库 被引频次
2	四川大学	78	421	367
3	中国科学院	58	575	510
4	中国农业科学院	49	761	691
5	中国电子科技大学	27	75	69
6	华中农业大学	24	548	504
7	中国农业大学	24	228	191
8	西南大学	24	373	336
9	西华师范大学	14	17	12
10	湖南农业大学	12	379	340

1.6 高被引论文 TOP10

2010—2019 年四川省农业科学院发表的 SCI 高被引论文 TOP10 见表 1-6，四川省农业科学院以第一或通讯作者完成单位发表的 SCI 高被引论文 TOP10 见表 1-7。

表 1-6　2010—2019 年四川省农业科学院 SCI 高被引论文 TOP10

排序	标题	WOS 所有数据库总被引频次	WOS 核心库被引频次	作者机构	出版年份	期刊名称	期刊影响因子（最近年度）
1	The Brassica oleracea genome reveals the asymmetrical evolution of polyploid genomes	258	240	四川省农业科学院	2014	NATURE COMMUNICATIONS	12.121 (2019)
2	Retrotransposons Control Fruit－Specific，Cold－Dependent Accumulation of Anthocyanins in Blood Oranges	161	145	四川省农业科学院	2012	PLANT CELL	9.618 (2019)
3	Blue－light－dependent interaction of cryptochrome 1 with SPA1 defines a dynamic signaling mechanism	121	109	四川省农业科学院园艺研究所	2011	GENES & DEVELOPMENT	9.527 (2019)

（续表）

排序	标题	WOS 所有数据库总被引频次	WOS 核心库被引频次	作者机构	出版年份	期刊名称	期刊影响因子（最近年度）
4	Biochar soil amendment increased bacterial but decreased fungal gene abundance with shifts in community structure in a slightly acid rice paddy from Southwest China	104	80	四川省农业科学院作物研究所	2013	APPLIED SOIL ECOLOGY	3. 187 （2019）
5	FeCl3-Catalyzed Stereoselective Construction of Spirooxindole Tetrahydroquinolines via Tandem 1,5-Hydride Transfer/Ring Closure	92	91	四川省农业科学院分析测试中心、质量标准与检测技术研究所	2012	ORGANIC LETTERS	6. 091 （2019）
6	Multiple Rice MicroRNAs Are Involved in Immunity against the Blast Fungus Magnaporthe oryzae	66	61	四川省农业科学院水稻高粱研究所	2014	PLANT PHYSIOLOGY	6. 902 （2019）
7	Quantitative trait loci of stripe rust resistance in wheat	64	61	四川省农业科学院作物研究所	2013	THEORETICAL AND APPLIED GENETICS	4. 439 （2019）
8	Fungal Planet description sheets：320-370	61	61	四川省农业科学院土壤肥料研究所	2015	PERSOONIA	8. 227 （2019）
9	A multi-residue method for the determination of 124 pesticides in rice by modified QuEChERS extraction and gas chromatography-tandem mass spectrometry	59	45	四川省农业科学院分析测试中心、质量标准与检测技术研究所	2013	FOOD CHEMISTRY	6. 306 （2019）
10	Atmospheric organic nitrogen deposition in China	58	49	四川省农业科学院土壤肥料研究所	2012	ATMOSPHERIC ENVIRONMENT	4. 039 （2019）

表 1-7 2010—2019 年四川省农业科学院 SCI 高被引论文 TOP10（第一或通讯作者完成单位）

排序	标题	WOS 所有数据库总被引频次	WOS 核心库被引频次	作者机构	出版年份	期刊名称	期刊影响因子（最近年度）
1	Quantitative trait loci of stripe rust resistance in wheat	64	61	四川省农业科学院作物研究所	2013	THEORETICAL AND APPLIED GENETICS	4.439（2019）
2	A multi-residue method for the determination of 124 pesticides in rice by modified QuEChERS extraction and gas chromatography-tandem mass spectrometry	59	45	四川省农业科学院分析测试中心、质量标准与检测技术研究所	2013	FOOD CHEMISTRY	6.306（2019）
3	The First Illumina-Based De Novo Transcriptome Sequencing and Analysis of Safflower Flowers	46	32	四川省农业科学院经济作物研究所	2012	PLOS ONE	2.74（2019）
4	A multi-residue method for the determination of pesticides in tea using multi-walled carbon nanotubes as a dispersive solid phase extraction absorbent	39	32	四川省农业科学院分析测试中心、质量标准与检测技术研究所	2014	FOOD CHEMISTRY	6.306（2019）
5	Synthetic hexaploid wheat enhances variation and adaptive evolution of bread wheat in breeding processes	23	17	四川省农业科学院作物研究所	2014	JOURNAL OF SYSTEMATICS AND EVOLUTION	2.779（2019）
6	The complete mitochondrial genome of the Sichuan taimen（Hucho bleekeri）: Repetitive sequences in the control region and phylogenetic implications for Salmonidae	20	19	四川省农业科学院水产研究所	2011	MARINE GENOMICS	1.672（2019）
7	QTL analysis of the spring wheat "Chapio" identifies stable stripe rust resistance despite inter-continental genotype x environment interactions	20	20	四川省农业科学院作物研究所	2013	THEORETICAL AND APPLIED GENETICS	4.439（2019）

（续表）

排序	标题	WOS 所有数据库总被引频次	WOS 核心库被引频次	作者机构	出版年份	期刊名称	期刊影响因子（最近年度）
8	Quantification of ochratoxin A in red wines by conventional HPLC - FLD using a column packed with core-shell particles	17	15	四川省农业科学院分析测试中心、质量标准与检测技术研究所	2013	FOOD CONTROL	4.258（2019）
9	Transcriptome Analysis of Interspecific Hybrid between Brassica napus and B. rapa Reveals Heterosis for Oil Rape Improvement	16	15	四川省农业科学院作物研究所，四川省农业科学院农产品加工研究所	2015	INTERNATIONAL JOURNAL OF GENOMICS	2.414（2019）
10	Bacterial community succession and metabolite changes during doubanjiang-meju fermentation, a Chinese traditional fermented broad bean（Vicia faba L.）paste	14	13	四川省农业科学院农产品加工研究所	2017	FOOD CHEMISTRY	6.306（2019）

1.7 高频词 TOP20

2010—2019 年四川省农业科学院 SCI 发文高频词（作者关键词）TOP20 见表 1-8。

表 1-8 2010—2019 年四川省农业科学院 SCI 发文高频词（作者关键词）TOP20

排序	关键词（作者关键词）	频次	排序	关键词（作者关键词）	频次
1	Phylogenetic analysis	23	11	maize	8
2	Wheat	21	12	Yellow rust	8
3	Mitochondrial genome	20	13	QTL	8
4	Triticum aestivum	14	14	hybrid rice	7
5	Rice	14	15	mitogenome	7
6	Taxonomy	13	16	Brassica napus	6
7	transcriptome	12	17	Entolomataceae	6
8	genetic diversity	10	18	Molecular marker	6
9	Grain yield	10	19	complete mitochondrial genome	6
10	Phylogeny	9	20	Yield	6

2 中文期刊论文分析

2010—2019 年，四川省农业科学院作者共发表北大中文核心期刊论文 2 260篇，中国科学引文数据库（CSCD）期刊论文 1 718篇。

2.1 发文量

2010—2019 年四川省农业科学院中文文献历年发文趋势（2010—2019 年）见下图。

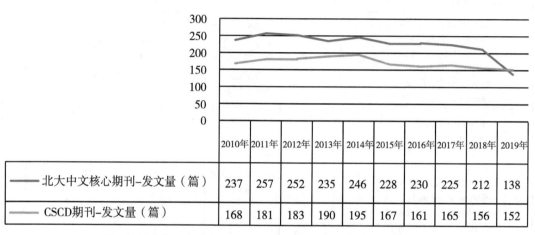

	2010年	2011年	2012年	2013年	2014年	2015年	2016年	2017年	2018年	2019年
北大中文核心期刊–发文量（篇）	237	257	252	235	246	228	230	225	212	138
CSCD期刊–发文量（篇）	168	181	183	190	195	167	161	165	156	152

图 四川省农业科学院中文文献历年发文趋势（2010—2019 年）

2.2 高发文研究所 TOP10

2010—2019 年四川省农业科学院北大中文核心期刊高发文研究所 TOP10 见表 2-1，2010—2019 年四川省农业科学院中国科学引文数据库（CSCD）期刊高发文研究所 TOP10 见表 2-2。

表 2-1 2010—2019 年四川省农业科学院北大中文核心期刊高发文研究所 TOP10 单位：篇

排序	研究所	发文量
1	四川省农业科学院土壤肥料研究所	417
2	四川省农业科学院作物研究所	300
3	四川省农业科学院植物保护研究所	221
4	四川省农业科学院园艺研究所	217
5	四川省农业科学院	201
6	四川省农业科学院水稻高粱研究所	198
7	四川省农业科学院分析测试中心、质量标准与检测技术研究所	156

（续表）

排序	研究所	发文量
8	四川省农业科学院生物技术核技术研究所	135
9	四川省农业科学院蚕业研究所	103
10	四川省农业科学院农业信息与农村经济研究所	94
11	四川省农业科学院农产品加工研究所	78

注："四川省农业科学院"发文包括作者单位只标注为"四川省农业科学院"、院属实验室等。

表 2-2　2010—2019 年四川省农业科学院 CSCD 期刊高发文研究所 TOP10　　单位：篇

排序	研究所	发文量
1	四川省农业科学院土壤肥料研究所	354
2	四川省农业科学院作物研究所	271
3	四川省农业科学院植物保护研究所	193
4	四川省农业科学院园艺研究所	137
5	四川省农业科学院生物技术核技术研究所	128
6	四川省农业科学院水稻高粱研究所	126
7	四川省农业科学院分析测试中心、质量标准与检测技术研究所	120
8	四川省农业科学院	115
9	四川省农业科学院蚕业研究所	87
10	四川省农业科学院农业信息与农村经济研究所	63
11	四川省农业科学院农产品加工研究所	53

注："四川省农业科学院"发文包括作者单位只标注为"四川省农业科学院"、院属实验室等。

2.3　高发文期刊 TOP10

2010—2019 年四川省农业科学院高发文北大中文核心期刊 TOP10 见表 2-3，2010—2019 年四川省农业科学院高发文 CSCD 期刊 TOP10 见表 2-4。

表 2-3　2010—2019 年四川省农业科学院高发文期刊（北大中文核心）TOP10　　单位：篇

排序	期刊名称	发文量	排序	期刊名称	发文量
1	西南农业学报	585	6	蚕业科学	40
2	杂交水稻	90	7	分子植物育种	36
3	安徽农业科学	80	8	北方园艺	36
4	中国农学通报	44	9	作物学报	34
5	中国农业科学	40	10	种子	33

表 2-4　2010—2019 年四川省农业科学院高发文期刊（CSCD）TOP10　　单位：篇

排序	期刊名称	发文量	排序	期刊名称	发文量
1	西南农业学报	583	6	中国农学通报	34
2	杂交水稻	82	7	作物学报	32
3	分子植物育种	55	8	核农学报	29
4	蚕业科学	43	9	麦类作物学报	29
5	中国农业科学	37	10	南方农业学报	28

2.4　合作发文机构 TOP10

2010—2019 年四川省农业科学院北大中文核心期刊合作发文机构 TOP10 见表 2-5，2010—2019 年四川省农业科学院 CSCD 期刊合作发文机构 TOP10 见表 2-6。

表 2-5　2010—2019 年四川省农业科学院北大中文核心期刊合作发文机构 TOP10　单位：篇

排序	合作发文机构	发文量	排序	合作发文机构	发文量
1	四川农业大学	329	6	国家水稻改良中心	32
2	四川大学	125	7	中国科学院	29
3	中国农业科学院	124	8	四川省中医药科学院	26
4	西南大学	49	9	四川省烟草公司	24
5	西北农林科技大学	34	10	南京农业大学	17

表 2-6　2010—2019 年四川省农业科学院 CSCD 期刊合作发文机构 TOP10　　单位：篇

排序	合作发文机构	发文量	排序	合作发文机构	发文量
1	四川农业大学	286	6	西北农林科技大学	27
2	中国农业科学院	89	7	四川省烟草公司	23
3	四川大学	85	8	西华师范大学	18
4	西南大学	41	9	四川省农业厅植物保护站	17
5	中国科学院	28	10	南京农业大学	16

天津市农业科学院

1 英文期刊论文分析

分析数据来源于科学引文索引数据库（Web of Science，WOS）收录的文献类型为期刊论文（ARTICLE）、会议论文（PROCEEDINGS PAPER）和述评（REVIEW）的Science Citation Index Expanded（SCIE）论文数据，数据时间范围为2010—2019年，共检索到天津市农业科学院作者发表的论文145篇。

1.1 发文量

2010—2019年天津市农业科学院历年SCI发文与被引情况见表1-1，天津市农业科学院英文文献历年发文趋势（2010—2019年）见下图。

表1-1 2010—2019年天津市农业科学院SCI历年发文与被引情况

出版年	发文量（篇）	WOS所有数据库总被引频次	WOS核心库被引频次
2010年	6	112	100
2011年	7	91	71
2012年	7	133	106
2013年	15	226	193
2014年	8	105	99
2015年	13	111	92
2016年	21	56	52
2017年	22	118	109
2018年	17	25	24
2019年	29	1	1

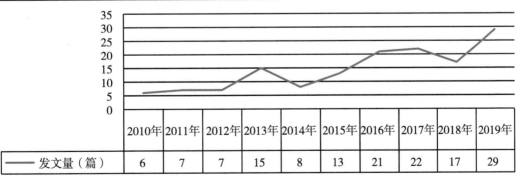

	2010年	2011年	2012年	2013年	2014年	2015年	2016年	2017年	2018年	2019年
发文量（篇）	6	7	7	15	8	13	21	22	17	29

图 天津市农业科学院英文文献历年发文趋势（2010—2019年）

1.2 高发文研究所 TOP10

2010—2019年天津市农业科学院SCI高发文研究所TOP10见表1-2。

表1-2　2010—2019年天津市农业科学院SCI高发文研究所TOP10　　　　单位：篇

排序	研究所	发文量
1	国家农产品保鲜工程技术研究中心（天津）	38
2	天津市农业质量标准与检测技术研究所	19
2	天津市农作物（水稻）研究所	19
3	天津市植物保护研究所	14
4	天津市林业果树研究所	7
4	天津市畜牧兽医研究所	7
5	天津市农业科学院信息研究所	2
6	天津市农村经济与区划研究所	1
6	天津市园艺工程研究所	1
6	天津科润农业科技股份有限公司蔬菜研究所	1
6	天津市农业资源与环境研究所	1

1.3 高发文期刊 TOP10

2010—2019年天津市农业科学院SCI高发文期刊TOP10见表1-3。

表1-3　2010—2019年天津市农业科学院SCI高发文期刊TOP10

排序	期刊名称	发文量（篇）	WOS所有数据库总被引频次	WOS核心库被引频次	期刊影响因子（最近年度）
1	POSTHARVEST BIOLOGY AND TECHNOLOGY	7	64	59	4.303（2019）
2	PLOS ONE	5	86	83	2.74（2019）
3	SCIENTIFIC REPORTS	5	83	67	3.998（2019）
4	AGRICULTURAL WATER MANAGEMENT	5	83	73	4.021（2019）
5	FOOD CHEMISTRY	3	17	17	6.306（2019）
6	THEORETICAL AND APPLIED GENETICS	2	79	69	4.439（2019）

（续表）

排序	期刊名称	发文量（篇）	WOS所有数据库总被引频次	WOS核心库被引频次	期刊影响因子（最近年度）
7	SENSORS AND ACTUATORS B-CHEMICAL	2	36	30	7.1（2019）
8	FOOD CONTROL	2	28	26	4.258（2019）
9	BMC PLANT BIOLOGY	2	25	24	3.497（2019）
10	INTERNATIONAL JOURNAL OF FOOD MICROBIOLOGY	2	24	23	4.187（2019）

1.4 合作发文国家与地区 TOP10

2010—2019 年天津市农业科学院 SCI 合作发文国家与地区（合作发文 1 篇以上）TOP10 见表 1-4。

表 1-4 2010—2019 年天津市农业科学院 SCI 合作发文国家与地区 TOP10

排序	国家与地区	合作发文量（篇）	WOS所有数据库总被引频次	WOS核心库被引频次
1	美国	31	348	312
2	丹麦	18	138	121
3	德国	3	14	8
4	加拿大	2	5	5
5	荷兰	2	0	0
6	罗马尼亚	2	0	0
7	新西兰	2	3	2

注：全部 SCI 合作发文国家与地区（合作发文 1 篇以上）数量不足 10 个。

1.5 合作发文机构 TOP10

2010—2019 年天津市农业科学院 SCI 合作发文机构 TOP10 见表 1-5。

表 1-5 2010—2019 年天津市农业科学院 SCI 合作发文机构 TOP10

排序	合作发文机构	发文量	WOS所有数据库总被引频次	WOS核心库被引频次
1	中国农业科学院	43	475	404
2	中国农业大学	21	180	168

（续表）

排序	合作发文机构	发文量	WOS 所有数据库总被引频次	WOS 核心库被引频次
3	哥本哈根大学	18	138	121
4	美国农业部农业科学研究院	15	99	91
5	天津大学	11	25	13
6	天津农学院	10	32	29
7	天津商业大学	10	40	38
8	南开大学	10	42	40
9	中国科学院	10	27	26
10	天津科技大学	9	54	52

1.6 高被引论文 TOP10

2010—2019 年天津市农业科学院发表的 SCI 高被引论文 TOP10 见表 1-6，天津市农业科学院以第一或通讯作者完成单位发表的 SCI 高被引论文 TOP10 见表 1-7。

表 1-6　2010—2019 年天津市农业科学院 SCI 高被引论文 TOP10

排序	标题	WOS 所有数据库总被引频次	WOS 核心库被引频次	作者机构	出版年份	期刊名称	期刊影响因子（最近年度）
1	QTL analysis for yield components and kernel-related traits in maize across multi-environments	72	62	天津市农作物（水稻）研究所	2011	THE ORETICAL AND APPLIED GENETICS	4.439（2019）
2	Multiple Forms of Vector Manipulation by a Plant-Infecting Virus: Bemisia tabaci and Tomato Yellow Leaf Curl Virus	67	54	天津市农业科学院，天津市植物保护研究所	2013	JOURNAL OF VIROLOGY	4.501（2019）
3	Deficit irrigation based on drought tolerance and root signalling in potatoes and tomatoes	65	59	天津市农业科学院	2010	AGRICULTURAL WATER MANAGEMENT	4.021（2019）
4	Targeted mutagenesis in soybean using the CRISPR-Cas9 system	62	48	天津市农业质量标准与检测技术研究所	2015	SCIENTIFIC REPORTS	3.998（2019）

（续表）

排序	标题	WOS所有数据库总被引频次	WOS核心库被引频次	作者机构	出版年份	期刊名称	期刊影响因子（最近年度）
5	Arabidopsis Transcriptome Analysis Reveals Key Roles of Melatonin in Plant Defense Systems	61	59	天津市农作物（水稻）研究所	2014	PLOS ONE	2.74 (2019)
6	Effects of UV-C treatment on inactivation of Escherichia coli O157：H7, microbial loads, and quality of button mushrooms	38	33	国家农产品保鲜工程技术研究中心(天津)	2012	POSTHARVEST BIOLOGY AND TECHNOLOGY	4.303 (2019)
7	Development of indirect competitive immunoassay for highly sensitive determination of ractopamine in pork liver samples based on surface plasmon resonance sensor	36	30	天津市农业质量标准与检测技术研究所	2012	SENSORS AND ACTUATORS B-CHEMICAL	7.1 (2019)
8	Effects of chitosan-glucose complex coating on postharvest quality and shelf life of table grapes	34	32	国家农产品保鲜工程技术研究中心(天津)	2013	CARBOHYDRATE POLYMERS	7.182 (2019)
9	Difference in Feeding Behaviors of Two Invasive Whiteflies on Host Plants with Different Suitability：Implication for Competitive Displacement	34	26	天津市植物保护研究所	2012	INTERNATIONAL JOURNAL OF BIOLOGICAL SCIENCES	4.858 (2019)
10	Combined effects of 1-MCP and MAP on the fruit quality of pear (Pyrus bretschneideri Reld cv. Laiyang) during cold storage	28	23	国家农产品保鲜工程技术研究中心(天津)	2013	SCIENTIA HORTICULTURAE	2.769 (2019)

表1-7 2010—2019年天津市农业科学院SCI高被引论文TOP10（第一或通讯作者完成单位）

排序	标题	WOS所有数据库总被引频次	WOS核心库被引频次	作者机构	出版年份	期刊名称	期刊影响因子（最近年度）
1	Exploring MicroRNA-Like Small RNAs in the Filamentous Fungus Fusarium oxysporum	18	17	天津市农业科学院，天津市农业质量标准与检测技术研究所	2014	PLOS ONE	2.74（2019）
2	CRISPR/Cas9-mediated genome editing in plants	10	9	天津市农作物（水稻）研究所	2017	METHODS	3.812（2019）
3	Preparation of Cross-Linked Enzyme Aggregates of Trehalose Synthase via Co-aggregation with Polyethyleneimine	6	5	天津市农业科学院，天津市林业果树研究所	2014	APPLIED BIOCHEMISTRY AND BIOTECHNOLOGY	2.277（2019）
4	Comparative Profiling of microRNA Expression in Soybean Seeds from Genetically Modified Plants and their Near-Isogenic Parental Lines	5	5	天津市农业科学院，天津市农业质量标准与检测技术研究所	2016	PLOS ONE	2.74（2019）
5	Preparation of cross-linked enzyme aggregates in water-in-oilemulsion: Application to trehalose synthase	5	5	天津市农业科学院，天津市林业果树研究所	2014	JOURNAL OF MOLECULARCATALYSIS B-ENZYMATIC	2.269（2016）
6	Adiponectin modulates oxidative stress-induced mitophagy and protects C2C12 myoblasts against apoptosis	5	4	天津市农业科学院，天津市畜牧兽医研究所	2017	SCIENTIFIC REPORTS	3.998（2019）
7	Discrimination of Maturity and Storage Life for 'Mopan' Persimmon by Electronic Nose Technique	4	1	国家农产品保鲜工程技术研究中心(天津)	2013	INTERNATIONAL SYMPOSIUM ON PERSIMMON	未收录
8	Radiochromic film dosimetry for UV-C treatments of apple fruit	2	2	国家农产品保鲜工程技术研究中心(天津)	2017	POSTHARVEST BIOLOGY AND TECHNOLOGY	4.303（2019）

（续表）

排序	标题	WOS 所有数据库总被引频次	WOS 核心库被引频次	作者机构	出版年份	期刊名称	期刊影响因子（最近年度）
9	GmDREB1 overexpression affects the expression of microRNAs in GM wheat seeds	2	2	天津市农业科学院，天津市农业质量标准与检测技术研究所	2017	PLOS ONE	2.74 (2019)
10	Production of Biological Control Agent Bacillus subtilis B579 by Solid-State Fermentation using Agricultural Residues	2	1	天津市农业科学院，天津市植物保护研究所	2013	JOURNAL OF PURE AND APPLIED MICROBIOLOGY	0.073 (2013)

1.7 高频词 TOP20

2010—2019 年天津市农业科学院 SCI 发文高频词（作者关键词）TOP20 见表 1-8。

表 1-8 2010—2019 年天津市农业科学院 SCI 发文高频词（作者关键词）TOP20

排序	关键词（作者关键词）	频次	排序	关键词（作者关键词）	频次
1	Transcriptome	4	11	Tomato	3
2	Agaricus bisporus	4	12	Photosynthesis	3
3	browning	4	13	Gene expression	3
4	Antioxidant activity	3	14	Table grapes	3
5	Nitrogen	3	15	click chemistry	2
6	Escherichia coli O157：H7	3	16	Lactobacillus acidophilus	2
7	cold chain	3	17	Soluble tannin content	2
8	1-Methylcyclopropene	3	18	Prediction	2
9	Arma chinensis	3	19	chiral stationary phase	2
10	rice	3	20	Antioxidants	2

2 中文期刊论文分析

2010—2019 年，天津市农业科学院作者共发表北大中文核心期刊论文 1 188 篇，中国科学引文数据库（CSCD）期刊论文 406 篇。

2.1 发文量

2010—2019 年天津市农业科学院中文文献历年发文趋势（2010—2019 年）见下图。

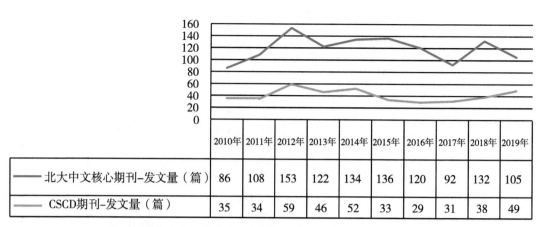

	2010年	2011年	2012年	2013年	2014年	2015年	2016年	2017年	2018年	2019年
北大中文核心期刊-发文量（篇）	86	108	153	122	134	136	120	92	132	105
CSCD期刊-发文量（篇）	35	34	59	46	52	33	29	31	38	49

图　天津市农业科学院中文文献历年发文趋势（2010—2019年）

2.2　高发文研究所 TOP10

　　2010—2019年天津市农业科学院北大中文核心期刊高发文研究所 TOP10 见表 2-1，2010—2019 年天津市农业科学院中国科学引文数据库（CSCD）期刊高发文研究所 TOP10 见表 2-2。

表 2-1　2010—2019 年天津市农业科学院北大中文核心期刊高发文研究所 TOP10　单位：篇

排序	研究所	发文量
1	天津市畜牧兽医研究所	216
2	天津市农业科学院	154
3	国家农产品保鲜工程技术研究中心（天津）	140
4	天津市农业资源与环境研究所	110
5	天津科润农业科技股份有限公司蔬菜研究所	101
6	天津市林业果树研究所	89
7	天津市农业质量标准与检测技术研究所	83
8	天津市植物保护研究所	62
9	天津市农村经济与区划研究所	57
10	天津科润农业科技股份有限公司	54
11	天津科润农业科技股份有限公司黄瓜研究所	49
11	天津市农作物（水稻）研究所	49

注："天津市农业科学院"发文包括作者单位只标注为"天津市农业科学院"、院属实验室等。

表 2-2　2010—2019 年天津市农业科学院 CSCD 期刊高发文研究所 TOP10　单位：篇

排序	研究所	发文量
1	天津市农业资源与环境研究所	79

（续表）

排序	研究所	发文量
2	天津市畜牧兽医研究所	62
3	天津市农业质量标准与检测技术研究所	57
4	天津市农作物（水稻）研究所	38
5	天津科润农业科技股份有限公司蔬菜研究所	33
6	天津市植物保护研究所	31
7	天津市林业果树研究所	26
8	天津市农业生物技术研究中心	25
9	天津市农业科学院	20
10	天津科润农业科技股份有限公司黄瓜研究所	18
11	国家农产品保鲜工程技术研究中心（天津）	15

注："天津市农业科学院"发文包括作者单位只标注为"天津市农业科学院"、院属实验室等。

2.3　高发文期刊 TOP10

2010—2019 年天津市农业科学院高发文北大中文核心期刊 TOP10 见表 2-3，2010—2019 年天津市农业科学院高发文 CSCD 期刊 TOP10 见表 2-4。

表 2-3　2010—2019 年天津市农业科学院高发文期刊（北大中文核心）TOP10　　单位：篇

排序	期刊名称	发文量	排序	期刊名称	发文量
1	北方园艺	100	6	食品研究与开发	41
2	华北农学报	65	7	食品与发酵工业	40
3	中国蔬菜	61	8	饲料研究	35
4	食品工业科技	55	9	中国畜牧兽医	28
5	食品科学	44	10	食品科技	25

表 2-4　2010—2019 年天津市农业科学院高发文期刊（CSCD）TOP10　　单位：篇

排序	期刊名称	发文量	排序	期刊名称	发文量
1	华北农学报	59	6	南开大学学报.自然科学版	12
2	中国农学通报	19	7	植物营养与肥料学报	11
3	园艺学报	17	8	畜牧兽医学报	9
4	食品工业科技	13	9	食品科学	9
5	中国农业科学	12	10	食品与发酵工业	9

2.4 合作发文机构 TOP10

2010—2019 年天津市农业科学院北大中文核心期刊合作发文机构 TOP10 见表 2-5，2010—2019 年天津市农业科学院 CSCD 期刊合作发文机构 TOP10 见表 2-6。

表 2-5 2010—2019 年天津市农业科学院北大中文核心期刊合作发文机构 TOP10 单位：篇

排序	合作发文机构	发文量	排序	合作发文机构	发文量
1	中国农业科学院	75	6	中国农业大学	47
2	天津商业大学	74	7	天津大学	42
3	天津农学院	65	8	南开大学	38
4	沈阳农业大学	51	9	天津科技大学	26
5	大连工业大学	47	10	天津师范大学	25

表 2-6 2010—2019 年天津市农业科学院 CSCD 期刊合作发文机构 TOP10 单位：篇

排序	合作发文机构	发文量	排序	合作发文机构	发文量
1	中国农业科学院	55	6	中国科学院	12
2	南开大学	21	7	天津商业大学	11
3	天津大学	16	8	天津师范大学	11
4	中国农业大学	15	9	北京市农林科学院	8
5	天津农学院	15	10	西北农林科技大学	8

西藏自治区农牧科学院

1　英文期刊论文分析

分析数据来源于科学引文索引数据库（Web of Science，WOS）收录的文献类型为期刊论文（ARTICLE）、会议论文（PROCEEDINGS PAPER）和述评（REVIEW）的 Science Citation Index Expanded（SCIE）论文数据，数据时间范围为 2010—2019 年，共检索到西藏自治区农牧科学院作者发表的论文 143 篇。

1.1　发文量

2010—2019 年西藏自治区农牧科学院历年 SCI 发文与被引情况见表 1-1，西藏自治区农牧科学院英文文献历年发文趋势（2010—2019 年）见下图。

表 1-1　2010—2019 年西藏自治区农牧科学院历年 SCI 发文与被引情况

出版年	发文量（篇）	WOS 所有数据库总被引频次	WOS 核心库被引频次
2010 年	4	32	23
2011 年	0	0	0
2012 年	1	7	6
2013 年	3	13	11
2014 年	7	40	33
2015 年	18	72	61
2016 年	9	13	13
2017 年	19	30	28
2018 年	36	18	18
2019 年	46	6	6

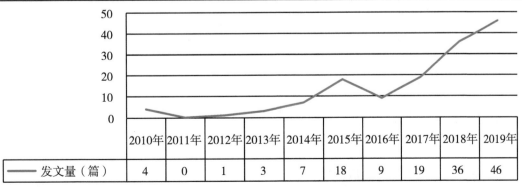

图　西藏自治区农牧科学院英文文献历年发文趋势（2010—2019 年）

1.2 高发文研究所 TOP10

2010—2019 年西藏自治区农牧科学院 SCI 高发文研究所 TOP10 见表 1-2。

表 1-2　2010—2019 年西藏自治区农牧科学院 SCI 高发文研究所 TOP10　　　单位：篇

排序	研究所	发文量
1	西藏自治区农牧科学院畜牧兽医研究所	140
2	西藏自治区农牧科学院农业研究所	9
3	西藏自治区农牧科学院农业质量标准与检测研究所	3
3	西藏自治区农牧科学院农业资源与环境研究所	3
4	西藏自治区农牧科学院草业科学研究所	2

注：2010—2019 年全部发文研究所数量不足 10 个。

1.3 高发文期刊 TOP10

2010—2019 年西藏自治区农牧科学院 SCI 高发文期刊 TOP10 见表 1-3。

表 1-3　2010—2019 年西藏自治区农牧科学院 SCI 高发文期刊 TOP10

排序	期刊名称	发文量（篇）	WOS 所有数据库总被引频次	WOS 核心库被引频次	期刊影响因子（最近年度）
1	MITOCHONDRIAL DNA PART B-RESOURCES	13	2	2	0.885（2019）
2	SCIENTIFIC REPORTS	5	0	0	3.998（2019）
3	GENETICS AND MOLECULAR RESEARCH	5	3	3	0.764（2015）
4	JOURNAL OF APPLIED ICHTHYOLOGY	5	3	3	0.612（2019）
5	RSC ADVANCES	3	12	9	3.119（2019）
6	BMC MICROBIOLOGY	3	9	8	2.989（2019）
7	PAKISTAN JOURNAL OF ZOOLOGY	3	0	0	0.79（2018）
8	ZOOTAXA	3	2	2	0.99（2018）
9	THEORETICAL AND APPLIED GENETICS	2	4	2	4.439（2019）
10	BMC GENOMICS	2	6	6	3.594（2019）

1.4 合作发文国家与地区 TOP10

2010—2019 年西藏自治区农牧科学院 SCI 合作发文国家与地区（合作发文 1 篇以

上）TOP10 见表 1-4。

表 1-4　2010—2019 年西藏自治区农牧科学院 SCI 合作发文国家与地区 TOP10

排序	国家与地区	合作发文量（篇）	WOS 所有数据库总被引频次	WOS 核心库被引频次
1	美国	6	23	14
2	巴基斯坦	4	3	3
3	加拿大	2	19	10
4	埃及	2	0	0
5	澳大利亚	2	1	1

注：全部 SCI 合作发文国家与地区（合作发文 1 篇以上）数量不足 10 个。

1.5　合作发文机构 TOP10

2010—2019 年西藏自治区农牧科学院 SCI 合作发文机构 TOP10 见表 1-5。

表 1-5　2010—2019 年西藏自治区农牧科学院 SCI 合作发文机构 TOP10

排序	合作发文机构	发文量	WOS 所有数据库总被引频次	WOS 核心库被引频次
1	中国农业科学院	26	54	39
2	中国科学院	20	79	61
3	四川农业大学	19	21	21
4	西南大学	16	19	16
5	中国水产科学研究院	11	1	1
6	中国农业大学	7	6	5
7	中国科学院大学	7	48	40
8	西北农林科技大学	6	20	19
9	内江师范学院	6	1	1
10	西南民族大学	6	0	0

1.6　高被引论文 TOP10

2010—2019 年西藏自治区农牧科学院发表的 SCI 高被引论文 TOP10 见表 1-6，西藏自治区农牧科学院以第一或通讯作者完成单位发表的 SCI 高被引论文 TOP10 见表 1-7。

表 1-6　2010—2019 年西藏自治区农牧科学院 SCI 高被引论文 TOP10

排序	标题	WOS 所有数据库总被引频次	WOS 核心库被引频次	作者机构	出版年份	期刊名称	期刊影响因子（最近年度）
1	The draft genome of Tibetan hulless barley reveals adaptive patterns to the high stressful Tibetan Plateau	35	29	西藏自治区农牧科学院	2015	PROCEEDINGS OF THE NATIONAL ACADEMY OF SCIENCES OF THE UNITED STATES OF AMERICA	9.412（2019）
2	Quality evaluation of snow lotus（Saussurea）：quantitative chemical analysis and antioxidant activity assessment	19	10	西藏自治区农牧科学院	2010	PLANT CELL REPORTS	3.825（2019）
3	Compositional, morphological, structural and physicochemical properties of starches from seven naked barley cultivars grown in China	19	18	西藏自治区农牧科学院	2014	FOOD RESEARCH INTERNATIONAL	4.972（2019）
4	Molecularly imprinted polymer for selective extraction and simultaneous determination of four tropane alkaloids from Przewalskia tangutica Maxim. fruit extracts using LC-MS/MS	10	7	西藏自治区农牧科学院畜牧兽医研究所	2015	RSC ADVANCES	3.119（2019）
5	Sublethal effects of bifenazate on life history and population parameters of Tetranychus urticae（Acari：Tetranychidae）	9	9	西藏自治区农牧科学院畜牧兽医研究所	2017	SYSTEMATIC AND APPLIED ACAROLOGY	1.614（2019）
6	An Assessment of Nonequilibrium Dynamics in Rangelands of the Aru Basin, Northwest Tibet, China	8	8	西藏自治区农牧科学院畜牧兽医研究所	2010	RANGELAND ECOLOGY & MANAGEMENT	2.095（2019）
7	The upregulation of pro-inflammatory cytokines in the rabbit uterus under the lipopolysaccaride-induced reversible immunoresponse state	8	8	西藏自治区农牧科学院畜牧兽医研究所	2017	ANIMAL REPRODUCTION SCIENCE	1.66（2019）

（续表）

排序	标题	WOS 所有数据库总被引频次	WOS 核心库被引频次	作者机构	出版年份	期刊名称	期刊影响因子（最近年度）
8	Mitochondrial and nuclear ribosomal DNA dataset supports that Paramphistomum leydeni（Trematoda：Digenea）is a distinct rumen fluke species	7	7	西藏自治区农牧科学院畜牧兽医研究所	2015	PARASITES & VECTORS	2.824（2019）
9	Transcriptome Assembly and Analysis of Tibetan Hulless Barley（Hordeum vulgare L. var. nudum）Developing Grains, with Emphasis on Quality Properties	7	7	西藏自治区农牧科学院	2014	PLOS ONE	2.74（2019）
10	Effect of immunization against GnRH on hypothalamic and testicular function in rams	7	7	西藏自治区农牧科学院畜牧兽医研究所	2015	THERIOGENOLOGY	2.094（2019）

表 1-7　2010—2019 年西藏自治区农牧科学院 SCI 高被引论文 TOP10（第一或通讯作者完成单位）

排序	标题	WOS 所有数据库总被引频次	WOS 核心库被引频次	作者机构	出版年份	期刊名称	期刊影响因子（最近年度）
1	The draft genome of Tibetan hulless barley reveals adaptive patterns to the high stressful Tibetan Plateau	35	29	西藏自治区农牧科学院	2015	PROCEEDINGS OF THE NATIONAL ACADEMY OF SCIENCES OF THE UNITED STATES OF AMERICA	9.412（2019）
2	Transcriptome analysis revealed the drought-responsive genes in Tibetan hulless barley	6	6	西藏自治区农牧科学院	2016	BMC GENOMICS	3.594（2019）
3	Transcriptomics analysis of hulless barley during grain development with a focus on starch biosynthesis	3	2	西藏自治区农牧科学院	2017	FUNCTIONAL & INTEGRATIVE GENOMICS	3.058（2019）

（续表）

排序	标题	WOS 所有数据库总被引频次	WOS 核心库被引频次	作者机构	出版年份	期刊名称	期刊影响因子（最近年度）
4	A microsatellite diversity analysis and the development of core-set germplasm in a large hulless barley (Hordeum vulgare L.) collection	2	1	西藏自治区农牧科学院	2017	BMC GENETICS	2.567 (2019)
5	Cloning and characterization of up-regulated HbSINA4 gene induced by drought stress in Tibetan hulless barley	1	1	西藏自治区农牧科学院	2015	GENETICS AND MOLECULAR RESEARCH	0.764 (2015)
6	Comparative Transcriptome Analysis Revealed Genes Commonly Responsive to Varied Nitrate Stress in Leaves of Tibetan Hulless Barley	1	1	西藏自治区农牧科学院农业资源与环境研究所	2016	FRONTIERS IN PLANT SCIENCE	4.402 (2019)
7	The complete mitochondrial genome of the Gymnocyprisscleracanthus (Cypriniformes：Cyprinidae)	1	1	西藏自治区农牧科学院畜牧兽医研究所	2017	MITOCHONDRIAL DNA PART B-RESOURCES	0.885 (2019)
8	Draft genome of Glyptosternon maculatum, an endemic fish from Tibet Plateau	1	1	西藏自治区农牧科学院	2018	GIGASCIENCE	5.993 (2019)

注：被引频次大于 0 的全部发文数量不足 10 篇。

1.7 高频词 TOP20

2010—2019 年西藏自治区农牧科学院 SCI 发文高频词（作者关键词）TOP20 见表 1-8。

表 1-8 2010—2019 年西藏自治区农牧科学院 SCI 发文高频词（作者关键词）TOP20

排序	关键词（作者关键词）	频次	排序	关键词（作者关键词）	频次
1	Mitochondrial genome	12	11	RNA-Seq	3
2	phylogenetic	8	12	Tibetan hulless barley	3
3	Tibet	6	13	phylogeny	3

(续表)

排序	关键词（作者关键词）	频次	排序	关键词（作者关键词）	频次
4	Genetic diversity	6	14	feeding	3
5	Phylogenetic analysis	6	15	Goat	3
6	Hulless barley	4	16	fasting	3
7	Hordeum vulgare	4	17	cloning	3
8	Yak	4	18	Gibel carp	3
9	new species	4	19	Geographic Distance	2
10	China	4	20	Schizothorax davidi	2

2 中文期刊论文分析

2010—2019 年，西藏自治区农牧科学院作者共发表北大中文核心期刊论文 445 篇，中国科学引文数据库（CSCD）期刊论文 287 篇。

2.1 发文量

2010—2019 年西藏自治区农牧科学院中文文献历年发文趋势（2010—2019 年）见下图。

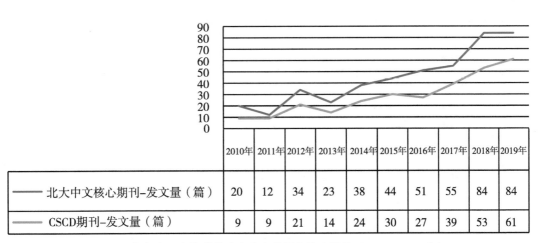

	2010年	2011年	2012年	2013年	2014年	2015年	2016年	2017年	2018年	2019年
北大中文核心期刊-发文量（篇）	20	12	34	23	38	44	51	55	84	84
CSCD期刊-发文量（篇）	9	9	21	14	24	30	27	39	53	61

图　西藏自治区农牧科学院中文文献历年发文趋势（2010—2019 年）

2.2 高发文研究所 TOP10

2010—2019 年西藏自治区农牧科学院北大中文核心期刊高发文研究所 TOP10 见表 2-1，2010—2019 年西藏自治区农牧科学院中国科学引文数据库（CSCD）期刊高发文研究所 TOP10 见表 2-2。

表 2-1　2010—2019 年西藏自治区农牧科学院北大中文核心期刊高发文研究所 TOP10　单位：篇

排序	研究所	发文量
1	西藏自治区农牧科学院畜牧兽医研究所	120
2	西藏自治区农牧科学院	97
3	西藏自治区农牧科学院农业研究所	72
4	西藏自治区农牧科学院蔬菜研究所	52
5	西藏自治区农牧科学院草业科学研究所	40
6	西藏自治区农牧科学院水产科学研究所	38
7	西藏自治区农牧科学院农业质量标准与检测研究所	21
8	西藏自治区农牧科学院农业资源与环境研究所	20
9	西藏自治区农牧科学院院机关	5
10	西藏自治区农牧科学院网络中心	2

注："西藏自治区农牧科学院"发文包括作者单位只标注为"西藏自治区农牧科学院"、院属实验室等。

表 2-2　2010—2019 年西藏自治区农牧科学院 CSCD 期刊高发文研究所 TOP10　单位：篇

排序	研究所	发文量
1	西藏自治区农牧科学院畜牧兽医研究所	71
2	西藏自治区农牧科学院	65
3	西藏自治区农牧科学院农业研究所	45
4	西藏自治区农牧科学院蔬菜研究所	33
4	西藏自治区农牧科学院草业科学研究所	33
5	西藏自治区农牧科学院水产科学研究所	24
6	西藏自治区农牧科学院农业资源与环境研究所	16
7	西藏自治区农牧科学院农业质量标准与检测研究所	13
8	西藏自治区农牧科学院院机关	2
9	西藏自治区农牧科学院网络中心	1

注："西藏自治区农牧科学院"发文包括作者单位只标注为"西藏自治区农牧科学院"、院属实验室等。

2.3　高发文期刊 TOP10

2010—2019 年西藏自治区农牧科学院高发文北大中文核心期刊 TOP10 见表 2-3，

2010—2019 年西藏自治区农牧科学院高发文 CSCD 期刊 TOP10 见表 2-4。

表 2-3　2010—2019 年西藏自治区农牧科学院高发文期刊（北大中文核心）TOP10　单位：篇

排序	期刊名称	发文量	排序	期刊名称	发文量
1	西南农业学报	44	6	中国畜牧兽医	10
2	麦类作物学报	18	7	动物营养学报	10
3	黑龙江畜牧兽医	16	8	草业科学	9
4	西北农业学报	11	9	中国水产科学	9
5	作物杂志	10	10	水生生物学报	8

表 2-4　2010—2019 年西藏自治区农牧科学院高发文期刊（CSCD）TOP10　单位：篇

排序	期刊名称	发文量	排序	期刊名称	发文量
1	西南农业学报	42	6	草业科学	8
2	麦类作物学报	15	7	草地学报	6
3	动物营养学报	10	8	中国草地学报	6
4	西北农业学报	10	9	中国兽医学报	6
5	中国水产科学	8	10	中国农业科学	5

2.4　合作发文机构 TOP10

2010—2019 年西藏自治区农牧科学院北大中文核心期刊合作发文机构 TOP10 见表 2-5，2010—2019 年西藏自治区农牧科学院 CSCD 期刊合作发文机构 TOP10 见表 2-6。

表 2-5　2010—2019 年西藏自治区农牧科学院北大中文核心期刊合作发文机构 TOP10　单位：篇

排序	合作发文机构	发文量	排序	合作发文机构	发文量
1	中国农业科学院	56	6	甘肃农业大学	21
2	中国科学院	41	7	西北农林科技大学	21
3	西藏农牧学院	37	8	兰州大学	14
4	西南民族大学	27	9	西藏大学	13
5	四川农业大学	25	10	西南大学	11

表 2-6　2010—2019 年西藏自治区农牧科学院 CSCD 期刊合作发文机构 TOP10　　单位：篇

排序	合作发文机构	发文量	排序	合作发文机构	发文量
1	中国科学院	35	6	甘肃农业大学	16
2	中国农业科学院	35	7	西北农林科技大学	13
3	西南民族大学	27	8	兰州大学	12
4	四川农业大学	20	9	西南大学	9
5	西藏农牧学院	20	10	中国水产科学研究院	9

新疆农垦科学院

1 英文期刊论文分析

分析数据来源于科学引文索引数据库（Web of Science，WOS）收录的文献类型为期刊论文（ARTICLE）、会议论文（PROCEEDINGS PAPER）和述评（REVIEW）的 Science Citation Index Expanded（SCIE）论文数据，数据时间范围为 2010—2019 年，共检索到新疆农垦科学院作者发表的论文 165 篇。

1.1 发文量

2010—2019 年新疆农垦科学院历年 SCI 发文与被引情况见表 1-1，新疆农垦科学院英文文献历年发文趋势（2010—2019 年）见下图。

表 1-1 2010—2019 年新疆农垦科学院历年 SCI 发文与被引情况

出版年	发文量（篇）	WOS 所有数据库总被引频次	WOS 核心库被引频次
2010 年	4	69	53
2011 年	5	123	107
2012 年	10	45	25
2013 年	15	182	152
2014 年	13	121	106
2015 年	16	107	101
2016 年	14	28	24
2017 年	25	73	63
2018 年	21	12	12
2019 年	42	2	2

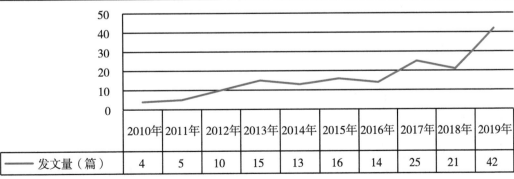

图 新疆农垦科学院英文文献历年发文趋势（2010—2019 年）

1.2 高发文研究所 TOP10

2010—2019 年新疆农垦科学院 SCI 高发文研究所 TOP10 见表 1-2。

表 1-2 2010—2019 年新疆农垦科学院 SCI 高发文研究所 TOP10 单位：篇

排序	研究所	发文量
1	新疆农垦科学院棉花研究所	44
2	新疆农垦科学院畜牧兽医研究所	25
3	新疆农垦科学院分析测试中心	11
4	新疆农垦科学院农产品加工研究所	10
5	新疆农垦科学院机械装备研究所	9
5	新疆农垦科学院作物研究所	9
6	新疆农垦科学院植物保护研究所	4
7	新疆农垦科学院农田水利及土壤肥料研究所	1
7	新疆农垦科学院林园研究所	1
7	新疆农垦科学院分子农业技术育种中心	1

1.3 高发文期刊 TOP10

2010—2019 年新疆农垦科学院 SCI 高发文期刊 TOP10 见表 1-3。

表 1-3 2010—2019 年新疆农垦科学院 SCI 高发文期刊 TOP10

排序	期刊名称	发文量（篇）	WOS 所有数据库总被引频次	WOS 核心库被引频次	期刊影响因子（最近年度）
1	PLOS ONE	9	120	106	2.74（2019）
2	SPECTROSCOPY AND SPECTRAL ANALYSIS	6	24	7	0.452（2019）
3	SCIENTIFIC REPORTS	6	9	7	3.998（2019）
4	MOLECULAR BREEDING	4	15	12	2.149（2019）
5	FRONTIERS IN PLANT SCIENCE	3	1	1	4.402（2019）
6	JOURNAL OF GENETICS	3	1	1	0.993（2019）
7	JOURNAL OF SEPARATION SCIENCE	3	12	10	2.878（2019）
8	AGRONOMY-BASEL	3	0	0	2.603（2019）

（续表）

排序	期刊名称	发文量（篇）	WOS所有数据库总被引频次	WOS核心库被引频次	期刊影响因子（最近年度）
9	ANIMALS	3	1	1	2.323（2019）
10	EUPHYTICA	3	30	27	1.614（2019）
11	ANIMAL GENETICS	3	8	7	2.841（2019）

1.4 合作发文国家与地区 TOP10

2010—2019年新疆农垦科学院SCI合作发文国家与地区（合作发文1篇以上）TOP10见表1-4。

表1-4 2010—2019年新疆农垦科学院SCI合作发文国家与地区TOP10

排序	国家与地区	合作发文量（篇）	WOS所有数据库总被引频次	WOS核心库被引频次
1	芬兰	4	15	12
1	美国	4	31	24
2	俄罗斯	2	2	2

注：全部SCI合作发文国家与地区（合作发文1篇以上）数量不足10个。

1.5 合作发文机构 TOP10

2010—2019年新疆农垦科学院SCI合作发文机构TOP10见表1-5。

表1-5 2010—2019年新疆农垦科学院SCI合作发文机构TOP10

排序	合作发文机构	发文量	WOS所有数据库总被引频次	WOS核心库被引频次
1	石河子大学	52	74	51
2	中国农业科学院	27	151	124
3	中国科学院	23	111	94
4	中国农业大学	14	38	27
5	南京农业大学	13	194	174
6	西北农林科技大学	8	12	11
7	华中农业大学	8	124	112
8	新疆农业大学	6	2	2
9	东北农业大学	5	21	15
10	重庆大学	4	24	13

1.6 高被引论文TOP10

2010—2019年新疆农垦科学院发表的SCI高被引论文TOP10见表1-6，新疆农垦科学院以第一或通讯作者完成单位发表的SCI高被引论文TOP10见表1-7。

表1-6 2010—2019年新疆农垦科学院SCI高被引论文TOP10

排序	标题	WOS所有数据库总被引频次	WOS核心库被引频次	作者机构	出版年份	期刊名称	期刊影响因子（最近年度）
1	Genome structure of cotton revealed by a genome-wide SSR genetic map constructed from a BC1 population between gossypium hirsutum and G. barbadense	105	97	新疆农垦科学院棉花研究所	2011	BMCGENOMICS	3.594 (2019)
2	Inhibitory effect of boron against Botrytis cinerea on table grapes and its possible mechanisms of action	57	46	新疆农垦科学院林园研究所	2010	INTERNATIONAL JOURNAL OF FOOD MICROBIOLOGY	4.187 (2019)
3	Variations and Transmission of QTL Alleles for Yield and Fiber Qualities in Upland Cotton Cultivars Developed in China	56	51	新疆农垦科学院棉花研究所	2013	PLOS ONE	2.74 (2019)
4	Effects of allelic variation of HMW-GS and LMW-GS on mixograph properties and Chinese noodle and steamed bread qualities in a set of Aroona near-isogenic wheat lines	30	26	新疆农垦科学院作物研究所	2013	JOURNAL OF CEREAL SCIENCE	2.938 (2019)
5	SSR marker-assisted improvement of fiber qualities in Gossypium hirsutum using G-barbadense introgression lines	26	21	新疆农垦科学院棉花研究所	2014	THEORETICAL AND APPLIED GENETICS	4.439 (2019)
6	Molecular tagging of QTLs for fiber quality and yield in the upland cotton cultivar Acala-Prema	25	23	新疆农垦科学院棉花研究所	2014	EUPHYTICA	1.614 (2019)

（续表）

排序	标题	WOS 所有数据库总被引频次	WOS 核心库被引频次	作者机构	出版年份	期刊名称	期刊影响因子（最近年度）
7	Effects of high pressure treatment and temperature on lipid oxidation and fatty acid composition of yak（Poephagus grunniens）body fat	23	12	新疆农垦科学院农产品加工研究所	2013	MEAT SCIENCE	3.644（2019）
8	Estimation of Wheat Agronomic Parameters using New Spectral Indices	21	19	新疆农垦科学院棉花研究所	2013	PLOS ONE	2.74（2019）
9	Synthesis of hyperbranched polymers and their applications in analytical chemistry	20	20	新疆农垦科学院分析测试中心，新疆农垦科学院畜牧兽医研究所	2015	POLYMER CHEMISTRY	5.342（2019）
10	Genomic insights into divergence and dual domestication of cultivated allotetraploid cottons	20	19	新疆农垦科学院棉花研究所	2017	GENOME BIOLOGY	10.806（2019）

表1-7 2010—2019年新疆农垦科学院SCI高被引论文TOP10（第一或通讯作者完成单位）

排序	标题	WOS 所有数据库总被引频次	WOS 核心库被引频次	作者机构	出版年份	期刊名称	期刊影响因子（最近年度）
1	Synthesis of hyperbranched polymers and their applications in analytical chemistry	20	20	新疆农垦科学院分析测试中心，新疆农垦科学院畜牧兽医研究所	2015	POLYMER CHEMISTRY	5.342（2019）
2	Aptamer-functionalized magnetic nanoparticles for simultaneous fluorometric determination of oxytetracycline and kanamycin	16	16	新疆农垦科学院分析测试中心，新疆农垦科学院畜牧兽医研究所	2015	MICROCHIMICA ACTA	6.232（2019）

（续表）

排序	标题	WOS 所有数据库总被引频次	WOS 核心库被引频次	作者机构	出版年份	期刊名称	期刊影响因子（最近年度）
3	Magnetic-nanobead-based competitive enzyme-linked aptamer assay for the analysis of oxytetracycline in food	10	9	新疆农垦科学院分析测试中心，新疆农垦科学院畜牧兽医研究所	2015	ANALYTICAL AND BIOANALYTICAL CHEMISTRY	3.637 (2019)
4	Preliminary extraction of tannins by 1-butyl-3-methylimidazole bromide and its subsequent removal from Galla chinensis extract using macroporous resins	9	8	新疆农垦科学院分析测试中心	2013	JOURNAL OF SEPARATION SCIENCE	2.878 (2019)
5	Determination of ionic liquid cations in soil samples by ultrasound-assisted solid-phase extraction coupled with liquid chromatography-tandem mass spectrometry	8	8	新疆农垦科学院分析测试中心，新疆农垦科学院畜牧兽医研究所	2015	ANALYTICAL METHODS	2.596 (2019)
6	Assessment of antibacterial properties and the active ingredient of plant extracts and its effect on the performance of crucian carp (Carassius auratus gibelio var. E'erqisi, Bloch)	6	6	新疆农垦科学院棉花研究所	2013	JOURNAL OF THE SCIENCE OF FOOD AND AGRICULTURE	2.614 (2019)
7	A BIL Population Derived from G-hirsutum and G-barbadense Provides a Resource for Cotton Genetics and Breeding	6	6	新疆农垦科学院棉花研究所	2015	PLOS ONE	2.74 (2019)
8	Recent advances and progress in the detection of bisphenol A	5	5	新疆农垦科学院分析测试中心，新疆农垦科学院畜牧兽医研究所	2016	ANALYTICAL AND BIOANALYTICAL CHEMISTRY	3.637 (2019)

（续表）

排序	标题	WOS 所有数据库总被引频次	WOS 核心库被引频次	作者机构	出版年份	期刊名称	期刊影响因子（最近年度）
9	Preparation and characterization of monodisperse molecularly imprinted polymers for the recognition and enrichment of oleanolic acid	3	2	新疆农垦科学院分析测试中心，新疆农垦科学院畜牧兽医研究所	2016	JOURNAL OF SEPARATION SCIENCE	2.878 (2019)
10	A signal-enhanced lateral flow strip biosensor for ultrasensitive and on-site detection of bisphenol A	3	3	新疆农垦科学院分析测试中心	2018	FOOD AND AGRICULTURAL IMMUNOLOGY	2.398 (2018)

1.7 高频词 TOP20

2010—2019 年新疆农垦科学院 SCI 发文高频词（作者关键词）TOP20 见表 1-8。

表 1-8 2010—2019 年新疆农垦科学院 SCI 发文高频词（作者关键词）TOP20

排序	关键词（作者关键词）	频次	排序	关键词（作者关键词）	频次
1	Cotton	13	11	development	3
2	sheep	9	12	water productivity	3
3	Upland cotton	6	13	Candidate gene	3
4	candidate genes	5	14	Ovary	3
5	single nucleotide polymorphism	4	15	Fiber quality	3
6	Molecularly imprinted polymers	4	16	genome-wide association study	3
7	yield	3	17	Verticillium Wilt	3
8	Apoptosis	3	18	proteomics	3
9	Wheat	3	19	GnRH	3
10	Xinjiang	3	20	Association analysis	3

2 中文期刊论文分析

2010—2019 年，新疆农垦科学院作者共发表北大中文核心期刊论文 1 272 篇，中国科学引文数据库（CSCD）期刊论文 762 篇。

2.1 发文量

2010—2019 年新疆农垦科学院中文文献历年发文趋势（2010—2019 年）见下图。

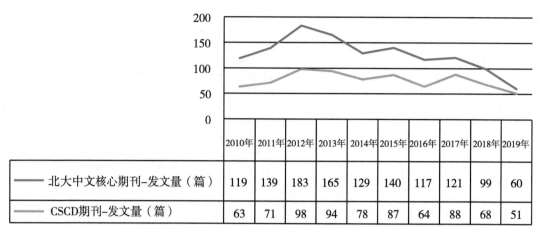

	2010年	2011年	2012年	2013年	2014年	2015年	2016年	2017年	2018年	2019年
—— 北大中文核心期刊–发文量（篇）	119	139	183	165	129	140	117	121	99	60
—— CSCD期刊–发文量（篇）	63	71	98	94	78	87	64	88	68	51

图　新疆农垦科学院中文文献历年发文趋势（2010—2019 年）

2.2 高发文研究所 TOP10

2010—2019 年新疆农垦科学院北大中文核心期刊高发文研究所 TOP10 见表 2-1，2010—2019 年新疆农垦科学院中国科学引文数据库（CSCD）期刊高发文研究所 TOP10 见表 2-2。

表 2-1　2010—2019 年新疆农垦科学院北大中文核心期刊高发文研究所 TOP10　　单位：篇

排序	研究所	发文量
1	新疆农垦科学院畜牧兽医研究所	256
2	新疆农垦科学院	231
3	新疆农垦科学院机械装备研究所	200
4	新疆农垦科学院作物研究所	152
5	新疆农垦科学院棉花研究所	141
6	新疆农垦科学院农产品加工研究所	86
7	新疆农垦科学院农田水利及土壤肥料研究所	69
8	新疆农垦科学院生物技术研究所	59
9	新疆农垦科学院林园研究所	58
10	新疆农垦科学院分析测试中心	44
11	新疆农垦科学院分子农业技术育种中心	36

注："新疆农垦科学院"发文包括作者单位只标注为"新疆农垦科学院"、院属实验室等。

表 2-2 2010—2019 年新疆农垦科学院 CSCD 期刊高发文研究所 TOP10   单位：篇

排序	研究所	发文量
1	新疆农垦科学院	173
2	新疆农垦科学院作物研究所	120
3	新疆农垦科学院畜牧兽医研究所	104
4	新疆农垦科学院棉花研究所	100
5	新疆农垦科学院农产品加工研究所	60
6	新疆农垦科学院机械装备研究所	57
7	新疆农垦科学院农田水利及土壤肥料研究所	55
8	新疆农垦科学院生物技术研究所	36
9	新疆农垦科学院分子农业技术育种中心	29
10	新疆农垦科学院分析测试中心	28
11	新疆农垦科学院林园研究所	16

注："新疆农垦科学院"发文包括作者单位只标注为"新疆农垦科学院"、院属实验室等。

2.3 高发文期刊 TOP10

2010—2019 年新疆农垦科学院高发文北大中文核心期刊 TOP10 见表 2-3，2010—2019 年新疆农垦科学院高发文 CSCD 期刊 TOP10 见表 2-4。

表 2-3 2010—2019 年新疆农垦科学院高发文期刊（北大中文核心）TOP10   单位：篇

排序	期刊名称	发文量	排序	期刊名称	发文量
1	新疆农业科学	126	6	安徽农业科学	46
2	江苏农业科学	72	7	北方园艺	35
3	西北农业学报	70	8	食品工业科技	33
4	农机化研究	68	9	农业工程学报	30
5	西南农业学报	49	10	黑龙江畜牧兽医	29

表 2-4 2010—2019 年新疆农垦科学院高发文期刊（CSCD）TOP10   单位：篇

排序	期刊名称	发文量	排序	期刊名称	发文量
1	新疆农业科学	123	6	食品科学	24
2	西北农业学报	66	7	干旱地区农业研究	23
3	西南农业学报	49	8	棉花学报	21
4	食品工业科技	31	9	农业工程学报	19
5	麦类作物学报	28	10	甘肃农业大学学报	19

2.4 合作发文机构 TOP10

2010—2019年新疆农垦科学院北大中文核心期刊合作发文机构 TOP10 见表2-5，2010—2019年新疆农垦科学院 CSCD 期刊合作发文机构 TOP10 见表2-6。

表2-5 2010—2019年新疆农垦科学院北大中文核心期刊合作发文机构 TOP10

排序	合作发文机构	发文量	排序	合作发文机构	发文量
1	石河子大学	357	6	西北农林科技大学	16
2	中国农业大学	56	7	新疆农业科学院	15
3	中国农业科学院	39	8	塔里木大学	14
4	中国科学院	27	9	西南大学	12
5	新疆农业大学	26	10	南京农业大学	11

表2-6 2010—2019年新疆农垦科学院 CSCD 期刊合作发文机构 TOP10　　　　单位：篇

排序	合作发文机构	发文量	排序	合作发文机构	发文量
1	石河子大学	215	6	西北农林科技大学	16
2	中国农业大学	38	7	新疆农业科学院	14
3	中国农业科学院	31	8	塔里木大学	12
4	新疆农业大学	22	9	西南大学	9
5	中国科学院	18	10	新疆石河子职业技术学院	9

新疆农业科学院

1 英文期刊论文分析

分析数据来源于科学引文索引数据库（Web of Science，WOS）收录的文献类型为期刊论文（ARTICLE）、会议论文（PROCEEDINGS PAPER）和述评（REVIEW）的 Science Citation Index Expanded（SCIE）论文数据，数据时间范围为 2010—2019 年，共检索到新疆农业科学院作者发表的论文 426 篇。

1.1 发文量

2010—2019 年新疆农业科学院历年 SCI 发文与被引情况见表 1-1，新疆农业科学院英文文献历年发文趋势（2010—2019 年）见下图。

表 1-1 2010—2019 年新疆农业科学院历年 SCI 发文与被引情况

出版年	发文量（篇）	WOS 所有数据库总被引频次	WOS 核心库被引频次
2010 年	29	613	514
2011 年	30	575	490
2012 年	15	176	157
2013 年	20	492	422
2014 年	39	514	449
2015 年	51	312	272
2016 年	52	140	120
2017 年	49	207	185
2018 年	43	53	49
2019 年	98	23	22

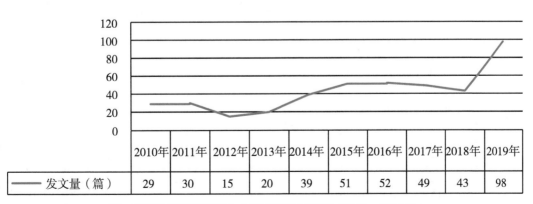

	2010年	2011年	2012年	2013年	2014年	2015年	2016年	2017年	2018年	2019年
发文量（篇）	29	30	15	20	39	51	52	49	43	98

图 新疆农业科学院英文文献历年发文趋势（2010—2019 年）

1.2 高发文研究所 TOP10

2010—2019 年新疆农业科学院 SCI 高发文研究所 TOP10 见表 1-2。

表 1-2　2010—2019 年新疆农业科学院 SCI 高发文研究所 TOP10　　　　单位：篇

排序	研究所	发文量
1	新疆农业科学院微生物应用研究所	83
2	新疆农业科学院植物保护研究所	76
3	新疆农业科学院土壤肥料与农业节水研究所	36
4	新疆农业科学院粮食作物研究所	31
5	新疆农业科学院核技术生物技术研究所	30
6	新疆农业科学院农产品贮藏加工研究所	25
7	新疆农业科学院经济作物研究所	20
8	新疆农业科学院哈密瓜研究中心	17
8	新疆农业科学院农业质量标准与检测技术研究所	17
9	新疆农业科学院园艺作物研究所	15
10	新疆农业科学院农作物品种资源研究所	13

1.3 高发文期刊 TOP10

2010—2019 年新疆农业科学院 SCI 高发文期刊 TOP10 见表 1-3。

表 1-3　2010—2019 年新疆农业科学院 SCI 高发文期刊 TOP10

排序	期刊名称	发文量（篇）	WOS 所有数据库总被引频次	WOS 核心库被引频次	期刊影响因子（最近年度）
1	INTERNATIONAL JOURNAL OF SYSTEMATIC AND EVOLUTIONARY MICROBIOLOGY	20	240	214	2.166（2018）
2	JOURNAL OF INTEGRATIVE AGRICULTURE	14	43	34	1.984（2019）
3	PLOS ONE	13	37	32	2.74（2019）
4	Scientific Reports	12	51	44	3.998（2019）
5	SCIENTIA HORTICULTURAE	10	30	25	2.769（2019）

（续表）

排序	期刊名称	发文量（篇）	WOS 所有数据库总被引频次	WOS 核心库被引频次	期刊影响因子（最近年度）
6	PESTICIDE BIOCHEMISTRY AND PHYSIOLOGY	9	89	79	2.751（2019）
7	INSECT BIOCHEMISTRY AND MOLECULAR BIOLOGY	8	50	48	3.827（2019）
8	AGROFORESTRY SYSTEMS	8	35	25	1.973（2019）
9	FIELD CROPS RESEARCH	7	45	38	4.308（2019）
10	POSTHARVEST BIOLOGY AND TECHNOLOGY	7	69	57	4.303（2019）

1.4 合作发文国家与地区 TOP10

2010—2019 年新疆农业科学院 SCI 合作发文国家与地区（合作发文 1 篇以上）TOP10 见表 1-4。

表 1-4 2010—2019 年新疆农业科学院 SCI 合作发文国家与地区 TOP10

排序	国家与地区	合作发文量（篇）	WOS 所有数据库总被引频次	WOS 核心库被引频次
1	美国	39	782	667
2	澳大利亚	17	129	108
3	英格兰	11	173	148
4	日本	11	130	109
5	德国	8	335	288
6	韩国	7	71	65
7	法国	6	415	355
8	埃及	5	15	14
9	越南	4	64	50
10	加拿大	4	49	39

1.5 合作发文机构 TOP10

2010—2019 年新疆农业科学院 SCI 合作发文机构 TOP10 见表 1-5。

表1-5　2010—2019年新疆农业科学院SCI合作发文机构TOP10

排序	合作发文机构	发文量	WOS所有数据库总被引频次	WOS核心库被引频次
1	中国农业科学院	113	1 390	1 177
2	南京农业大学	61	516	463
3	中国农业大学	52	365	314
4	中国科学院	42	569	501
5	新疆大学	27	120	105
6	新疆农业大学	24	56	42
7	石河子大学	21	85	71
8	西北农林科技大学	18	128	107
9	西南大学	16	220	182
10	云南大学	16	216	195

1.6　高被引论文 TOP10

2010—2019年新疆农业科学院发表的SCI高被引论文TOP10见表1-6，新疆农业科学院以第一或通讯作者完成单位发表的SCI高被引论文TOP10见表1-7。

表1-6　2010—2019年新疆农业科学院SCI高被引论文TOP10

排序	标题	WOS所有数据库总被引频次	WOS核心库被引频次	作者机构	出版年份	期刊名称	期刊影响因子（最近年度）
1	The draft genome of watermelon (Citrullus lanatus) and resequencing of 20 diverse accessions	234	199	新疆农业科学院	2013	NATURE GENETICS	27.603 (2019)
2	Genomic analyses provide insights into the history of tomato breeding	170	149	新疆农业科学院园艺作物研究所	2014	NATURE GENETICS	27.603 (2019)
3	Soil organic carbon dynamics under long-term fertilizations in arable land of northern China	92	70	新疆农业科学院土壤肥料与农业节水研究所	2010	BIOGEOSCIENCES	3.48 (2019)

（续表）

排序	标题	WOS 所有数据库总被引频次	WOS 核心库被引频次	作者机构	出版年份	期刊名称	期刊影响因子（最近年度）
4	Genome-wide transcriptome analysis of two maize inbred lines under drought stress	91	83	新疆农业科学院核技术生物技术研究所	2010	PLANT MOLECULAR BIOLOGY	3.302（2019）
5	Distribution of resveratrol and stilbene synthase in young grape plants（Vitis vinifera L. cv. Cabernet Sauvignon）and the effect of UV-C on its accumulation	90	79	新疆农业科学院园艺作物研究所	2010	PLANT PHYSIOLOGY AND BIOCHEMISTRY	3.72（2019）
6	QTL analysis for yield components and kernel-related traits in maize across multi-environments	72	62	新疆农业科学院粮食作物研究所	2011	THEORETICAL AND APPLIED GENETICS	4.439（2019）
7	Quantifying atmospheric nitrogen deposition through a nationwide monitoring network across China	54	45	新疆农业科学院土壤肥料与农业节水研究所	2015	ATMOSPHERIC CHEMISTRY AND PHYSICS	5.414（2019）
8	Long-Term Fertilizer Experiment Network in China：Crop Yields and Soil Nutrient Trends	48	37	新疆农业科学院土壤肥料与农业节水研究所	2010	AGRONOMY JOURNAL	1.683（2019）
9	Changes in Yield and Yield Components of Single-Cross Maize Hybrids Released in China between 1964 and 2001	48	41	新疆农业科学院粮食作物研究所	2011	CROP SCIENCE	1.878（2019）
10	Identification and validation of a major QTL for salt tolerance in soybean	43	34	新疆农业科学院农作物品种资源研究所	2011	EUPHYTICA	1.614（2019）

表 1-7　2010—2019 年新疆农业科学院 SCI 高被引论文 TOP10（第一或通讯作者完成单位）

排序	标题	WOS 所有数据库总被引频次	WOS 核心库被引频次	作者机构	出版年份	期刊名称	期刊影响因子（最近年度）
1	Illumina‐based analysis of endophytic bacterial diversity and space‐time dynamics in sugar beet on the north slope of Tianshan mountain	25	21	新疆农业科学院微生物应用研究所	2014	APPLIED MICROBIOLOGY AND BIOTECHNOLOGY	3.53 (2019)
2	Growth and photosynthetic efficiency promotion of sugar beet (Beta vulgaris L.) by endophytic bacteria	23	20	新疆农业科学院微生物应用研究所	2010	PHOTOSYNTHESIS RESEARCH	3.216 (2019)
3	16S rRNA‐Based PCR‐DGGE Analysis of Actinomycete Communities in Fields with Continuous Cotton Cropping in Xinjiang, China	17	13	新疆农业科学院微生物应用研究所	2013	MICROBIAL ECOLOGY	3.356 (2019)
4	Effects of chlorine dioxide treatment on respiration rate and ethylene synthesis of postharvest tomato fruit	12	10	新疆农业科学院农产品贮藏加工研究所	2014	POSTHARVEST BIOLOGY AND TECHNOLOGY	4.303 (2019)
5	CRISPR/Cas9‐induced Targeted Mutagenesis and Gene Replacementto Generate Long‐shelf Life Tomato Lines	12	11	新疆农业科学院园艺作物研究所	2017	SCIENTIFIC REPORTS	3.998 (2019)
6	Variation of soil aggregation and intra‐aggregate carbon by long‐term fertilization with aggregate formation in a grey desert soil	10	9	新疆农业科学院土壤肥料与农业节水研究所	2017	CATENA	4.333 (2019)
7	Rufibacter roseus sp nov., isolated from radiation‐polluted soil	7	7	新疆农业科学院微生物应用研究所	2015	INTERNATIONAL JOURNAL OF SYSTEMATIC AND EVOLUTIONARY MICROBIOLOGY	2.166 (2018)

（续表）

排序	标题	WOS 所有数据库总被引频次	WOS 核心库被引频次	作者机构	出版年份	期刊名称	期刊影响因子（最近年度）
8	Seasonal variation and exposure risk assessment of pesticide residues in vegetables from Xinjiang Uygur Autonomous Region of China during 2010—2014	7	5	新疆农业科学院农业质量标准与检测技术研究所	2017	JOURNAL OF FOOD COMPOSITION AND ANALYSIS	3.721 (2019)
9	Growth promotion effects of the endophyte Acinetobacter johnsonii strain 3-1 on sugar beet	6	6	新疆农业科学院微生物应用研究所	2011	SYMBIOSIS	1.78 (2019)
10	Mapping the Flavor Contributing Traits on "Fengwei Melon" (Cucumis melo L.) Chromosomes Using Parent Resequencing and Super Bulked-Segregant Analysis	6	5	新疆农业科学院哈密瓜研究中心	2016	PLOS ONE	2.74 (2019)

1.7 高频词 TOP20

2010—2019 年新疆农业科学院 SCI 发文高频词（作者关键词）TOP20 见表 1-8。

表 1-8 2010—2019 年新疆农业科学院 SCI 发文高频词（作者关键词）TOP20

排序	关键词（作者关键词）	频次	排序	关键词（作者关键词）	频次
1	Leptinotarsa decemlineata	38	11	Cotton	8
2	RNA interference	17	12	Metamorphosis	8
3	Maize	13	13	maize（Zea mays L.）	7
4	20-Hydroxyecdysone	13	14	Intercropping	6
5	gene expression	13	15	quality	6
6	Wheat	10	16	Sugar beet	6
7	Drought tolerance	10	17	bacteria	5
8	Juvenile hormone	10	18	Development	5
9	Pupation	10	19	Nitric oxide	5
10	melon	9	20	QTL	5

2　中文期刊论文分析

2010—2019年，新疆农业科学院作者共发表北大中文核心期刊论文2 582篇，中国科学引文数据库（CSCD）期刊论文2 088篇。

2.1　发文量

2010—2019年新疆农业科学院中文文献历年发文趋势（2010—2019年）见下图。

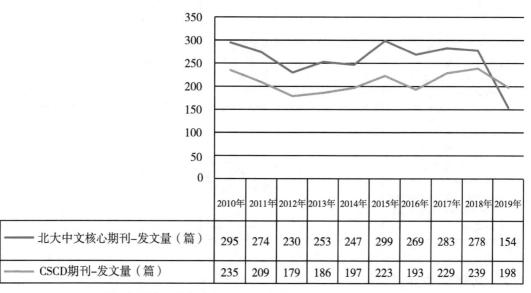

	2010年	2011年	2012年	2013年	2014年	2015年	2016年	2017年	2018年	2019年
北大中文核心期刊-发文量（篇）	295	274	230	253	247	299	269	283	278	154
CSCD期刊-发文量（篇）	235	209	179	186	197	223	193	229	239	198

图　新疆农业科学院中文文献历年发文趋势（2010—2019年）

2.2　高发文研究所TOP10

2010—2019年新疆农业科学院北大中文核心期刊高发文研究所TOP10见表2-1，2010—2019年新疆农业科学院中国科学引文数据库（CSCD）期刊高发文研究所TOP10见表2-2。

表2-1　2010—2019年新疆农业科学院北大中文核心期刊高发文研究所TOP10　　单位：篇

排序	研究所	发文量
1	新疆农业科学院土壤肥料与农业节水研究所	322
2	新疆农业科学院植物保护研究所	296
3	新疆农业科学院园艺作物研究所	280
4	新疆农业科学院微生物应用研究所	254
5	新疆农业科学院经济作物研究所	246

（续表）

排序	研究所	发文量
6	新疆农业科学院粮食作物研究所	218
7	新疆农业科学院核技术生物技术研究所	205
8	新疆农业科学院农业机械化研究所	170
9	新疆农业科学院	149
10	新疆农业科学院农产品贮藏加工研究所	138
11	新疆农业科学院农业质量标准与检测技术研究所	109

注："新疆农业科学院"发文包括作者单位只标注为"新疆农业科学院"、院属实验室等。

表 2-2　2010—2019 年新疆农业科学院 CSCD 期刊高发文研究所 TOP10　　单位：篇

排序	研究所	发文量
1	新疆农业科学院土壤肥料与农业节水研究所	299
2	新疆农业科学院植物保护研究所	273
3	新疆农业科学院园艺作物研究所	246
4	新疆农业科学院微生物应用研究所	234
5	新疆农业科学院粮食作物研究所	212
6	新疆农业科学院经济作物研究所	210
7	新疆农业科学院核技术生物技术研究所	187
8	新疆农业科学院农产品贮藏加工研究所	95
9	新疆农业科学院	88
10	新疆农业科学院农业机械化研究所	85
11	新疆农业科学院农业质量标准与检测技术研究所	71

注："新疆农业科学院"发文包括作者单位只标注为"新疆农业科学院"、院属实验室等。

2.3　高发文期刊 TOP10

2010—2019 年新疆农业科学院高发文北大中文核心期刊 TOP10 见表 2-3，2010—2019 年新疆农业科学院高发文 CSCD 期刊 TOP10 见表 2-4。

表 2-3　2010—2019 年新疆农业科学院高发文期刊（北大中文核心）TOP10　　单位：篇

排序	期刊名称	发文量	排序	期刊名称	发文量
1	新疆农业科学	1 110	6	新疆农业大学学报	37
2	北方园艺	67	7	农机化研究	37
3	西北农业学报	65	8	农业工程学报	37
4	麦类作物学报	39	9	食品工业科技	36
5	中国棉花	38	10	分子植物育种	35

表2-4　2010—2019年新疆农业科学院高发文期刊（CSCD）TOP10　　单位：篇

排序	期刊名称	发文量	排序	期刊名称	发文量
1	新疆农业科学	1 114	6	农业工程学报	32
2	西北农业学报	63	7	干旱地区农业研究	32
3	分子植物育种	41	8	中国农学通报	29
4	麦类作物学报	35	9	中国农业科学	28
5	食品工业科技	33	10	棉花学报	27

2.4　合作发文机构TOP10

2010—2019年新疆农业科学院北大中文核心期刊合作发文机构TOP10见表2-5，2010—2019年新疆农业科学院CSCD期刊合作发文机构TOP10见表2-6。

表2-5　2010—2019年新疆农业科学院北大中文核心期刊合作发文机构TOP10　　单位：篇

排序	合作发文机构	发文量	排序	合作发文机构	发文量
1	新疆农业大学	569	6	中国科学院	60
2	石河子大学	140	7	新疆农业职业技术学院	54
3	中国农业科学院	139	8	南京农业大学	30
4	新疆大学	134	9	新疆林业科学院	24
5	中国农业大学	105	10	西北农林科技大学	22

表2-6　2010—2019年新疆农业科学院CSCD期刊合作发文机构TOP10　　单位：篇

排序	合作发文机构	发文量	排序	合作发文机构	发文量
1	新疆农业大学	469	6	中国科学院	51
2	中国农业科学院	128	7	新疆农业职业技术学院	32
3	石河子大学	118	8	南京农业大学	26
4	新疆大学	117	9	西北农林科技大学	25
5	中国农业大学	90	10	新疆林业科学院	20

新疆畜牧科学院

1 英文期刊论文分析

分析数据来源于科学引文索引数据库（Web of Science，WOS）收录的文献类型为期刊论文（ARTICLE）、会议论文（PROCEEDINGS PAPER）和述评（REVIEW）的 Science Citation Index Expanded（SCIE）论文数据，数据时间范围为 2010—2019 年，共检索到新疆畜牧科学院作者发表的论文 133 篇。

1.1 发文量

2010—2019 年新疆畜牧科学院历年 SCI 发文与被引情况见表 1-1，新疆畜牧科学院英文文献历年发文趋势（2010—2019 年）见下图。

表 1-1　2010—2019 年新疆畜牧科学院历年 SCI 发文与被引情况

出版年	发文量（篇）	WOS 所有数据库总被引频次	WOS 核心库被引频次
2010 年	9	116	105
2011 年	10	96	77
2012 年	6	85	76
2013 年	6	134	110
2014 年	8	88	81
2015 年	13	152	126
2016 年	17	58	52
2017 年	21	84	78
2018 年	21	7	7
2019 年	22	8	8

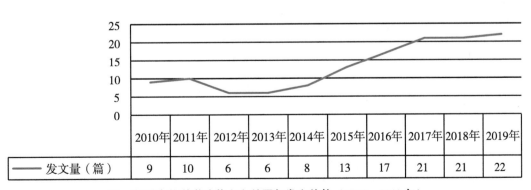

图　新疆畜牧科学院英文文献历年发文趋势（2010—2019 年）

1.2 高发文研究所 TOP10

2010—2019 年新疆畜牧科学院 SCI 高发文研究所 TOP10 见表 1-2。

表 1-2　2010—2019 年新疆畜牧科学院 SCI 高发文研究所 TOP10　　　单位：篇

排序	研究所	发文量
1	新疆畜牧科学院兽医研究所	44
2	新疆畜牧科学院生物技术研究所	25
3	新疆畜牧科学院畜牧研究所	17
4	新疆畜牧科学院饲料研究所	5
4	新疆畜牧科学院草业研究所	5
5	新疆畜牧科学院畜牧业经济与信息研究所	1

注：全部发文研究所数量不足 10 个。

1.3 高发文期刊 TOP10

2010—2019 年新疆畜牧科学院 SCI 高发文期刊 TOP10 见表 1-3。

表 1-3　2010—2019 年新疆畜牧科学院 SCI 发文期刊 TOP10

排序	期刊名称	发文量（篇）	WOS 所有数据库总被引频次	WOS 核心库被引频次	期刊影响因子（最近年度）
1	ARCHIVES OF VIROLOGY	8	14	13	2.243（2019）
2	MOLECULAR BIOLOGY AND EVOLUTION	4	50	43	11.062（2019）
3	GENETICS AND MOLECULAR RESEARCH	4	2	1	0.764（2015）
4	SCIENTIFIC REPORTS	4	8	8	3.998（2019）
5	ASIAN - AUSTRALASIAN JOURNAL OF ANIMAL SCIENCES	4	8	5	1.664（2019）
6	PLOS ONE	3	12	9	2.74（2019）
7	BMC GENOMICS	3	59	55	3.594（2019）
8	INTERNATIONAL JOURNAL OF MOLECULAR SCIENCES	3	2	2	4.556（2019）
9	GENE	3	3	3	2.984（2019）
10	BIOCHEMICAL AND BIOPHYSICAL RESEARCH COMMUNICATIONS	3	24	21	2.985（2019）

1.4 合作发文国家与地区 TOP10

2010—2019 年新疆畜牧科学院 SCI 合作发文国家与地区（合作发文 1 篇以上）TOP10 见表 1-4。

表 1-4 2010—2019 年新疆畜牧科学院 SCI 合作发文国家与地区 TOP10

排序	国家与地区	合作发文量（篇）	WOS 所有数据库总被引频次	WOS 核心库被引频次
1	美国	15	105	98
2	澳大利亚	8	245	206
3	肯尼亚	5	65	57
4	芬兰	4	57	48
5	蒙古	2	42	38
6	新西兰	2	18	16
7	丹麦	2	3	3
8	德国	2	1	1
9	威尔士	2	21	17

注：全部 SCI 合作发文国家与地区（合作发文 1 篇以上）数量不足 10 个。

1.5 合作发文机构 TOP10

2010—2019 年新疆畜牧科学院 SCI 合作发文机构 TOP10 见表 1-5。

表 1-5 2010—2019 年新疆畜牧科学院 SCI 合作发文机构 TOP10

排序	合作发文机构	发文量	WOS 所有数据库总被引频次	WOS 核心库被引频次
1	中国农业科学院	30	99	81
2	石河子大学	24	104	95
3	中国科学院	14	142	129
4	新疆农业大学	11	11	8
5	新疆医科大学	8	190	156
6	新疆大学	8	73	66
7	中国农业大学	7	69	60
8	中国科学院大学	7	42	35
9	南京农业大学	7	58	49
10	内蒙古农业大学	6	98	85

1.6 高被引论文 TOP10

2010—2019 年新疆畜牧科学院发表的 SCI 高被引论文 TOP10 见表 1-6，新疆畜牧科学院以第一或通讯作者完成单位发表的 SCI 高被引论文 TOP10 见表 1-7。

表 1-6 2010—2019 年新疆畜牧科学院 SCI 高被引论文 TOP10

排序	标题	WOS 所有数据库总被引频次	WOS 核心库被引频次	作者机构	出版年份	期刊名称	期刊影响因子（最近年度）
1	The genome of the hydatid tapeworm Echinococcus granulosus	110	90	新疆畜牧科学院兽医研究所	2013	NATURE GENETICS	27.603 (2019)
2	Epidemiology and control of echinococcosis in central Asia, with particular reference to the People's Republic of China	50	38	新疆畜牧科学院兽医研究所	2015	ACTA TROPICA	2.555 (2019)
3	Genome sequences of wild and domestic bactrian camels	41	37	新疆畜牧科学院畜牧研究所	2012	NATURE COMMUNICATIONS	12.121 (2019)
4	The Echinococcus granulosus Antigen B Gene Family Comprises at Least 10 Unique Genes in Five Subclasses Which Are Differentially Expressed	33	31	新疆畜牧科学院兽医研究所	2010	PLOS NEGLECTED TROPICAL DISEASES	3.885 (2019)
5	In vitro culture of sheep lamb ovarian cortical tissue in a sequential culture medium	32	31	新疆畜牧科学院生物技术研究所	2010	JOURNAL OF ASSISTED REPRODUCTION AND GENETICS	2.829 (2019)
6	Transcriptional profiles of bovine in vivo pre-implantation development	30	28	新疆畜牧科学院畜牧研究所	2014	BMC GENOMICS	3.594 (2019)
7	Bovine mastitis Staphylococcus aureus: Antibiotic susceptibility profile, resistance genes and molecular typing of methicillin-resistant and methicillin-sensitive strains in China	30	26	新疆畜牧科学院兽医研究所	2015	INFECTION GENETICS AND EVOLUTION	2.773 (2019)

（续表）

排序	标题	WOS 所有数据库总被引频次	WOS 核心库被引频次	作者机构	出版年份	期刊名称	期刊影响因子（最近年度）
8	Graphene Oxide Restricts Growth and Recrystallization of Ice Crystals	30	30	新疆畜牧科学院畜牧研究所	2017	ANGEWANDTE CHEMIE-INTERNATIONAL EDITION	12.959（2019）
9	Genome-wide sequencing of small RNAs reveals a tissue-specific loss of conserved microRNA families in Echinococcus granulosus	28	27	新疆畜牧科学院兽医研究所	2014	BMC GENOMICS	3.594（2019）
10	Quantitative, Noninvasive Imaging of Radiation-Induced DNA Double-Strand Breaks In Vivo	23	22	新疆畜牧科学院	2011	CANCER RESEARCH	9.727（2019）

表 1-7　2010—2019 年新疆畜牧科学院 SCI 高被引论文 TOP10（第一或通讯作者完成单位）

排序	标题	WOS 所有数据库总被引频次	WOS 核心库被引频次	作者机构	出版年份	期刊名称	期刊影响因子（最近年度）
1	Transcriptional profiles of bovine in vivo pre-implantation development	30	28	新疆畜牧科学院，新疆畜牧科学院畜牧研究所	2014	BMC GENOMICS	3.594（2019）
2	Whole-Genome Sequencing of Native Sheep Provides Insights into Rapid Adaptations to Extreme Environments	18	16	新疆畜牧科学院，新疆畜牧科学院生物技术研究所	2016	MOLECULAR BIOLOGY AND EVOLUTION	11.062（2019）
3	Caffeine and dithiothreitol delay ovine oocyte ageing	11	10	新疆畜牧科学院，新疆畜牧科学院生物技术研究所	2010	REPRODUCTION FERTILITY AND DEVELOPMENT	1.718（2019）
4	Derivation and Characterization of Ovine Embryonic Stem-Like Cell Lines in Semi-defined Medium Without Feeder Cells	11	6	新疆畜牧科学院	2011	JOURNAL OF EXPERIMENTAL ZOOLOGY PART A-ECOLOGICAL GENETICS AND PHYSIOLOGY	1.28（2016）

（续表）

排序	标题	WOS所有数据库总被引频次	WOS核心库被引频次	作者机构	出版年份	期刊名称	期刊影响因子（最近年度）
5	Knockdown of endogenous myostatin promotes sheep myoblast proliferation	7	6	新疆畜牧科学院，新疆畜牧科学院生物技术研究所	2014	IN VITRO CELLULAR & DEVELOPMENTAL BIOLOGY-ANIMAL	1.665 (2019)
6	Disruption of the sheep BMPR-IB gene by CRISPR/Cas9 in in vitro-produced embryos	7	7	新疆畜牧科学院，新疆畜牧科学院生物技术研究所	2017	THERIOGENOLOGY	2.094 (2019)
7	mRNA Levels of Imprinted Genes in Bovine In Vivo Oocytes, Embryos and Cross Species Comparisons with Humans, Mice and Pigs	5	5	新疆畜牧科学院，新疆畜牧科学院畜牧研究所	2015	SCIENTIFICREPORTS	3.998 (2019)
8	The seroprevalence of Mycobacterium avium subspecies paratuberculosis in dairy cattle in Xinjiang, Northwest China	5	4	新疆畜牧科学院，新疆畜牧科学院兽医研究所	2017	IRISH VETERINARY JOURNAL	1.821 (2019)
9	Transcriptome profile of one-month-old lambs' granulosa cells after superstimulation	5	2	新疆畜牧科学院，新疆畜牧科学院生物技术研究所	2017	ASIAN-AUSTRALASIAN JOURNAL OF ANIMAL SCIENCES	1.664 (2019)
10	Alteration of sheep coat color pattern by disruption of ASIP gene via CRISPR Cas9	3	3	新疆畜牧科学院，新疆畜牧科学院生物技术研究所	2017	SCIENTIFIC REPORTS	3.998 (2019)

1.7 高频词 TOP20

2010—2019年新疆畜牧科学院SCI发文高频词（作者关键词）TOP20见表1-8。

表 1-8　2010—2019 年新疆畜牧科学院 SCI 发文高频词（作者关键词）TOP20

排序	关键词（作者关键词）	频次	排序	关键词（作者关键词）	频次
1	Sheep	12	11	Myostatin	3
2	Echinococcus granulosus	6	12	Monoclonal antibody	3
3	Xinjiang	5	13	Mitochondrial genome	3
4	Phylogenetic analysis	5	14	DNA methylation	3
5	Bovine	4	15	In vitro culture	2
6	Lamb	4	16	Chinese merino sheep	2
7	China	4	17	miRNA	2
8	Foot – and – mouth disease virus	3	18	miRNAs	2
9	polymorphism	3	19	MRSA	2
10	Ovis aries	3	20	SNP	2

2　中文期刊论文分析

2010—2019 年，新疆畜牧科学院作者共发表北大中文核心期刊论文 612 篇，中国科学引文数据库（CSCD）期刊论文 307 篇。

2.1　发文量

2010—2019 年新疆畜牧科学院中文文献历年发文趋势（2010—2019 年）见下图。

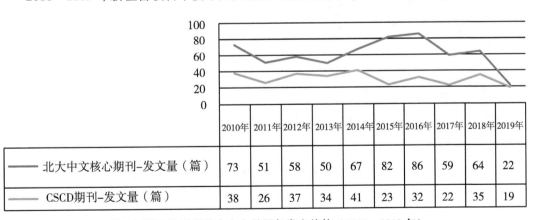

	2010年	2011年	2012年	2013年	2014年	2015年	2016年	2017年	2018年	2019年
北大中文核心期刊-发文量（篇）	73	51	58	50	67	82	86	59	64	22
CSCD期刊-发文量（篇）	38	26	37	34	41	23	32	22	35	19

图　新疆畜牧科学院中文文献历年发文趋势（2010—2019 年）

2.2　高发文研究所 TOP10

2010—2019 年新疆畜牧科学院北大中文核心期刊高发文研究所 TOP10 见表 2-1，2010—2019 年新疆畜牧科学院中国科学引文数据库（CSCD）期刊高发文研究所 TOP10 见表 2-2。

表 2-1　2010—2019 年新疆畜牧科学院北大中文核心期刊高发文研究所 TOP10　　单位：篇

排序	研究所	发文量
1	新疆畜牧科学院兽医研究所	150
2	新疆畜牧科学院	125
3	新疆畜牧科学院畜牧研究所	99
4	新疆畜牧科学院饲料研究所	74
5	新疆畜牧科学院畜牧业质量标准研究所	67
6	新疆畜牧科学院草业研究所	59
7	新疆畜牧科学院生物技术研究所	46
8	新疆畜牧科学院畜牧业经济与信息研究所	16

注："新疆畜牧科学院"发文包括作者单位只标注为"新疆畜牧科学院"、院属实验室等。全部发文研究所数量不足 10 个。

表 2-2　2010—2019 年新疆畜牧科学院 CSCD 期刊高发文研究所 TOP10　　单位：篇

排序	研究所	发文量
1	新疆畜牧科学院兽医研究所	99
2	新疆畜牧科学院	61
3	新疆畜牧科学院草业研究所	55
4	新疆畜牧科学院畜牧研究所	43
5	新疆畜牧科学院饲料研究所	27
6	新疆畜牧科学院生物技术研究所	22
7	新疆畜牧科学院畜牧业质量标准研究所	7
8	新疆畜牧科学院畜牧业经济与信息研究所	2

注："新疆畜牧科学院"发文包括作者单位只标注为"新疆畜牧科学院"、院属实验室等。全部发文研究所数量不足 10 个。

2.3　高发文期刊 TOP10

2010—2019 年新疆畜牧科学院高发文北大中文核心期刊 TOP10 见表 2-3，2010—2019 年新疆畜牧科学院高发文 CSCD 期刊 TOP10 见表 2-4。

表 2-3　2010—2019 年新疆畜牧科学院高发文期刊（北大中文核心）TOP10　　单位：篇

排序	期刊名称	发文量	排序	期刊名称	发文量
1	新疆农业科学	97	6	中国兽医杂志	23
2	中国畜牧兽医	65	7	畜牧兽医学报	20
3	黑龙江畜牧兽医	42	8	中国畜牧杂志	19
4	动物医学进展	35	9	西北农业学报	15
5	畜牧与兽医	26	10	草业科学	15

表 2-4 2010—2019 年新疆畜牧科学院高发文期刊（CSCD）TOP10　　单位：篇

排序	期刊名称	发文量	排序	期刊名称	发文量
1	新疆农业科学	94	6	中国兽医科学	13
2	畜牧兽医学报	16	7	中国预防兽医学报	12
3	西北农业学报	15	8	动物营养学报	8
4	草业科学	15	9	中国人兽共患病学报	8
5	动物医学进展	13	10	中国农业科学	8

2.4 合作发文机构 TOP10

2010—2019 年新疆畜牧科学院北大中文核心期刊合作发文机构 TOP10 见表 2-5，2010—2019 年新疆畜牧科学院 CSCD 期刊合作发文机构 TOP10 见表 2-6。

表 2-5 2010—2019 年新疆畜牧科学院北大中文核心期刊合作发文机构 TOP10　　单位：篇

排序	合作发文机构	发文量	排序	合作发文机构	发文量
1	新疆农业大学	191	6	新疆大学	16
2	石河子大学	56	7	新疆维吾尔自治区动物卫生监督所	16
3	中国农业科学院	41	8	华中农业大学	16
4	中国农业大学	21	9	新疆农业科学院	12
5	塔里木大学	17	10	乌鲁木齐市动物疾病控制与诊断中心	10

表 2-6 2010—2019 年新疆畜牧科学院 CSCD 期刊合作发文机构 TOP10　　单位：篇

排序	合作发文机构	发文量	排序	合作发文机构	发文量
1	新疆农业大学	96	6	乌鲁木齐市动物疾病控制与诊断中心	11
2	石河子大学	35	7	新疆维吾尔自治区动物卫生监督所	10
3	中国农业科学院	27	8	新疆大学	9
4	新疆农业科学院	13	9	塔里木大学	8
5	中国农业大学	12	10	新疆医科大学	8

云南省农业科学院

1 英文期刊论文分析

分析数据来源于科学引文索引数据库（Web of Science，WOS）收录的文献类型为期刊论文（ARTICLE）、会议论文（PROCEEDINGS PAPER）和述评（REVIEW）的 Science Citation Index Expanded（SCIE）论文数据，数据时间范围为 2010—2019 年，共检索到云南省农业科学院作者发表的论文 954 篇。

1.1 发文量

2010—2019 年云南省农业科学院历年 SCI 发文与被引情况见表 1-1，云南省农业科学院英文文献历年发文趋势（2010—2019 年）见下图。

表 1-1　2010—2019 年云南省农业科学院历年 SCI 发文与被引情况

出版年	发文量（篇）	WOS 所有数据库总被引频次	WOS 核心库被引频次
2010 年	40	641	527
2011 年	42	468	362
2012 年	59	1 250	1 092
2013 年	76	634	519
2014 年	75	688	563
2015 年	113	1 004	890
2016 年	127	414	373
2017 年	128	574	510
2018 年	134	166	157
2019 年	160	47	47

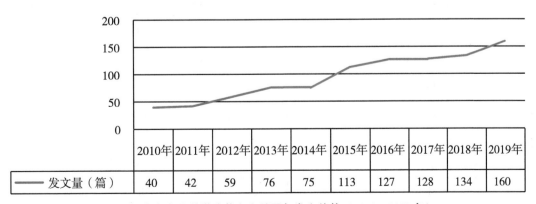

	2010年	2011年	2012年	2013年	2014年	2015年	2016年	2017年	2018年	2019年
发文量（篇）	40	42	59	76	75	113	127	128	134	160

图　云南省农业科学院英文文献历年发文趋势（2010—2019 年）

1.2 高发文研究所 TOP10

2010—2019年云南省农业科学院SCI高发文研究所TOP10见表1-2。

表1-2　2010—2019年云南省农业科学院SCI高发文研究所TOP10　　　单位：篇

排序	研究所	发文量
1	云南省农业科学院药用植物研究所	237
2	云南省农业科学院生物技术与种质资源研究所	186
3	云南省农业科学院农业环境资源研究所	102
4	云南省农业科学院粮食作物研究所	81
5	云南省农业科学院花卉研究所	79
6	云南省农业科学院甘蔗研究所	57
7	云南省农业科学院园艺作物研究所	40
8	云南省农业科学院质量标准与检测技术研究所	39
9	云南省农业科学院茶叶研究所	31
10	云南省农业科学院热区生态农业研究所	29

1.3 高发文期刊 TOP10

2010—2019年云南省农业科学院SCI高发文期刊TOP10见表1-3。

表1-3　2010—2019年云南省农业科学院SCI发文期刊TOP10

排序	期刊名称	发文量（篇）	WOS所有数据库总被引频次	WOS核心库被引频次	期刊影响因子（最近年度）
1	SPECTROSCOPY AND SPECTRAL ANALYSIS	40	101	43	0.452（2019）
2	PLOS ONE	21	181	149	2.74（2019）
3	SCIENTIFIC REPORTS	20	108	95	3.998（2019）
4	FRONTIERS IN PLANT SCIENCE	15	42	36	4.402（2019）
5	MOLECULES	14	43	41	3.267（2019）
6	EUPHYTICA	13	42	39	1.614（2019）
7	PHYTOTAXA	11	50	50	1.007（2019）
8	SUGAR TECH	11	9	5	1.198（2019）
9	CROP SCIENCE	10	40	40	1.878（2019）
10	FIELD CROPS RESEARCH	9	174	145	4.308（2019）

1.4 合作发文国家与地区 TOP10

2010—2019 年云南省农业科学院 SCI 合作发文国家与地区（合作发文 1 篇以上）TOP10 见表 1-4。

表 1-4　2010—2019 年云南省农业科学院 SCI 合作发文国家与地区 TOP10

排序	国家与地区	合作发文量（篇）	WOS 所有数据库总被引频次	WOS 核心库被引频次
1	美国	91	1 473	1 379
2	韩国	35	360	338
3	泰国	29	666	649
4	澳大利亚	27	472	440
5	加拿大	26	282	270
6	波兰	22	172	157
7	新西兰	17	469	456
8	印度	15	457	448
9	法国	14	602	579
10	德国	12	330	318

1.5 合作发文机构 TOP10

2010—2019 年云南省农业科学院 SCI 合作发文机构 TOP10 见表 1-5。

表 1-5　2010—2019 年云南省农业科学院 SCI 合作发文机构 TOP10

排序	合作发文机构	发文量	WOS 所有数据库总被引频次	WOS 核心库被引频次
1	中国科学院	148	1835	1 678
2	云南农业大学	106	916	777
3	中国农业科学院	85	607	507
4	玉溪师范学院	63	539	407
5	云南中医药大学	58	193	155
6	云南大学	56	255	219
7	中国农业大学	43	410	336
8	南京农业大学	41	241	203
9	昆明理工大学	40	360	337
10	中国科学院大学	38	307	268

1.6 高被引论文 TOP10

2010—2019 年云南省农业科学院发表的 SCI 高被引论文 TOP10 见表 1-6，云南省农业科学院以第一或通讯作者完成单位发表的 SCI 高被引论文 TOP10 见表 1-7。

表 1-6　2010—2019 年云南省农业科学院 SCI 高被引论文 TOP10

排序	标题	WOS 所有数据库总被引频次	WOS 核心库被引频次	作者机构	出版年份	期刊名称	期刊影响因子（最近年度）
1	Resequencing 50 accessions of cultivated and wild rice yields markers for identifying agronomically important genes	373	348	云南省农业科学院粮食作物研究所	2012	NATURE BIOTECHNOLOGY	36.558 (2019)
2	The Faces of Fungi database: fungal names linked with morphology, phylogeny and human impacts	200	198	云南省农业科学院生物技术与种质资源研究所	2015	FUNGAL DIVERSITY	15.386 (2019)
3	Towards a natural classification of Botryosphaeriales	153	147	云南省农业科学院生物技术与种质资源研究所	2012	FUNGAL DIVERSITY	15.386 (2019)
4	Invasion biology of spotted wing Drosophila (Drosophila suzukii): a global perspective and future priorities	148	142	云南省农业科学院农业环境资源研究所	2015	JOURNAL OF PEST SCIENCE	4.578 (2019)
5	A mini-review of chemical composition and nutritional value of edible wild-grown mushroom from China	97	74	云南省农业科学院药用植物研究所	2014	FOOD CHEMISTRY	6.306 (2019)
6	Single-base resolution maps of cultivated and wild rice methylomes and regulatory roles of DNA methylation in plant gene expression	96	93	云南省农业科学院粮食作物研究所	2012	BMC GENOMICS	3.594 (2019)

（续表）

排序	标题	WOS 所有数据库总被引频次	WOS 核心库被引频次	作者机构	出版年份	期刊名称	期刊影响因子（最近年度）
7	Diversity maintenance and use of Vicia faba L. genetic resources	88	81	云南省农业科学院粮食作物研究所	2010	FIELDCROPS RESEARCH	4.308 (2019)
8	Anti-Tobacco Mosaic Virus（TMV）Quassinoids from Brucea javanica（L.）Merr.	72	62	云南省农业科学院	2010	JOURNAL OF AGRICULTURAL AND FOOD CHEMISTRY	4.192 (2019)
9	The Tea Tree Genome Provides Insights into Tea Flavor and Independent Evolution of Caffeine Biosynthesis	72	61	云南省农业科学院茶叶研究所	2017	MOLECULAR PLANT	12.084 (2019)
10	Fungal diversity notes 367-490：taxonomic and phylogenetic contributions to fungal taxa	71	71	云南省农业科学院生物技术与种质资源研究所	2016	FUNGAL DIVERSITY	15.386 (2019)

表1-7 2010—2019年云南省农业科学院SCI高被引论文TOP10（第一或通讯作者完成单位）

排序	标题	WOS 所有数据库总被引频次	WOS 核心库被引频次	作者机构	出版年份	期刊名称	期刊影响因子（最近年度）
1	A mini-review of chemical composition and nutritional value of edible wild-grown mushroom from China	97	74	云南省农业科学院药用植物研究所	2014	FOOD CHEMISTRY	6.306 (2019)
2	Fungal diversity notes 367-490：taxonomic and phylogenetic contributions to fungal taxa	71	71	云南省农业科学院生物技术与种质资源研究所	2016	FUNGAL DIVERSITY	15.386 (2019)
3	Mycology, cultivation, traditional uses, phytochemistry and pharmacology of Wolfiporia cocos（Schwein.）Ryvarden et Gilb.：A review	44	33	云南省农业科学院药用植物研究所	2013	JOURNAL OF ETHNOPHARMA-COLOGY	3.69 (2019)

（续表）

排序	标题	WOS 所有数据库总被引频次	WOS 核心库被引频次	作者机构	出版年份	期刊名称	期刊影响因子（最近年度）
4	Mineral Element Levels in Wild Edible Mushrooms from Yunnan, China	30	23	云南省农业科学院药用植物研究所	2012	BIOLOGICAL TRACE ELEMENT RESEARCH	2.639 (2019)
5	A new tospovirus causing chlorotic ringspot on Hippeastrum sp in China	30	24	云南省农业科学院生物技术与种质资源研究所	2013	VIRUS GENES	1.991 (2019)
6	Decaploidy in Rosa praelucens Byhouwer (Rosaceae) Endemic to Zhongdian Plateau, Yunnan, China	25	16	云南省农业科学院花卉研究所	2010	CARYOLOGIA	0.621 (2019)
7	Discrimination of Wild Paris Based on Near Infrared Spectroscopy and High Performance Liquid Chromatography Combined with Multivariate Analysis	25	20	云南省农业科学院药用植物研究所	2014	PLOS ONE	2.74 (2019)
8	Sexual Recombinants Make a Significant Contribution to Epidemics Caused by the Wheat Pathogen Phaeosphaeri anodorum	21	21	云南省农业科学院园艺作物研究所	2010	PHYTOPATHOLOGY	3.234 (2019)
9	Arsenic Concentrations and Associated Health Risks in Laccaria Mushrooms from Yunnan (SW China)	20	12	云南省农业科学院药用植物研究所	2015	BIOLOGICAL TRACE ELEMENT RESEARCH	2.639 (2019)
10	Strategies of Functional Food for Cancer Prevention in Human Beings	20	19	云南省农业科学院农业经济与信息研究所，云南省农业科学院生物技术与种质资源研究所	2013	ASIAN PACIFIC JOURNAL OF CANCER PREVENTION	2.514 (2014)

1.7　高频词 TOP20

2010—2019 年云南省农业科学院 SCI 发文高频词（作者关键词）TOP20 见表 1-8。

表 1-8　2010—2019 年云南省农业科学院 SCI 发文高频词（作者关键词）TOP20

排序	关键词（作者关键词）	频次	排序	关键词（作者关键词）	频次
1	Phylogeny	27	11	Genetic diversity	12
2	taxonomy	24	12	Yunnan	11
3	China	21	13	Mushrooms	11
4	Data fusion	19	14	Panax notoginseng	11
5	sugarcane	19	15	Transcriptome	11
6	Gentiana rigescens	19	16	photosynthesis	10
7	Gene expression	15	17	breeding	9
8	Rice	14	18	Purification	9
9	Infrared spectroscopy	14	19	Fourier transform infrared spectroscopy	9
10	Fungi	13	20	Magnaporthe oryzae	8

2　中文期刊论文分析

2010—2019 年，云南省农业科学院作者共发表北大中文核心期刊论文 3 106 篇，中国科学引文数据库（CSCD）期刊论文 2 477 篇。

2.1　发文量

2010—2019 年云南省农业科学院中文文献历年发文趋势（2010—2019 年）见下图。

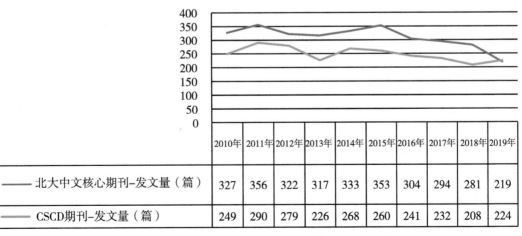

	2010年	2011年	2012年	2013年	2014年	2015年	2016年	2017年	2018年	2019年
北大中文核心期刊-发文量（篇）	327	356	322	317	333	353	304	294	281	219
CSCD期刊-发文量（篇）	249	290	279	226	268	260	241	232	208	224

图　云南省农业科学院中文文献历年发文趋势（2010—2019 年）

2.2 高发文研究所 TOP10

2010—2019年云南省农业科学院北大中文核心期刊高发文研究所 TOP10 见表 2-1，2010—2019年云南省农业科学院中国科学引文数据库（CSCD）期刊高发文研究所 TOP10 见表 2-2。

表 2-1 **2010—2019年云南省农业科学院北大中文核心期刊高发文研究所 TOP10** 单位：篇

排序	研究所	发文量
1	云南省农业科学院生物技术与种质资源研究所	416
2	云南省农业科学院农业环境资源研究所	368
3	云南省农业科学院药用植物研究所	330
4	云南省农业科学院花卉研究所	266
5	云南省农业科学院粮食作物研究所	246
6	云南省农业科学院蚕桑蜜蜂研究所	241
7	云南省农业科学院甘蔗研究所	228
8	云南省农业科学院热区生态农业研究所	172
9	云南省农业科学院质量标准与检测技术研究所	171
10	云南省农业科学院园艺作物研究所	165
10	云南省农业科学院	165

注："云南省农业科学院"发文包括作者单位只标注为"云南省农业科学院"、院属实验室等。

表 2-2 **2010—2019年云南省农业科学院 CSCD 期刊高发文研究所 TOP10** 单位：篇

排序	研究所	发文量
1	云南省农业科学院生物技术与种质资源研究所	365
2	云南省农业科学院农业环境资源研究所	346
3	云南省农业科学院药用植物研究所	294
4	云南省农业科学院粮食作物研究所	213
5	云南省农业科学院花卉研究所	211
6	云南省农业科学院甘蔗研究所	205
7	云南省农业科学院蚕桑蜜蜂研究所	178
8	云南省农业科学院质量标准与检测技术研究所	136
9	云南省农业科学院热区生态农业研究所	130
10	云南省农业科学院经济作物研究所	125

2.3 高发文期刊 TOP10

2010—2019年云南省农业科学院高发文北大中文核心期刊 TOP10 见表 2-3，2010—2019年云南省农业科学院高发文 CSCD 期刊 TOP10 见表 2-4。

表 2-3 2010—2019 年云南省农业科学院高发文期刊（北大中文核心）TOP10 单位：篇

排序	期刊名称	发文量	排序	期刊名称	发文量
1	西南农业学报	648	6	分子植物育种	61
2	植物遗传资源学报	113	7	蚕业科学	60
3	江苏农业科学	107	8	云南农业大学学报（自然科学）	60
4	安徽农业科学	106	9	植物保护	57
5	中国农学通报	73	10	中国南方果树	56

表 2-4 2010—2019 年云南省农业科学院高发文期刊（CSCD）TOP10 单位：篇

排序	期刊名称	发文量	排序	期刊名称	发文量
1	西南农业学报	640	6	南方农业学报	66
2	植物遗传资源学报	104	7	蚕业科学	60
3	云南农业大学学报	97	8	植物保护	55
4	分子植物育种	68	9	热带作物学报	54
5	中国农学通报	66	10	西北植物学报	47

2.4 合作发文机构 TOP10

2010—2019 年云南省农业科学院北大中文核心期刊合作发文机构 TOP10 见表 2-5，2010—2019 年云南省农业科学院 CSCD 期刊合作发文机构 TOP10 见表 2-6。

表 2-5 2010—2019 年云南省农业科学院北大中文核心期刊合作发文机构 TOP10 单位：篇

排序	合作发文机构	发文量	排序	合作发文机构	发文量
1	云南农业大学	401	6	云南省烟草公司	49
2	中国农业科学院	126	7	昆明理工大学	45
3	云南大学	90	8	云南中医药大学	41
4	玉溪师范学院	86	9	西南大学	33
5	中国科学院	75	10	华中农业大学	32

表 2-6 2010—2019 年云南省农业科学院 CSCD 期刊合作发文机构 TOP10 单位：篇

排序	合作发文机构	发文量	排序	合作发文机构	发文量
1	云南农业大学	357	6	昆明理工大学	43
2	中国农业科学院	116	7	云南省烟草公司	42
3	云南大学	76	8	云南中医药大学	34
4	中国科学院	72	9	西南大学	32
5	玉溪师范学院	72	10	中国中医科学院	32

浙江省农业科学院

1 英文期刊论文分析

分析数据来源于科学引文索引数据库（Web of Science，WOS）收录的文献类型为期刊论文（ARTICLE）、会议论文（PROCEEDINGS PAPER）和述评（REVIEW）的Science Citation Index Expanded（SCIE）论文数据，数据时间范围为2010—2019年，共检索到浙江省农业科学院作者发表的论文2 125篇。

1.1 发文量

2010—2019年浙江省农业科学院历年SCI发文与被引情况见表1-1，浙江省农业科学院英文文献历年发文趋势（2010—2019年）见下图。

表1-1　2010—2019年浙江省农业科学院历年SCI发文与被引情况

出版年	发文量（篇）	WOS所有数据库总被引频次	WOS核心库被引频次
2010年	89	1 865	1 559
2011年	143	2 315	1 916
2012年	215	3 202	2 750
2013年	197	2 684	2 322
2014年	200	1 796	1 566
2015年	235	1 617	1 411
2016年	227	982	877
2017年	267	1 107	998
2018年	253	348	337
2019年	299	52	52

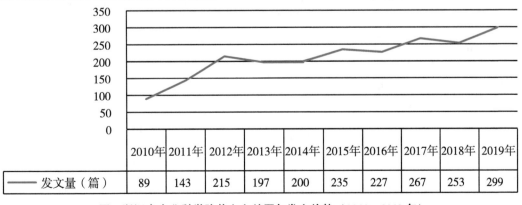

图　浙江省农业科学院英文文献历年发文趋势（2010—2019年）

1.2 高发文研究所 TOP10

2010—2019 年浙江省农业科学院 SCI 高发文研究所 TOP10 见表 1-2。

表 1-2 　2010—2019 年浙江省农业科学院 SCI 高发文研究所 TOP10　　　单位：篇

排序	研究所	发文量
1	浙江省农业科学院农产品质量标准研究所	325
2	浙江省农业科学院畜牧兽医研究所	206
3	浙江省农业科学院作物与核技术利用研究所	156
4	浙江省农业科学院蔬菜研究所	155
5	浙江省农业科学院环境资源与土壤肥料研究所	150
6	浙江省农业科学院园艺研究所	115
7	浙江省农业科学院食品科学研究所	99
8	浙江省农业科学院数字农业研究所	72
9	浙江省农业科学院蚕桑研究所	58
10	浙江省农业科学院花卉研究中心	43

1.3 高发文期刊 TOP10

2010—2019 年浙江省农业科学院 SCI 高发文期刊 TOP10 见表 1-3。

表 1-3 　2010—2019 年浙江省农业科学院 SCI 高发文期刊 TOP10

排序	期刊名称	发文量（篇）	WOS 所有数据库总被引频次	WOS 核心库被引频次	期刊影响因子（最近年度）
1	PLOS ONE	86	720	632	2.74（2019）
2	SCIENTIFIC REPORTS	58	265	246	3.998（2019）
3	FRONTIERS IN PLANT SCIENCE	38	162	150	4.402（2019）
4	JOURNAL OF AGRICULTURAL AND FOOD CHEMISTRY	38	197	179	4.192（2019）
5	INTERNATIONAL JOURNAL OF MOLECULAR SCIENCES	28	86	74	4.556（2019）
6	FOOD CHEMISTRY	25	217	188	6.306（2019）
7	JOURNAL OF ECONOMIC ENTOMOLOGY	25	202	162	1.938（2019）
8	ARCHIVES OF VIROLOGY	22	171	140	2.243（2019）
9	SCIENTIA HORTICULTURAE	22	82	64	2.769（2019）

（续表）

排序	期刊名称	发文量（篇）	WOS 所有数据库总被引频次	WOS 核心库被引频次	期刊影响因子（最近年度）
10	JOURNAL OF INTEGRATIVE AGRICULTURE	22	62	48	1.984（2019）

1.4 合作发文国家与地区 TOP10

2010—2019 年浙江省农业科学院 SCI 合作发文国家与地区（合作发文 1 篇以上）TOP10 见表 1-4。

表 1-4　2010—2019 年浙江省农业科学院 SCI 合作发文国家与地区 TOP10

排序	国家与地区	合作发文量（篇）	WOS 所有数据库总被引频次	WOS 核心库被引频次
1	美国	278	3 075	2 760
2	澳大利亚	61	947	854
3	德国	44	421	391
4	加拿大	30	325	284
5	日本	29	667	583
6	英格兰	26	586	509
7	巴基斯坦	22	107	91
8	菲律宾	21	340	297
9	苏格兰	17	92	85
10	韩国	17	94	77

1.5 合作发文机构 TOP10

2010—2019 年浙江省农业科学院 SCI 合作发文机构 TOP10 见表 1-5。

表 1-5　2010—2019 年浙江省农业科学院 SCI 合作发文机构 TOP10

排序	合作发文机构	发文量（篇）	WOS 所有数据库总被引频次	WOS 核心库被引频次
1	浙江大学	514	3 974	3 515
2	中国科学院	169	1 919	1 638

（续表）

排序	合作发文机构	发文量（篇）	WOS 所有数据库总被引频次	WOS 核心库被引频次
3	南京农业大学	139	1 379	1 194
4	中国农业科学院	163	1 501	1 206
5	浙江师范大学	79	567	476
6	浙江工业大学	78	403	368
7	杭州师范大学	68	478	408
8	华中农业大学	50	355	294
9	中国农业大学	43	398	299
10	美国农业科学研究院	37	548	483

1.6　高被引论文 TOP10

2010—2019 年浙江省农业科学院发表的 SCI 高被引论文 TOP10 见表 1-6，浙江省农业科学院以第一或通讯作者完成单位发表的 SCI 高被引论文 TOP10 见表 1-7。

表 1-6　2010—2019 年浙江省农业科学院 SCI 高被引论文 TOP10

排序	标题	WOS 所有数据库总被引频次	WOS 核心库被引频次	作者机构	出版年份	期刊名称	期刊影响因子（最近年度）
1	The genome of the pear（Pyrus bretschneideri Rehd.）	263	229	浙江省农业科学院园艺研究所	2013	GENOME RESEARCH	11.093（2019）
2	Sugar Input, Metabolism, and Signaling Mediated by Invertase: Roles in Development, Yield Potential, and Response to Drought and Heat	214	188	浙江省农业科学院作物与核技术利用研究所	2010	MOLECULAR PLANT	12.084（2019）
3	Metagenome-wide analysis of antibiotic resistance genes in a large cohort of human gut microbiota	147	137	浙江省农业科学院植物保护与微生物研究所	2013	NATURE COMMUNICATIONS	12.121（2019）

（续表）

排序	标题	WOS 所有数据库总被引频次	WOS 核心库被引频次	作者机构	出版年份	期刊名称	期刊影响因子（最近年度）
4	The Magnaporthe oryzae Effector AvrPiz-t Targets the RING E3 Ubiquitin Ligase APIP6 to Suppress Pathogen-Associated Molecular Pattern-Triggered Immunity in Rice	141	120	浙江省农业科学院植物保护与微生物研究所，浙江省农业科学院病毒学与生物技术研究所	2012	PLANT CELL	9.618（2019）
5	Multi-country evidence that crop diversification promotes ecological intensification of agriculture	104	91	浙江省农业科学院植物保护与微生物研究所	2016	NATURE PLANTS	13.256（2019）
6	Effects of physico-chemical parameters on the bacterial and fungal communities during agricultural waste composting	103	88	浙江省农业科学院环境资源与土壤肥料研究所	2011	BIORESOURCE TECHNOLOGY	7.539（2019）
7	Tembusu Virus in Ducks, China	101	67	浙江省农业科学院	2011	EMERGING INFECTIOUS DISEASES	6.259（2019）
8	The Complete Genome Sequence of Two Isolates of Southern rice black-streaked dwarf virus, a New Member of the Genus Fijivirus	99	63	浙江省农业科学院病毒学与生物技术研究所	2010	JOURNAL OF PHYTOPATHOLOGY	1.179（2019）
9	Modulation of exogenous glutathione in antioxidant defense system against Cd stress in the two barley genotypes differing in Cd tolerance	97	94	浙江省农业科学院作物与核技术利用研究所	2010	PLANT PHYSIOLOGY AND BIOCHEMISTRY	3.72（2019）
10	Draft genome sequence of the mulberry tree Morus notabilis	93	76	浙江省农业科学院蚕桑研究所	2013	NATURE COMMUNICATIONS	12.121（2019）

表1-7 2010—2019年浙江省农业科学院SCI高被引论文TOP10（第一或通讯作者完成单位）

排序	标题	WOS所有数据库总被引频次	WOS核心库被引频次	作者机构	出版年份	期刊名称	期刊影响因子（最近年度）
1	Identification, Characterization, and Distribution of Southern rice black-streaked dwarf virus in Vietnam	80	66	浙江省农业科学院植物保护与微生物研究所，浙江省农业科学院病毒学与生物技术研究所	2011	PLANT DISEASE	3.809 (2019)
2	Identification of reference genes for reverse transcription quantitative real-time PCR normalization in pepper (Capsicum annuum L.)	77	70	浙江省农业科学院蔬菜研究所	2011	BIOCHEMICAL AND BIOPHYSICAL RESEARCH COMMUNICATIONS	2.985 (2019)
3	Hybrid of 1-deoxynojirimycin and polysaccharide from mulberry leaves treat diabetes mellitus by activating PDX-1/insulin-1 signaling pathway and regulating the expression of glucokinase, phosphoenolpyruvate carboxykinase and glucose-6-phosphatase in alloxan-induced diabetic mice	73	50	浙江省农业科学院蚕桑研究所	2011	JOURNAL OF ETHNOPHARMACOLOGY	3.69 (2019)
4	High invertase activity in tomato reproductive organs correlates with enhanced sucrose import into, and heat tolerance of, young fruit	70	62	浙江省农业科学院蔬菜研究所	2012	JOURNAL OF EXPERIMENTAL BOTANY	5.908 (2019)
5	Accelerated TiO2 photocatalytic degradation of Acid Orange 7 under visible light mediated by peroxymonosulfate	67	65	浙江省农业科学院环境资源与土壤肥料研究所	2012	CHEMICAL ENGINEERING JOURNAL	10.652 (2019)

（续表）

排序	标题	WOS 所有数据库总被引频次	WOS 核心库被引频次	作者机构	出版年份	期刊名称	期刊影响因子（最近年度）
6	Identification of QTLs for eight agronomically important traits using an ultra－high－density map based on SNPs generated from high-throughput sequencing in sorghum under contrasting photoperiods	64	60	浙江省农业科学院作物与核技术利用研究所，浙江省农业科学院植物保护与微生物研究所	2012	JOURNAL OF EXPERIMENTAL BOTANY	5.908 (2019)
7	De novo characterization of the Anthurium transcriptome and analysis of its digital gene expression under cold stress	53	47	浙江省农业科学院花卉研究中心	2013	BMC GENOMICS	3.594 (2019)
8	Comparative analysis of the distribution of segmented filamentous bacteria in humans, mice and chickens	51	49	浙江省农业科学院植物保护与微生物研究所，浙江省农业科学院病毒学与生物技术研究所	2013	ISME JOURNAL	9.18 (2019)
9	Antioxidant and hcpatoprotective potential of endo－polysaccharides from Hericium erinaceus grown on tofu whey	46	42	浙江省农业科学院园艺研究所	2012	INTERNATIONAL JOURNAL OF BIOLOGICAL MAC-ROMOLECULES	5.162 (2019)
10	Identification and molecular characterization of a novel flavivirus isolated from Pekin ducklings in China	45	26	浙江省农业科学院畜牧兽医研究所	2012	VETERINARY MICROBIOLOGY	3.03 (2019)

1.7 高频词 TOP20

2010—2019 年浙江省农业科学院 SCI 发文高频词（作者关键词）TOP20 见表 1-8。

表1-8　2010—2019 年浙江省农业科学院 SCI 发文高频词（作者关键词）TOP20

排序	关键词（作者关键词）	频次	排序	关键词（作者关键词）	频次
1	rice	73	11	strawberry	17
2	GENE EXPRESSION	45	12	antioxidant activity	17
3	Transcriptome	28	13	Brassica napus	17
4	Genetic diversity	25	14	risk assessment	16
5	chitosan	21	15	oxidative stress	16
6	Oryza sativa	21	16	Arabidopsis	14
7	Cadmium	21	17	Heat stress	14
8	Magnaporthe oryzae	19	18	antioxidant enzymes	14
9	Duck	19	19	reactive oxygen species	14
10	Biochar	18	20	soil	14

2　中文期刊论文分析

2010—2019 年，浙江省农业科学院作者共发表北大中文核心期刊论文 3 070 篇，中国科学引文数据库（CSCD）期刊论文 2 247 篇。

2.1　发文量

2010—2019 年浙江省农业科学院中文文献历年发文趋势（2010—2019 年）见下图。

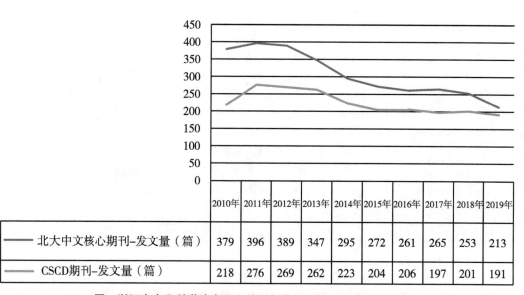

	2010年	2011年	2012年	2013年	2014年	2015年	2016年	2017年	2018年	2019年
北大中文核心期刊-发文量（篇）	379	396	389	347	295	272	261	265	253	213
CSCD期刊-发文量（篇）	218	276	269	262	223	204	206	197	201	191

图　浙江省农业科学院中文文献历年发文趋势（2010—2019 年）

2.2 高发文研究所 TOP10

2010—2019 年浙江省农业科学院北大中文核心期刊高发文研究所 TOP10 见表 2-1，2010—2019 年浙江省农业科学院中国科学引文数据库（CSCD）期刊高发文研究所 TOP10 见表 2-2。

表 2-1 2010—2019 年浙江省农业科学院北大中文核心期刊高发文研究所 TOP10 单位：篇

排序	研究所	发文量
1	浙江省农业科学院	686
2	浙江省农业科学院农产品质量标准研究所	539
3	浙江省农业科学院畜牧兽医研究所	323
4	浙江省农业科学院作物与核技术利用研究所	246
5	浙江省农业科学院食品科学研究所	236
6	浙江省农业科学院园艺研究所	197
7	浙江省农业科学院环境资源与土壤肥料研究所	167
8	浙江省农业科学院蔬菜研究所	162
9	浙江省农业科学院浙江亚热带作物研究所	123
10	浙江省农业科学院花卉研究中心	111
11	浙江省农业科学院浙江柑橘研究所	107

注："浙江省农业科学院"发文包括作者单位只标注为"浙江省农业科学院"、院属实验室等。

表 2-2 2010—2019 年浙江省农业科学院 CSCD 期刊高发文研究所 TOP10 单位：篇

排序	研究所	发文量
1	浙江省农业科学院	469
2	浙江省农业科学院农产品质量标准研究所	310
3	浙江省农业科学院作物与核技术利用研究所	236
4	浙江省农业科学院食品科学研究所	209
5	浙江省农业科学院畜牧兽医研究所	203
6	浙江省农业科学院园艺研究所	182
7	浙江省农业科学院环境资源与土壤肥料研究所	164
8	浙江省农业科学院蔬菜研究所	129
9	浙江省农业科学院蚕桑研究所	87
10	浙江省农业科学院浙江亚热带作物研究所	82
11	浙江省农业科学院花卉研究中心	70

注："浙江省农业科学院"发文包括作者单位只标注为"浙江省农业科学院"、院属实验室等。

2.3 高发文期刊 TOP10

2010—2019 年浙江省农业科学院高发文北大中文核心期刊 TOP10 见表 2-3，2010—

2019 年浙江省农业科学院高发文 CSCD 期刊 TOP10 见表 2-4。

表 2-3　2010—2019 年浙江省农业科学院高发文期刊（北大中文核心）TOP10　　单位：篇

排序	期刊名称	发文量	排序	期刊名称	发文量
1	浙江农业学报	640	6	浙江大学学报（农业与生命科学版）	59
2	中国食品学报	134	7	蚕业科学	57
3	核农学报	123	8	中国水稻科学	56
4	分子植物育种	79	9	果树学报	53
5	食品科学	66	10	农业生物技术学报	53

表 2-4　2010—2019 年浙江省农业科学院高发文期刊（CSCD）TOP10　　单位：篇

排序	期刊名称	发文量	排序	期刊名称	发文量
1	浙江农业学报	624	6	浙江大学学报.农业与生命科学版	57
2	核农学报	113	7	果树学报	55
3	分子植物育种	85	8	中国水稻科学	49
4	中国食品学报	80	9	农业生物技术学报	49
5	蚕业科学	60	10	园艺学报	46

2.4　合作发文机构 TOP10

2010—2019 年浙江省农业科学院北大中文核心期刊合作发文机构 TOP10 见表 2-5，2010—2019 年浙江省农业科学院 CSCD 期刊合作发文机构 TOP10 见表 2-6。

表 2-5　2010—2019 年浙江省农业科学院北大中文核心期刊合作发文机构 TOP10　　单位：篇

排序	合作发文机构	发文量	排序	合作发文机构	发文量
1	西南大学	94	6	长江师范学院	6
2	中国农业科学院	33	7	中国人民银行重庆营业管理部	6
3	四川农业大学	20	8	重庆再生稻研究中心	6
4	重庆大学	11	9	中国科学院	6
5	宜宾学院	8	10	东北农业大学	6

表 2-6　2010—2019 年浙江省农业科学院 CSCD 期刊合作发文机构 TOP10　　　　单位：篇

排序	合作发文机构	发文量	排序	合作发文机构	发文量
1	浙江师范大学	205	6	杭州师范大学	38
2	浙江大学	181	7	华中农业大学	36
3	南京农业大学	102	8	安徽农业大学	31
4	浙江农林大学	61	9	浙江工业大学	31
5	中国农业科学院	53	10	西北农林科技大学	26